ESO 2

Física y Química

AUTORAS
M.ª del Carmen Arróspide Román
M.ª Dolores Galván Torres

AUTOR SECCIONES PROCEDIMENTALES
David Blanco Laserna

TRABAJO COOPERATIVO
Pere Pujolàs

FLIPPED CLASSROOM
The Flipped Classroom SL
Raúl Santiago Campión (Coordinador)

PROYECTO PBL
Juan José de la Torre Bellido

EMPRENDIMIENTO
César García-Rincón de Castro
Jerónimo García Ugarte

REVISIÓN TÉCNICA
Felipe Pizarro Calles

El 0,7 % de la venta de este libro se destina a proyectos de desarrollo de la ONGD SED (www.sed-ongd.org).

EDELVIVES ESO

ASÍ ES ESTE LIBRO

#SOMOSLINK CON EL TRABAJO COOPERATIVO

Pautas fundamentales para **estructurar** y **organizar la clase** de **forma cooperativa:** cómo se forman los grupos, qué papel tendrá cada alumno, qué dinámicas se seguirán, qué tipo de evaluaciones habrá que manejar...

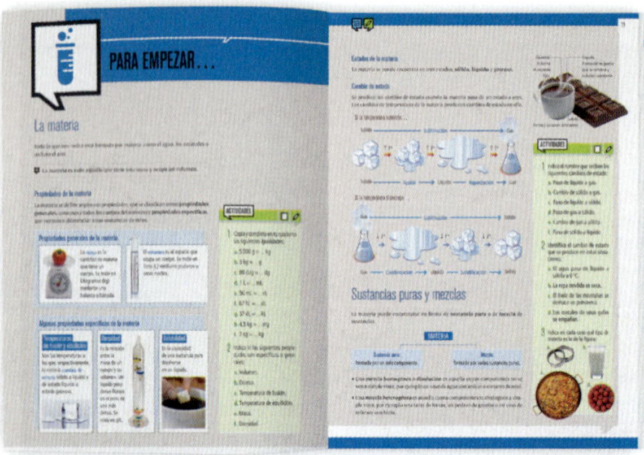

PARA EMPEZAR...

Repaso de los contenidos previos de esta materia necesarios para abordar este nuevo curso.

PRESENTACIÓN DE LA UNIDAD

Varias **imágenes**, que adelantan el contenido de la unidad, acompañadas de **preguntas** de tipología variada para propiciar el debate y el autoaprendizaje.

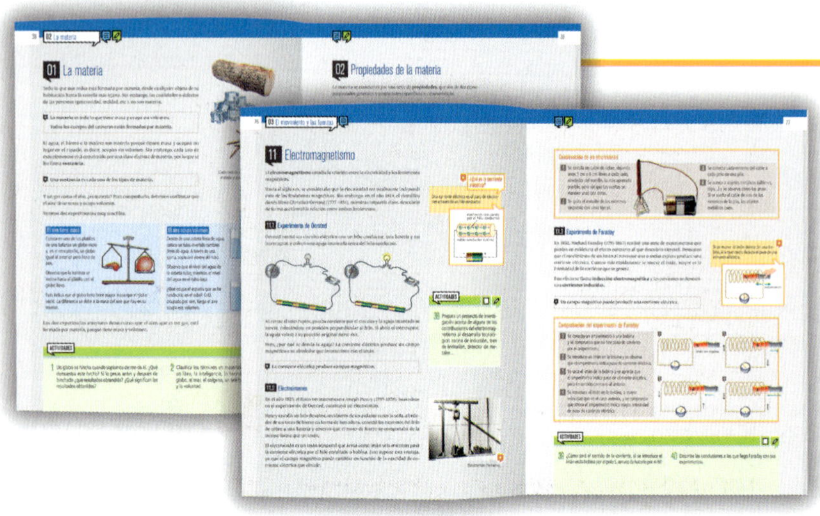

DESARROLLO DE LOS CONTENIDOS

Presentación visual y motivadora de los contenidos.

Incluye actividades resueltas, paso a paso, así como sencillas experiencias de laboratorio que refuerzan los contenidos.

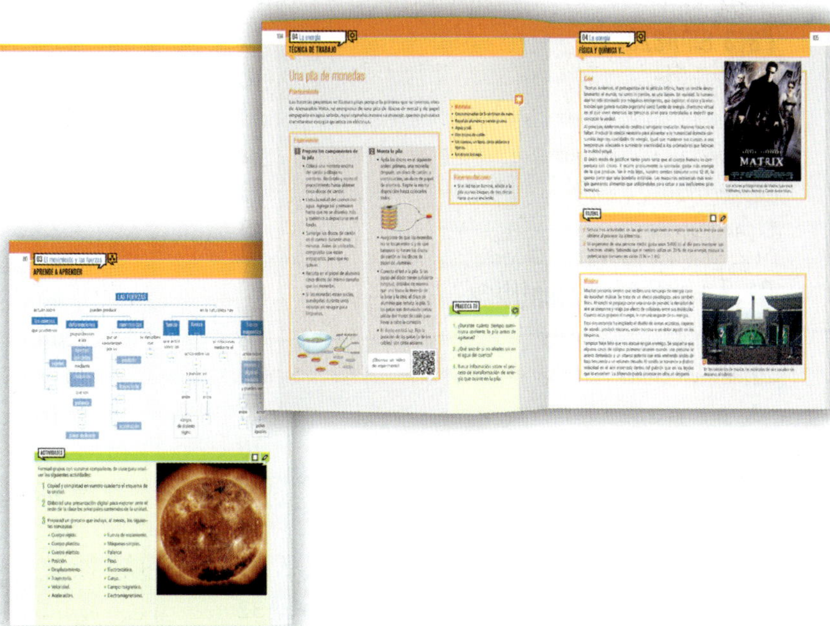

SECCIONES PROCEDIMENTALES

- **Técnica de trabajo:** sencillas, curiosas y motivadoras experiencias de laboratorio.
- **Física y Química y ...:** permite contextualizar los contenidos relacionándolos con el cine, el arte, la arquitectura...
- **Aprende a aprender:** organizadores visuales que sintetizan los contenidos de la unidad, acompañados de actividades.

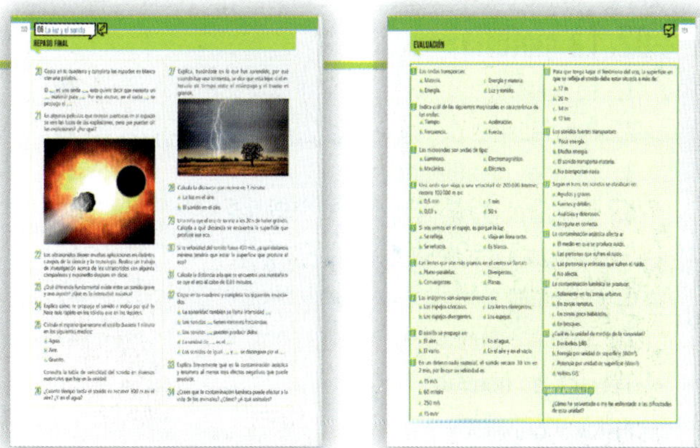

REPASO FINAL Y EVALUACIÓN

Actividades de recapitulación de todos los contenidos de la unidad.

Evaluación tipo test para comprobar lo aprendido.

Diario de aprendizaje

Pregunta para la reflexión del alumno sobre su proceso de aprendizaje.

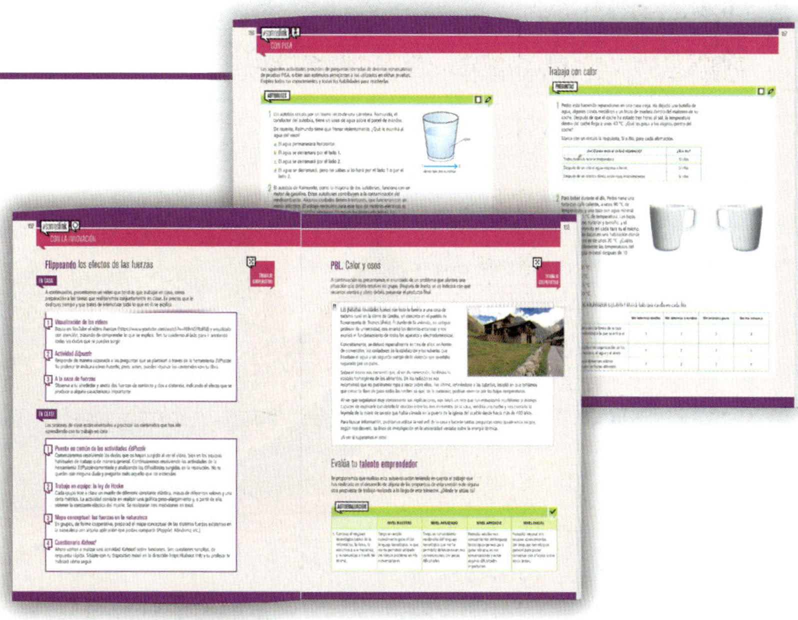

#SOMOSLINK CON LA INNOVACIÓN Y CON PISA

Propuestas de ***flipped classroom*, PBL** y evaluación del **talento emprendedor.**

Actividades basadas en pruebas **PISA,** o bien similares, con el fin de dar contexto a los contenidos trabajados.

ÍNDICE

05 La corriente eléctrica

06 La luz y el sonido

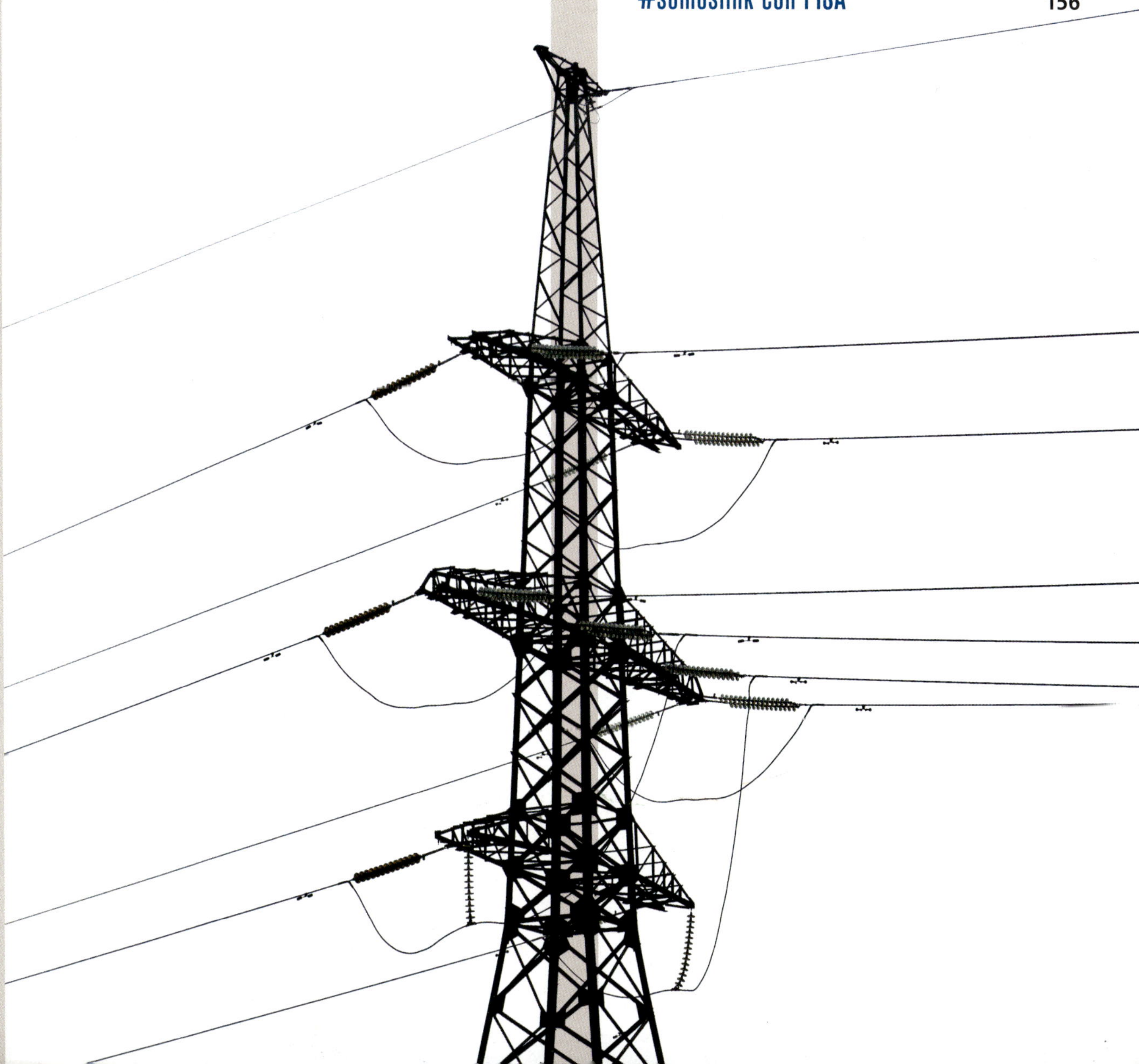

El aprendizaje **cooperativo**

Para que el trabajo en equipo sea sinónimo de aprendizaje cooperativo es importante que todos aprendamos de todos. Esto supone que cada miembro del equipo tiene asignadas unas tareas específicas y se compromete a ayudar a los demás en todo lo que sea necesario.

El grupo de trabajo se denomina equipo base y está formado por cuatro o cinco compañeros.

Las tareas encomendadas a los equipos base se resuelven utilizando las estructuras y técnicas cooperativas que el profesor irá explicando según convenga.

LOS CARGOS Y SUS FUNCIONES

En el equipo base cada miembro desempeña un cargo, con sus correspondientes funciones:

- Coordinador: tiene claro lo que hay que hacer para desempeñar la tarea de acuerdo con la estructura cooperativa propuesta.
- Secretario: rellena los papeles del equipo y controla el comportamiento del grupo durante las sesiones de trabajo.
- Intendente: está pendiente de la disposición necesaria de las mesas y las sillas, así como del material necesario para realizar las actividades.
- Ayudante: es el suplente del compañero que falte y ayuda en primera instancia a quien lo necesite.
- Portavoz: habla en nombre del equipo. Si el equipo es de cuatro miembros, otro cargo asumirá esta función.

LA CARPETA DE EQUIPO

Es una herramienta fundamental de trabajo pues es donde se archivan los documentos y materiales que se van acumulando a lo largo de las distintas sesiones de trabajo. Al menos debe contener esta documentación:

- Las fichas con los datos personales de cada miembro del equipo.
- El documento que indica el cargo asignado a cada miembro del equipo. Recordad que los cargos son rotatorios, de manera que esta información debe actualizarse con cada cambio de reparto de cargos.

NORMAS DE FUNCIONAMIENTO

Para garantizar el correcto funcionamiento de los grupos, es necesario respetar unas normas:

- Atender a las indicaciones de nuestros compañeros cuando ejercen su cargo.
- Pedir ayuda a los compañeros educadamente.
- Prestar ayuda de forma adecuada a un compañero que nos la pida.
- Hablar en voz baja.
- Esforzarnos para lograr los objetivos del equipo.
- Dialogar para ponernos de acuerdo y respetar la opinión de la mayoría si no estamos de acuerdo.

DIARIO DE SESIONES

En un equipo de trabajo cooperativo es tan importante resolver las diferentes tareas encomendadas como revisar el funcionamiento del grupo en las diferentes sesiones. Por este motivo, cada equipo debe llevar al día su diario de sesiones, en el que se hace constar una valoración sobre los siguientes puntos:

- Cuánto os habéis esforzado para lograr los objetivos y vuestros compromisos personales.
- Cómo ha ejercido cada uno las funciones de su cargo y cómo se ha comportado el resto del equipo.

En la página siguiente encontraréis un modelo para recoger toda esta información.

PLAN DE EQUIPO

Otro de los documentos que, junto con el diario de sesiones, debe gestionar cada grupo es su plan de equipo.

En este documento se planifica el trabajo que se va a realizar durante un determinado periodo de tiempo; lo habitual suele ser un mes.

A continuación, en la página 9, encontraréis un modelo que os servirá de guía.

- En el apartado de los **objetivos** veréis que hay dos comunes que deben asumir todos los grupos. Después, deberéis completarlos con otros específicos, en función de las metas que creáis que tenéis que plantearos como equipo.
- En el apartado de los **compromisos personales**, cada miembro escribirá a qué se compromete de forma personal e individual para contribuir al buen funcionamiento del grupo.
- En el apartado de los **cargos del equipo** se dejará recogida una pequeña evaluación tanto personal como del resto de los miembros del grupo para cada uno de los cargos. También se añadirá una breve reflexión sobre cuáles son los puntos fuertes del equipo, así como sus áreas de mejora.

EVALUACIÓN DEL PLAN DE EQUIPO

Al acabar el tiempo establecido, el plan de equipo debe ser revisado. Para ello habrá que tener en cuenta todo lo que se haya recogido en el diario de sesiones y valorar si se han logrado los objetivos y los compromisos personales. También habrá que reflexionar sobre cómo ha ejercido cada uno su cargo.

El profesor os facilitará un modelo de rúbrica que os permitirá analizar cada uno de estos puntos.

Toda esta revisión ha de serviros para elaborar un nuevo plan de equipo para el siguiente periodo.

MODELO DE DIARIO DE SESIONES

OBJETIVOS		4	3	2	1
1. Progresar en el aprendizaje					
2. Ayudarnos los unos a los otros					
3. Objetivo específico:					

VALORACIÓN DE LOS COMPROMISOS PERSONALES	NOMBRE DEL ALUMNO	4	3	2	1

EJERCICIO DEL CARGO		4	3	2	1
Coordinador	Nombre:				
Resto del equipo					
Secretario	Nombre:				
Resto del equipo					
Ayudante	Nombre:				
Resto del equipo					
Intendente	Nombre:				
Resto del equipo					
(Portavoz)	Nombre:				
Resto del equipo					

¿En qué tenemos que mejorar en la próxima sesión?

PLANIFICACIÓN DEL PLAN DE EQUIPO

OBJETIVOS: ¿QUÉ QUEREMOS CONSEGUIR?
1. Progresar en el aprendizaje
2. Ayudarnos los unos a los otros
3. Objetivo específico:

COMPROMISOS PERSONALES	NOMBRE DEL ALUMNO	FIRMA

CARGO	NOMBRE DEL ALUMNO
Coordinador	
Secretario	
Ayudante	
Intendente	
(Portavoz)	

EVALUACIÓN DEL PLAN DE EQUIPO

OBJETIVOS: ¿QUÉ QUEREMOS CONSEGUIR?		4	3	2	1
1. Progresar en el aprendizaje					
2. Ayudarnos los unos a los otros					
3. Objetivo específico:					

VALORACIÓN DE LOS COMPROMISOS PERSONALES	NOMBRE DEL ALUMNO	4	3	2	1

EJERCICIO DEL CARGO		4	3	2	1
Coordinador	Nombre:				
Resto del equipo					
Secretario	Nombre:				
Resto del equipo					
Ayudante	Nombre:				
Resto del equipo					
Intendente	Nombre:				
Resto del equipo					
(Portavoz)	Nombre:				
Resto del equipo					

¿Qué es lo que hacemos especialmente bien?	
¿En qué aspectos debemos mejorar?	

PARA EMPEZAR...

La materia

Todo lo que nos rodea está formado por materia, como el agua, los animales o incluso el aire.

La materia es todo aquello que tiene una masa y ocupa un volumen.

Propiedades de la materia

La materia se define según sus propiedades, que se clasifican como **propiedades generales,** comunes a todos los cuerpos del universo y **propiedades específicas,** que permiten diferenciar unas sustancias de otras.

Propiedades generales de la materia

La masa es la cantidad de materia que tiene un cuerpo. Se mide en kilogramos, kg, mediante una balanza o báscula.

El volumen es el espacio que ocupa un cuerpo. Se mide en litros, L, mediante probetas u otros medios.

Algunas propiedades específicas de la materia

Temperaturas de fusión y ebullición

Son las temperaturas a las que, respectivamente, la materia cambia de estado sólido a líquido y de estado líquido a estado gaseoso.

Densidad

Es la relación entre la masa de un cuerpo y su volumen. Un líquido poco denso flotará en el seno de uno más denso. Se mide en g/L.

Solubilidad

Es la capacidad de una sustancia para disolverse en un líquido.

ACTIVIDADES

1 Copia y completa en tu cuaderno las siguientes igualdades:

a. 5 000 g = ... kg

b. 3 kg = ... g

c. 88 dag = ... dg

d. 1 L = ... mL

e. 56 mL = ... cL

f. 67 hL = ... dL

g. 37 dL = ... kL

h. 4,5 kg = ... mg

i. 7 cg = ... kg

2 Indica si las siguientes propiedades son específicas o generales:

a. Volumen.

b. Dureza.

c. Temperatura de fusión.

d. Temperatura de ebullición.

e. Masa.

f. Densidad.

Estados de la materia

La materia se puede encontrar en tres estados, **sólido, líquido** y **gaseoso.**

Cambio de estado

Se produce un cambio de estado cuando la materia pasa de un estado a otro. Los cambios de temperatura de la materia producen cambios de estado en ella.

Si la temperatura aumenta...

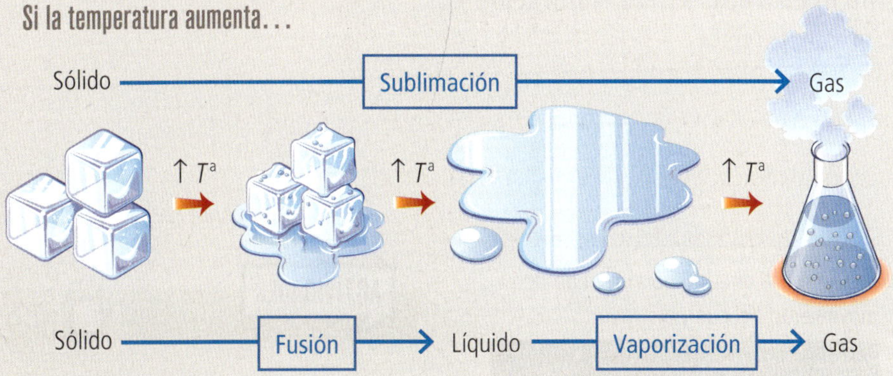

Si la temperatura disminuye...

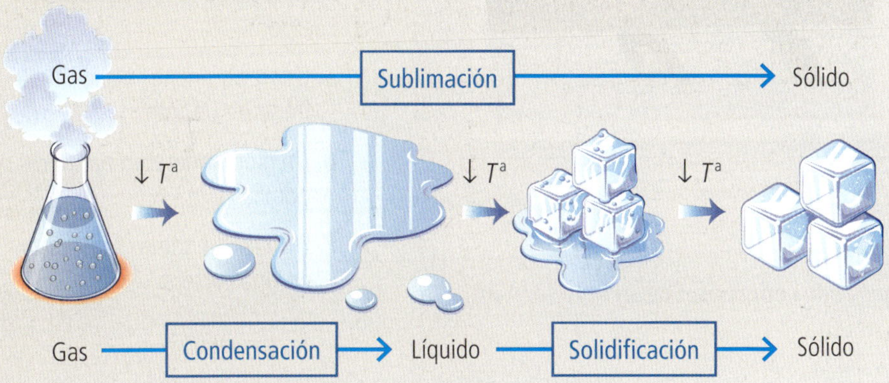

Sustancias puras y mezclas

La materia puede encontrarse en forma de **sustancia pura** o de **mezcla** de sustancias.

MATERIA

- **Sustancia pura** formada por un solo componente.
- **Mezcla** formada por varias sustancias puras.

- Una **mezcla homogénea** o **disolución** es aquella cuyos componentes no se ven a simple vista, por ejemplo un vaso de agua con azúcar o un tarro de miel.
- Una **mezcla heterogénea** es aquella cuyos componentes se distinguen a simple vista, por ejemplo una tarta de frutas, un pedazo de granito o un vaso de refresco con hielo.

ACTIVIDADES

1 Indica el nombre que reciben los siguientes cambios de estado:

a. Paso de líquido a gas.
b. Cambio de sólido a gas.
c. Paso de líquido a sólido.
d. Paso de gas a sólido.
e. Cambio de gas a líquido.
f. Paso de sólido a líquido.

2 Identifica el cambio de estado que se produce en estas situaciones:

a. El agua pasa de líquido a sólido a 0 °C.
b. La ropa tendida se seca.
c. El hielo de las montañas se deshace en primavera.
d. Los cristales de unas gafas se empañan.

3 Indica en cada caso qué tipo de materia es la de la figura:

a.

b.

c.

d.

Las fuerzas

Una **fuerza** es todo aquello capaz de modificar el estado de reposo o movimiento de un cuerpo, o de deformarlo.

Los efectos que producen las fuerzas sobre los cuerpos no siempre son los mismos, dependen de varios factores como la **intensidad** de la fuerza, la **duración** de esa fuerza y las **características** del cuerpo que la recibe.

El movimiento

Cuando aplicamos una fuerza sobre un cuerpo pueden suceder estas cosas:

El cuerpo se pone en movimiento.

Se cambia la dirección o el sentido del movimiento del cuerpo.

Las fuerzas y las deformaciones

Las fuerzas pueden provocar deformaciones en los cuerpos. Según se deformen los cuerpos frente a una fuerza se clasifican en:

Cuerpos elásticos

Recuperan su forma original cuando la fuerza cesa su acción.

Cuerpos plásticos

Adoptan una nueva forma y no recuperan su forma inicial cuando la fuerza cesa su acción.

Cuerpos rígidos

Se rompen si la fuerza que sufren es lo suficientemente intensa.

ACTIVIDADES

1 Indica en cada caso qué efecto ha producido la fuerza sobre el cuerpo:

a. Un maquinista acciona el freno de un tren.

b. Un niño aprieta un patito de goma.

c. Un ciclista toma una curva en una carrera.

La electricidad

La **carga eléctrica** es una propiedad de la materia, y puede ser positiva o negativa. Algunos cuerpos están cargados **positivamente**, otros **negativamente** y otros tienen la misma cantidad de carga negativa que positiva, entonces, su carga es **neutra**.

Dependiendo de su carga, los cuerpos se comportan de forma diferente:

- Cuando dos cuerpos tienen carga del mismo signo (positiva o negativa) se repelen.
- Cuando dos cuerpos tienen carga de distinto signo (positiva y negativa) se atraen.

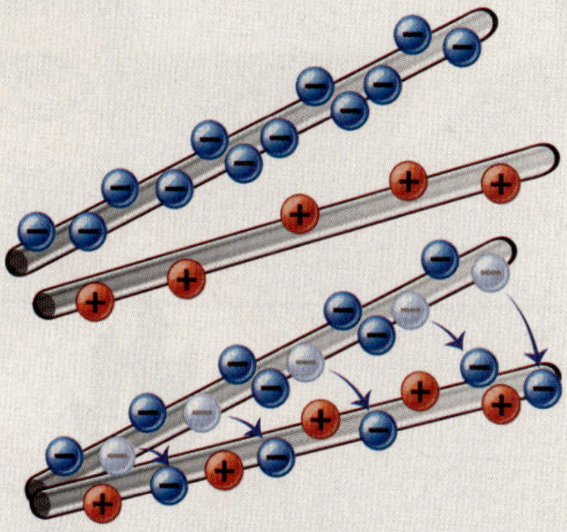

Los materiales conductores permiten el paso de la corriente eléctrica.

Los materiales aislantes no permiten el paso de carga a través de ellos. Por eso los cables eléctricos se recubren de plástico.

El magnetismo

Algunos materiales tienen propiedades **magnéticas**, es decir, pueden atraer a otros objetos metálicos.

Los imanes tienen dos zonas, el **polo norte** y el **polo sur**. Si enfrentamos dos polos iguales, se repelen, si son distintos, se atraen.

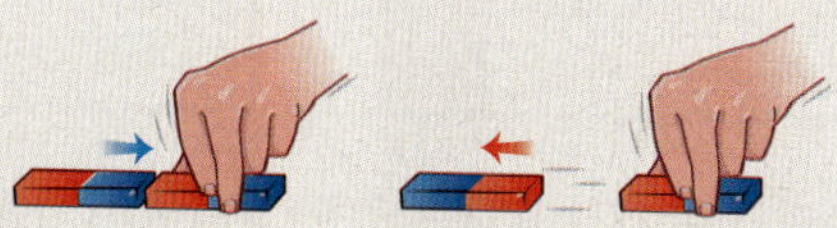

El **electromagnetismo** es la relación entre magnetismo y electricidad.

ACTIVIDADES

1 Elige, de entre los siguientes materiales, aquellos que conducen la electricidad:

a. Un palo de madera.
b. El agua de mar.
c. El plástico.
d. Un clip.

2 Investiga qué materiales naturales tienen propiedades magnéticas.

01 La actividad científica

¿Qué relación encuentro entre esta unidad y mi entorno más cercano?

Los instrumentos que aparecen en la imagen son parte de los que emplean los científicos en su tarea diaria. Investigad sobre sus nombres y usos y preparad una exposición para presentar en clase.

01 El método científico

Los seres humanos, movidos por la curiosidad, siempre han querido conocer el mundo que los rodea y las leyes que lo gobiernan. A partir del siglo XVII, se empezó a utilizar un método para poder dar una explicación científica a los fenómenos naturales observados.

La **ciencia** es un conjunto ordenado de conocimientos objetivos y verificables experimentalmente.

Para que la ciencia avance, es necesario que los científicos trabajen con un método sistemático y objetivo.

El **método científico** es el método de trabajo basado en la observación y en la experimentación que utilizan los científicos para investigar los fenómenos que se producen en la naturaleza.

El método científico se basa en una serie de etapas, comunes a cualquier investigación científica. Sin embargo, estas etapas no siempre se suceden en el mismo orden; unas veces se sigue un método perfectamente organizado, pero otras los descubrimientos son fruto de la casualidad. Por tanto, la naturaleza del problema que se quiere investigar determina los pasos a seguir.

Ahora bien, generalmente se usa un método basado en estas etapas: observación, búsqueda de información, enunciado de hipótesis, experimentación, análisis de resultados, formulación de leyes, teorías o modelos, y, por último, publicación del informe científico para dar a conocer las conclusiones.

01.1 La observación

Para observar, el investigador debe utilizar todos sus sentidos y su ingenio.

Observar es examinar atentamente un fenómeno aplicando todos los sentidos para poder estudiarlo.

Después de observar, se plantea el problema como una pregunta.

Método científico: observación

Se añade un terrón de azúcar sobre el agua y se observa cómo se disuelve.

¿Por qué se disuelve el azúcar? ¿Cómo lo hace? ¿Qué factores influyen en la disolución?

Comprueba tu capacidad de observación. Mira durante cinco segundos el cuadro, tápalo con la mano y, después y sin volver a mirarlo, responde: ¿cuántos globos hay en la pintura?

Ahora cuéntalos. ¿Has acertado? Quizá no te habías fijado en el globo que sujeta el niño de la barca.

Observar no es solo mirar, sino hacerlo con rigor, minuciosamente y, muchas veces, utilizando instrumentos que aumenten el tamaño del objeto estudiado.

01.2 Búsqueda de información

Una vez se tiene claro el problema a investigar, hay que buscar toda la información disponible. Se puede buscar en libros o publicaciones sobre el tema, o en páginas web de confianza, como las de las universidades y centros de investigación.

Conviene organizar la información obtenida. Para ello, hay que elaborar un resumen de cada contenido, el título de la obra donde aparece, su autor y su fecha de publicación. Si la búsqueda se ha realizado a través de Internet, se detallarán las direcciones de las páginas web consultadas.

Revistas científicas.

01.3 Enunciado de hipótesis

Planteada la pregunta, se busca darle respuesta mediante una hipótesis que sirva para explicar el fenómeno observado.

Una **hipótesis** es una suposición que intenta explicar un hecho observado.

Las hipótesis científicas deben cumplir algunas condiciones: deben estar enunciadas de forma clara y precisa, y deben poder comprobarse experimentalmente para saber si son verdaderas o falsas.

Las hipótesis pueden estar bien enunciadas pero resultar falsas.

La **solubilidad** del azúcar en agua es la máxima cantidad de azúcar que puede ser disuelta en una cantidad de agua a una temperatura determinada.

Método científico: enunciado de hipótesis

- La solubilidad del azúcar en agua depende de:

1. La tienda donde se ha comprado el azúcar.
2. La belleza del terrón.
3. La temperatura a la que lo disolvemos.
4. El tamaño del vaso donde lo disolvemos.

- Las explicaciones a estas hipótesis son:

1. La hipótesis es absurda, pues el terrón de azúcar será igual independientemente de dónde se compre.
2. No se puede comprobar experimentalmente.

3 y 4 Ambas hipótesis se pueden comprobar y están bien formuladas, luego son hipótesis válidas, aunque habrá que confirmar si son ciertas o falsas, mediante los experimentos adecuados.

ACTIVIDADES

1 En algunos periódicos aparece el horóscopo. ¿Se pueden aceptar estas predicciones como científicas? ¿Y la predicción del tiempo? ¿Por qué?

2 Imagina que buscas en Internet información sobre un fenómeno y, en dos páginas web, encuentras datos contradictorios. ¿Qué harías?

3 Hemos plantado en un tiesto unas margaritas. Aunque las regamos todas las semanas, no florecen. ¿Cuáles de las hipótesis siguientes son falsas y cuáles pueden ser verdaderas?

No florecen porque: tienen poca luz; les falta agua; el color del tiesto es verde; hay que añadir abono o añoran a su anterior dueño.

01.4 Experimentación

Para comprobar si una hipótesis es verdadera o falsa, hay que diseñar experimentos. El diseño de un experimento debe ser claro, de modo que otra persona lo entienda y pueda repetirlo. Para ello, debe incluir una explicación paso a paso del procedimiento realizado y una lista de los materiales utilizados. Además, puede ir acompañado de un esquema o dibujo.

Científicos probando sus diseños.

La **experimentación** consiste en reproducir un fenómeno observado en condiciones controladas, que pueden ser modificadas para averiguar qué sucede.

Método científico: experimentación

La solubilidad del azúcar en el agua depende de la temperatura a la que lo disolvemos.

- Tomamos cuatro vasos iguales con la misma cantidad de agua en todos ellos: 100 mL.
- Calentamos el agua de los vasos a distintas temperaturas. Añadimos azúcar hasta que comience a depositarse en el fondo aunque estemos removiendo.
- Se observa que cuanto mayor es la temperatura del agua, más cantidad de azúcar se disuelve. Por tanto, la hipótesis es verdadera.

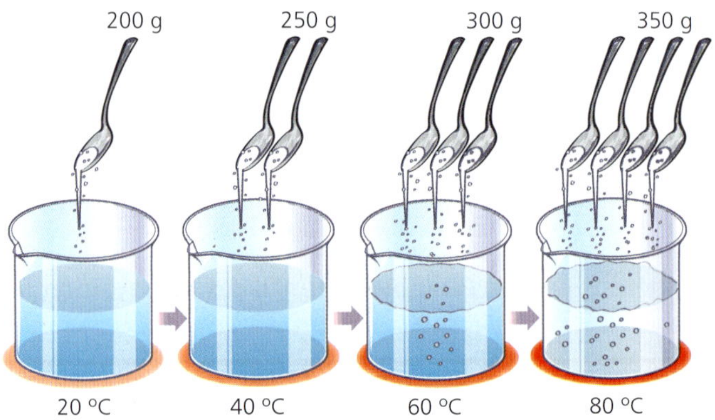

- En el experimento anterior, hemos variado la temperatura del agua y, como consecuencia de ello, la cantidad máxima de azúcar que se puede disolver en ella ha cambiado. A estas dos magnitudes, temperatura y masa de azúcar, se las llama **variables.**
- Por el contrario, la cantidad de agua es la misma en todos los vasos: 100 mL. A esta magnitud, que permanece inalterable en todo el experimento, se la denomina **control.**

En los experimentos se suele trabajar con solo dos magnitudes variables, para poder estudiar cómo varía una en función de la otra, mientras que las demás se dejan fijas.

ACTIVIDADES

4 Diseña un experimento para comprobar si esta hipótesis es verdadera o falsa: «Un cubito de hielo se funde antes cuanto mayor es la temperatura en el exterior». Indica qué variables has utilizado.

5 ¿Para qué sirve la realización de un experimento?

6 ¿Cómo comprobarías esta hipótesis? «Los alimentos en una olla exprés se cocinan antes cuanto mayor es la presión a la que están sometidos».

7 ¿Sería correcto un experimento en el que cambien tres o más variables?

01.5 Estudio de los resultados

Es necesario tomar nota de los datos obtenidos en cada experimento, para ordenarlos y clasificarlos, y así obtener las conclusiones oportunas.

- **Tablas de datos.** Las tablas constan de filas y columnas en las que se indican los valores (datos) de las distintas magnitudes.
- **Gráfico de sectores.** Consta de un círculo dividido en porciones, cuyos tamaños son proporcionales a los valores que se han representado en %.
- **Gráfico de barras.** Consta de barras verticales u horizontales cuyas alturas son proporcionales al tanto por ciento de los valores representados.
- **Gráfica o representación sobre ejes de coordenadas.** Se deben tener en cuenta estos pasos para su representación:

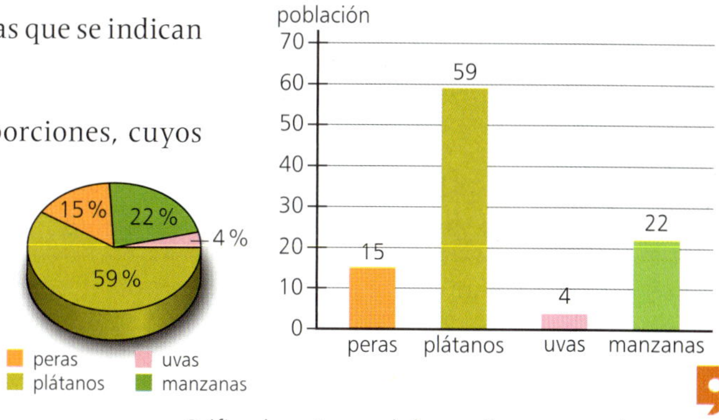

Gráfico de sectores y de barras. Representan el consumo de frutas en una población de 100 jóvenes.

1 Se debe hacer en un papel milimetrado. Se representa una magnitud en cada eje y se asigna valor cero al origen de coordenadas.

2 Se elige la escala teniendo en cuenta los valores mayores y menores a representar, con el fin de que la gráfica quede centrada y no se salga del papel disponible.

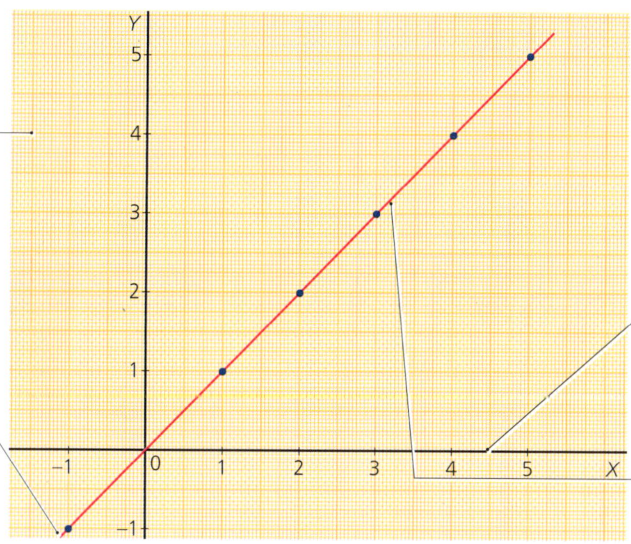

3 Cada pareja de valores se indica con un punto que se obtiene trazando las correspondientes líneas paralelas a los ejes.

4 Se dibuja la recta o la curva que más se aproxima a todos los puntos.

Método científico: estudio de los resultados

A partir de los experimentos realizados, se elabora la siguiente tabla de datos y se lleva a cabo la representación gráfica. Elegimos un sistema de coordenadas para ver la evolución de la solubilidad.

Temperatura (°C)	20	40	60	80
Masa de azúcar disuelta (g)	200	250	300	350

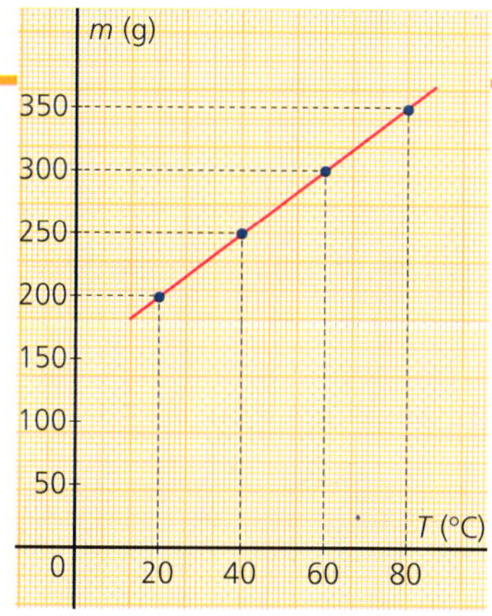

01.6 Enunciado de leyes

Cuando una hipótesis se comprueba experimentalmente se convierte en una ley.

Una **ley** científica es una hipótesis confirmada mediante experimentos.

Las leyes científicas pueden ser de dos tipos:

- **Ley cualitativa:** es la que se puede definir mediante un enunciado verbal o escrito, pero no se puede expresar numéricamente.
- **Ley cuantitativa:** es la que se puede expresar con números. Por tanto, además de responder a un enunciado verbal o escrito, se plasma en una fórmula matemática y en una representación gráfica.

Método científico: enunciado de leyes

Analizados los datos obtenidos en el apartado anterior, respecto a la solubilidad del azúcar en agua, se comprueba que la hipótesis se confirma y se convierte en ley. Por tanto, podemos afirmar:

«Para un mismo volumen de agua, la solubilidad del azúcar en agua es proporcional a la temperatura a la que se produce».

01.7 Teorías y modelos

Una teoría explica los hechos relacionados con un mismo fenómeno. Ahora bien, basta con que no sea capaz de explicar uno de ellos para que la teoría deje de ser válida y deba ser modificada o rechazada.

Una **teoría** es una ley generalizada que explica un conjunto de hechos.

Toda teoría está formada por una serie de enunciados o pequeñas leyes, llamadas **postulados**, que explican los fenómenos observados en la naturaleza.

A veces hace falta explicar algo que no se puede ver o que es difícil de imaginar; en ese caso, se usan los modelos.

Un **modelo** es una representación, gráfica o conceptual, que sirve para poder interpretar cómo es algo.

Método científico: modelos

La solubilidad del azúcar en agua se puede explicar mediante un modelo gráfico.

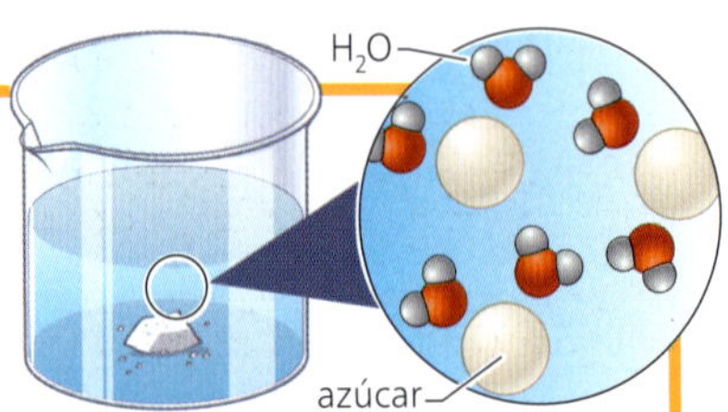

Nunca hemos visto el interior de la Tierra, pero los datos disponibles nos permiten dibujar un modelo que lo describe como el de la figura.

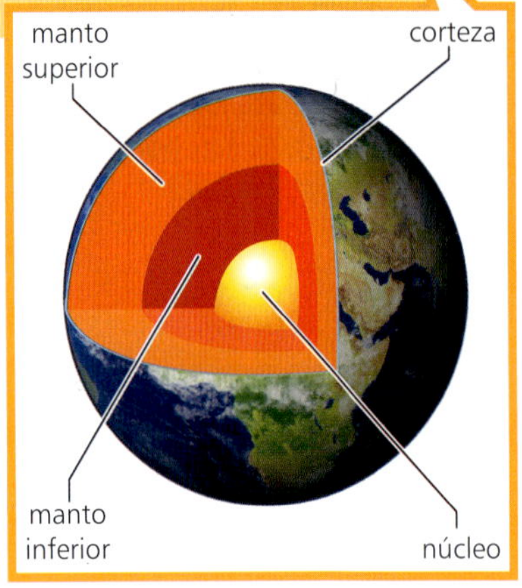

01.8 El informe científico

Por último, es necesario publicar las conclusiones de los trabajos realizados mediante un documento llamado **informe científico.**

El informe científico es clave para dar a conocer las investigaciones a la sociedad y a la comunidad científica. Debe cumplir algunas características:

- Estar redactado de forma clara y precisa.
- Ser original y aportar algo nuevo.
- Servir como una fuente de información para realizar nuevas investigaciones.
- Describir las técnicas y los procedimientos experimentales utilizados, para que otros científicos puedan reproducirlos y verificarlos.

El informe científico puede constar de las siguientes partes:

1. Portada
Debe incluir el título del trabajo, el nombre de sus autores y la fecha.

2. Índice
Incluye la lista de apartados y subapartados.

3. Resumen o *abstract*
Recoge una síntesis del trabajo realizado; si se publica en alguna revista extranjera, se escribe en inglés.

4. Objetivo
Se describe lo que se pretendía conseguir con el trabajo y el porqué del estudio. Debe contener la hipótesis que se intenta demostrar.

5. Materiales y productos
Se enumeran los materiales, productos (con sus cantidades) e instrumentos utilizados para realizar el trabajo.

6. Procedimiento
Se explica el método seguido para realizar la experiencia. La explicación se acompaña de dibujos, fotografías y gráficos, y de todo el material necesario.

7. Resultados y conclusiones
Se muestran y se comentan los resultados obtenidos.

8. Bibliografía
Se especifican los trabajos científicos, libros, revistas, recursos informáticos, etc., consultados y que han servido de punto de partida o de ayuda para realizar la investigación.

9. Agradecimientos
Se enumeran las personas, instituciones u organismos que han aportado ayuda para la realización del trabajo.

Una gigantesca pero poco conocida instalación de la NASA
ha estado albergando durante años minuciosos simulacros de misiones espaciales. No se trata de ninguna teoría de la conspiración: es la triste historia de la Planta de Montaje de Michoud, el vasto complejo de Nueva Orleans en el que la agencia ha construido durante décadas sus mayores cohetes.

Tras el último vuelo del transbordador espacial, en 2011, las inmensas instalaciones fueron arrendadas a estudios de Hollywood, que las aprovecharon para alojar parte de la producción de *El juego de Ender* y otras películas de ciencia ficción.

Desde hace un tiempo, sin embargo, una tropa creciente de ingenieros de la NASA ha regresado a Michoud para hacerse cargo de una nueva producción: la secuela de los grandes días en los que la agencia enviaba vuelos tripulados al espacio. Las instalaciones han vuelto a la fabricación de cohetes para en-

Investigación científica y sociedad

Nuestra sociedad depende de los descubrimientos científicos y su aplicación en la industria mediante la tecnología. La investigación científica ha hecho que nuestra vida sea más larga y confortable gracias a:

- Los medicamentos, capaces de curar o mejorar un gran número de enfermedades.
- Una agricultura más eficiente y mecanizada.
- La electrónica y el desarrollo de los electrodomésticos.
- La informática y su relación con las comunicaciones y la información.
- La industria textil, del vidrio y del petróleo.
- Las nuevas fuentes de energía menos contaminantes.
- La investigación sobre nuevos materiales.

ACTIVIDADES

8 Elabora un informe científico acerca del estudio de la solubilidad del azúcar en agua e incluye en él todos los pasos realizados utilizando tecnologías de la información.

02 La medida

El estudio experimental requiere medir, es decir, expresar numéricamente diversas cantidades. No todas las propiedades son medibles. Así, por ejemplo:

- La masa, el tiempo, la temperatura, el volumen y la fuerza son propiedades que pueden medirse y expresarse mediante un número que indica la cantidad y su unidad de medida.
- La imaginación, la belleza, la bondad y el egoísmo representan cualidades que no se pueden medir con un número.

Una **magnitud** es toda propiedad medible de una sustancia.

Para medir una magnitud hay que compararla con otra de la misma naturaleza, para ver cuántas veces la contiene. El resultado de la medida de una magnitud se expresa mediante un número seguido de su unidad.

Una **unidad de medida** es un patrón que, tomado como referencia, sirve para expresar la medida de una magnitud.

Son unidades de medida, entre otras, el kilogramo, el segundo, el grado Celsius y el litro.

Una unidad debe ser **constante, universal** y **fácil de reproducir** y **de usar.** Es decir, debe poder utilizarse en cualquier lugar sin que varíe a lo largo del tiempo.

Las medidas de una magnitud pueden ser de dos tipos:

- **Medidas directas.** Se obtienen directamente utilizando un instrumento de medida. Por ejemplo, la medida de un tiempo y de una longitud se obtienen leyendo lo que marcan un reloj y una regla, respectivamente.

- **Medidas indirectas.** Se consiguen usando una fórmula matemática. Así, la medida de una superficie no se puede medir con un metro cuadrado, sino que se miden algunas longitudes y se aplican las fórmulas de la geometría.

02.1 Tipos de magnitudes

Las magnitudes pueden ser de dos tipos:

- **Magnitudes básicas.** Se obtienen mediante una medida directa, pues no dependen de ninguna otra magnitud.
- **Magnitudes derivadas.** Se obtienen a partir de las magnitudes básicas.

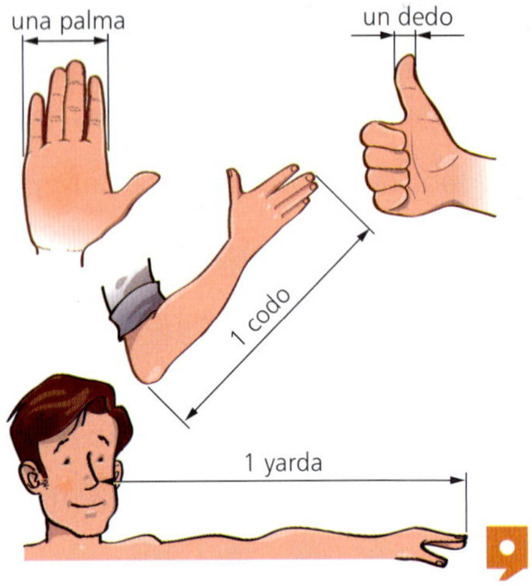

Antiguamente se usaban unidades no convencionales. No eran constantes, sino que dependían del tamaño del cuerpo de la persona que realizaba la medida.

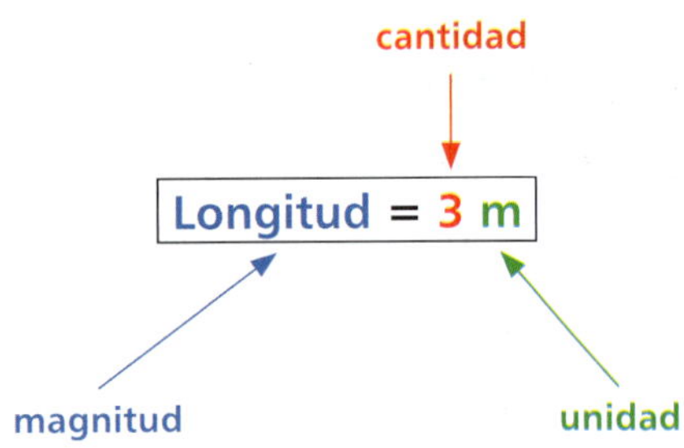

ACTIVIDADES

9 ¿Serán buenas unidades de medida el palmo y el codo? Razona la respuesta.

10 Clasifica en magnitudes y unidades estos términos: tiempo, metro, fuerza, presión, temperatura y kelvin.

02.2 Sistema Internacional de unidades

En 1960 se adoptó internacionalmente un sistema de magnitudes y unidades, llamado **Sistema Internacional (SI)**, con el fin de utilizarlo en todos los países. Actualmente, es de uso obligatorio en la Unión Europea y también en otros países no pertenecientes a la UE.

El SI consta de magnitudes básicas y de magnitudes derivadas, con sus correspondientes unidades de medida.

MAGNITUD BÁSICA	SÍMBOLO	UNIDAD	SÍMBOLO
Longitud	*l*	**metro**	m
Masa	*m*	**kilogramo**	kg
Tiempo	*t*	**segundo**	s
Temperatura	*T*	**kelvin**	K
Intensidad de corriente	*I*	**amperio**	A
Intensidad luminosa	*I*	**candela**	cd
Cantidad de sustancia	*n*	**mol**	mol

El resto de las magnitudes son derivadas y se calculan a partir de las básicas utilizando una fórmula, por ejemplo:

MAGNITUD DERIVADA	SÍMBOLO	UNIDAD	SÍMBOLO
Superficie	*S*	**metro cuadrado**	m^2
Volumen	*V*	**metro cúbico**	m^3
Velocidad	*v*	**metro por segundo**	m/s
Densidad	*d* o ρ	**kilogramo por metro cúbico**	kg/m^3

Normas ortográficas para escribir las unidades

- Los nombres de las unidades y sus símbolos se escriben con minúscula y nunca se pone punto detrás. Solamente cuando el nombre de la unidad proviene del nombre de un científico, la primera letra del símbolo se escribe con mayúscula. Por ejemplo, kilogramo es kg, segundo es s y kelvin es K.

- Los nombres de las unidades forman su plural añadiendo –es o –s, pero sus símbolos no llevan –s. Por ejemplo, 3 metros es 3 m.

El **kilogramo** es la masa de un cilindro de platino e iridio que se guarda en la Oficina Internacional de Pesas y Medidas, en Sèvres, cerca de París.

El kelvin

William Thomson Kelvin (1824-1907) fue un físico y matemático británico que realizó importantes investigaciones relativas a la electricidad y a la relación entre el calor y el trabajo. Estableció la escala absoluta de temperaturas que lleva su nombre: kelvin.

ACTIVIDADES

11 Se tienen las siguientes medidas: la longitud de la pared de clase, la superficie de tu cama, el volumen de tu móvil y la temperatura del salón de tu casa. ¿Cuáles son directas y cuáles indirectas?

02.3 Notación científica

Imagina que quieres representar cantidades muy grandes, como la distancia entre el Sol y un planeta, o muy pequeñas, como la masa de un glóbulo rojo. En esos casos, sería necesario escribir un gran número de ceros a la izquierda o a la derecha. Para expresar ese tipo de cantidades, se usan potencias de 10.

Por ejemplo, la distancia entre la Tierra y el Sol es de 150 000 000 000 m, lo que en notación científica se expresa:

$$1{,}5 \cdot 10^{11}\ \text{m}$$

Cifra distinta de cero.

Una coma seguida de cifras decimales.

Potencia de diez con exponente:

- Positivo, si la cantidad es mayor que 1.
- Negativo, si la cantidad es menor que 1.

Así, la masa de un glóbulo rojo es: 0,000 000 000 000 1 kg = $1 \cdot 10^{-13}$ kg

Y la carga del protón es: 0,000 000 000 000 000 000 160 2 C = $1{,}602\ 10^{-19}$ C

02.4 Múltiplos y submúltiplos

Los múltiplos y submúltiplos se aplican a las unidades del SI, y algunos múltiplos y submúltiplos son los siguientes:

	PREFIJO	SÍMBOLO	EQUIVALENCIA	SE USAN
Múltiplos	kilo	k	$10^3 = 1\,000$	Para expresar cantidades mayores que la unidad
	hecto	h	$10^2 = 100$	
	deca	da	10	
Unidad			1	
Submúltiplos	deci	d	$10^{-1} = 0{,}1$	Para expresar cantidades menores que la unidad
	centi	c	$10^{-2} = 0{,}01$	
	mili	m	$10^{-3} = 0{,}001$	

Para escribir un múltiplo o un submúltiplo, se escribe el prefijo seguido de la unidad utilizada. Así: 1 decámetro = 1 dam. Observa los ejemplos:

- **3 dam** = 30 m
- **10 km** = $10 \cdot 10^3$ m
- **38 dm** = $38 \cdot 10^{-1}$ m
- **145 cm** = $145 \cdot 10^{-2}$ m
- **15 hm** = $15 \cdot 10^2$ m
- **30 mm** = $30 \cdot 10^{-3}$ m
- **14 g** = $14 \cdot 10^{-3}$ kg
- **3 dam²** = $3 \cdot 10^2$ m²
- **12 km²** = $12 \cdot 10^6$ m²
- **5 dm³** = $5 \cdot 10^{-3}$ m³
- **14 cm²** = $14 \cdot 10^{-4}$ m²
- **5 hm³** = $5 \cdot 10^6$ m³
- **326 mm³** = $326 \cdot 10^{-9}$ m³
- **6 ks** = $6 \cdot 10^3$ s

Recuerda

Para cambiar de una unidad de **longitud** a un múltiplo o submúltiplo, se multiplica por la potencia de diez con exponente positivo o negativo, según corresponda.

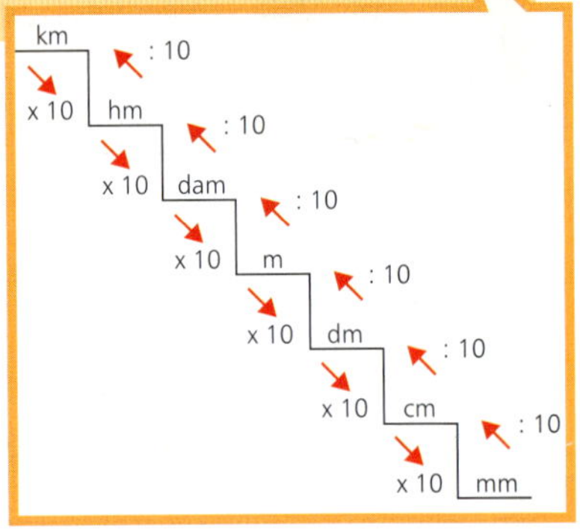

Recuerda

Para obtener los múltiplos o los submúltiplos de una unidad de **superficie** o de **volumen** se eleva al cuadrado o al cubo, respectivamente, la unidad de longitud correspondiente.

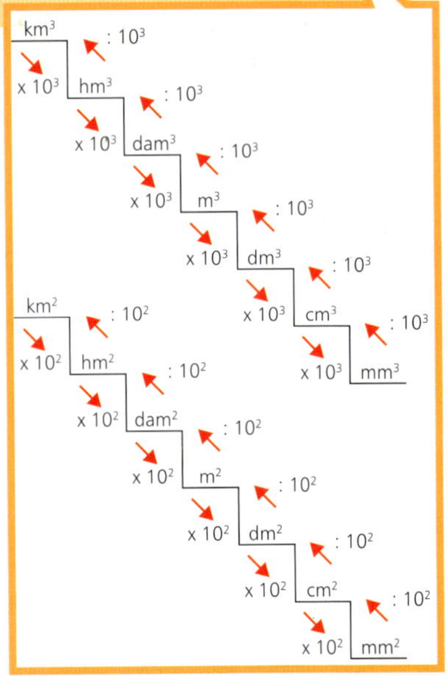

02.5 Factores de conversión

Para cambiar de una unidad a uno de sus múltiplos o submúltiplos, además de multiplicar por la potencia de diez correspondiente, también se pueden utilizar los factores de conversión. Un **factor de conversión** es una fracción en la que el numerador y el denominador representan medidas iguales, pero expresadas en múltiplos y submúltiplos.

Para expresar 4 km en metros, hacemos lo siguiente:

$$4\ \text{km} = 4\ \text{km} \cdot \frac{10^3\ \text{m}}{1\ \text{km}} = 4 \cdot 10^3\ \text{m}$$

EJEMPLO

Transforma a unidades del SI:

a. La superficie de una hoja: $S = 600\ \text{cm}^2$

b. La velocidad de una bicicleta: $v = 36\ \text{km/h}$

a. $S = 600\ \text{cm}^2 \cdot \dfrac{1\ \text{m}^2}{10^4\ \text{cm}^2} = 600 \cdot 10^{-4}\ \text{m}^2 = 6 \cdot 10^{-2}\ \text{m}^2$

b. Al tratarse de dos unidades de magnitudes diferentes, aplicamos los factores de conversión a cada una de ellas:

$$v = 36\ \text{km/h} = 36\ \frac{\text{km}}{\text{h}} \cdot \frac{10^3\ \text{m}}{1\ \text{km}} \cdot \frac{1\ \text{h}}{3\,600\ \text{s}} = 10\ \text{m/s}$$

02.6 Volumen y capacidad

Aunque volumen y capacidad parezcan conceptos iguales, no lo son:

El **volumen** es el espacio que ocupa un cuerpo.

La **capacidad** es el volumen del interior de un recipiente.

En el SI, ambas magnitudes se miden en m³, pero la capacidad suele expresarse en litros (L) o en los múltiplos y submúltiplos de dicha unidad. Para relacionar las dos unidades, se debe tener en cuenta que:

1 L equivale a 1 dm^3 ; 1 mL equivale a 1 cm^3

La capacidad de un tetrabrik es 1 L, pero su volumen es de 1,1 L.

ACTIVIDADES

12 Expresa en notación científica estas cantidades:

a. 340 000 s b. 0,000076 m c. $750 \cdot 10^3$ g

13 Expresa en las unidades correspondientes las siguientes cantidades:

a. 7 dam b. 96 mm c. 18 hm^2 d. 23 dm^2 e. 60 hm^3 f. 123 cm^3

14 Expresa en la unidad correspondiente estas cantidades:

a. 40 km b. 75 g c. 4 cs d. 62 mm e. 34 hg f. 28 ds

15 Utiliza los factores de conversión para expresar en m^3 estos volúmenes:

a. 2 000 cm^3 b. 350 dm^3 c. 40 hm^3

03 Instrumentos de medida

Los aparatos o instrumentos de medida se clasifican en función de la magnitud que van a medir.

Balanza de dos platillos con pesas.

> La **precisión de un aparato de medida** es el valor más pequeño que puede apreciar y que corresponde a la división más pequeña de su escala.

Medida de longitudes

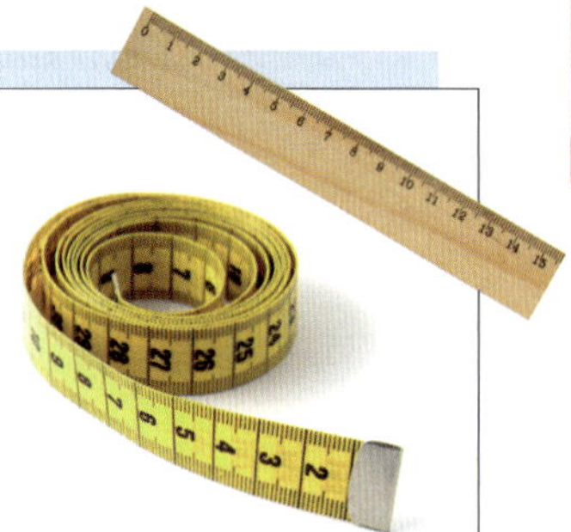

Para medir longitudes se puede utilizar el metro, la cinta métrica o la regla graduada.

En la regla graduada, observa que cada centímetro está dividido en diez divisiones, luego la cantidad más pequeña que puede apreciar es de un milímetro.

Medida de masas

Las masas se miden con balanzas o básculas. En la balanza de dos platillos se utilizan pesas patrón, cuya masa se conoce con exactitud. En un platillo se pone el objeto cuya masa se desea saber y en el otro se ponen tantas pesas patrón como sean necesarias para equilibrar la balanza.

Balanza analítica

Son balanzas muy precisas que se utilizan en los laboratorios. Suelen ser **digitales**. Pueden medir masas de hasta 10^{-5} g.

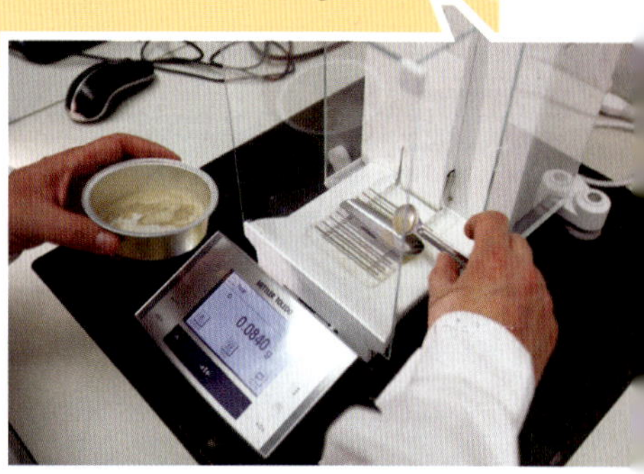

Medida de volúmenes de líquidos

El volumen de un líquido se puede medir con varios recipientes de laboratorio que contienen una escala graduada. Son la bureta, la pipeta, la probeta y el matraz aforado.

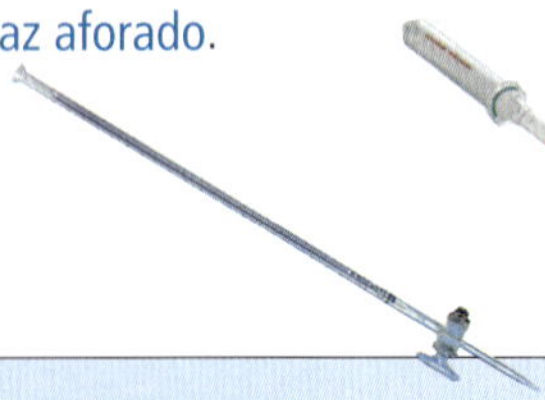

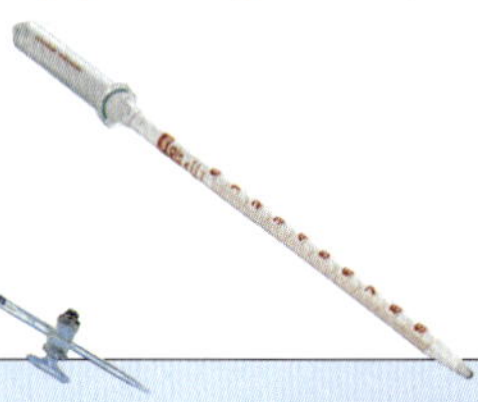

Medida de tiempos

Los aparatos para medir el tiempo son los relojes y cronómetros. Los relojes miden el tiempo en horas, minutos y segundos. Los cronómetros, más precisos, miden fracciones más pequeñas de tiempo.

Medida de temperaturas

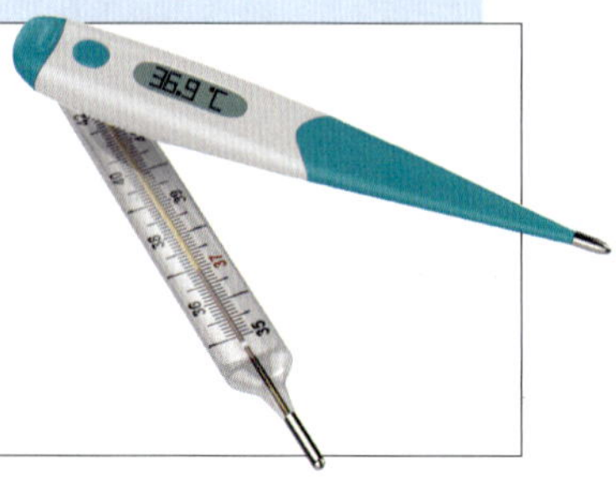

La temperatura se mide con los termómetros. Los primeros termómetros usaban un material que se dilataba fácilmente, como mercurio, pero debido a la alta toxicidad de este metal, ahora están prohibidos y se han sustituido por termómetros de galio o digitales.

03.1 Instrumentos de laboratorio

Para realizar las experiencias que requiere el método científico, en un laboratorio científico se utilizan estos materiales e instrumentos.

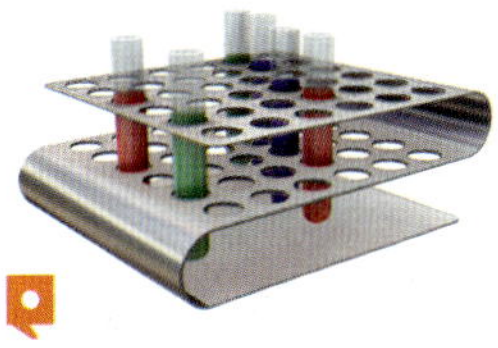
Tubos de ensayo y gradilla.

Erlenmeyer.

Vaso de precipitado.

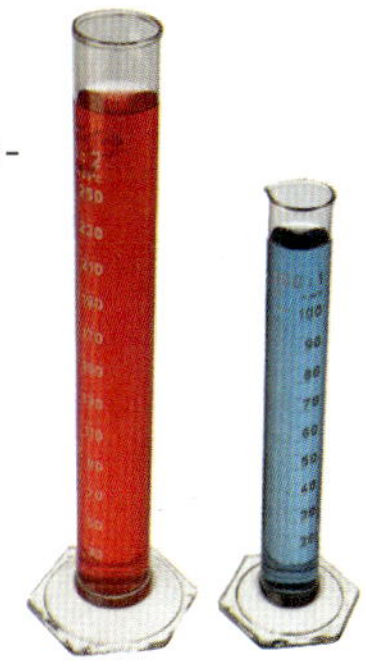
Probetas.

Bureta.

Matraz de fondo redondo.

Matraz aforado.

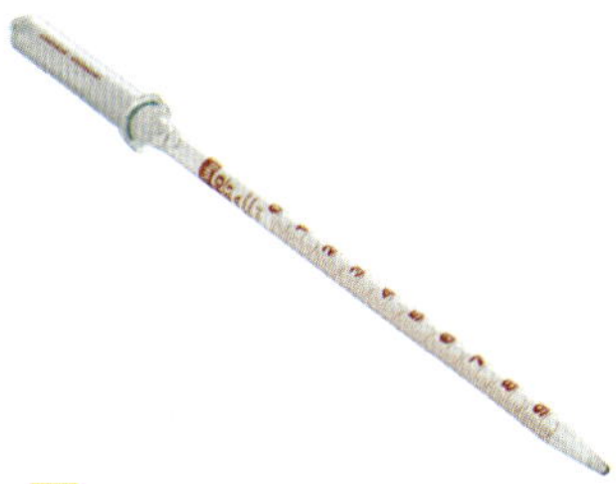
Pipeta.

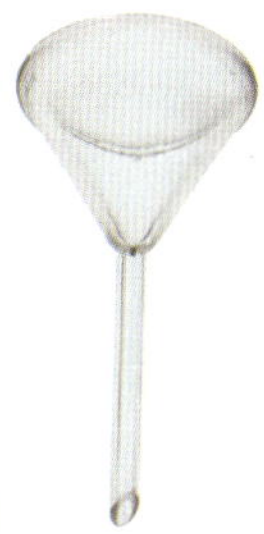
Embudo.

Embudo de Gibson o de decantación.

Mortero.

Cápsula de porcelana.

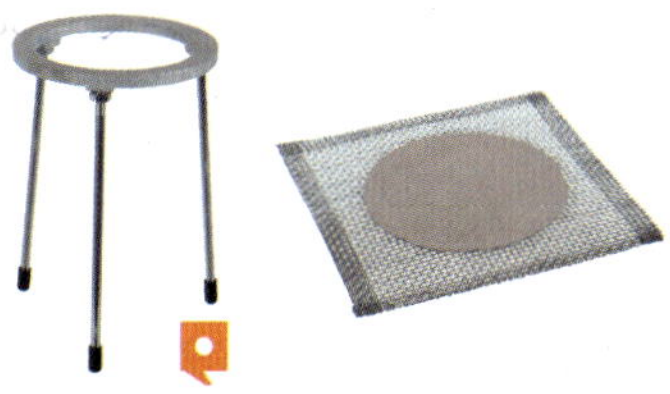
Trípode y rejilla.

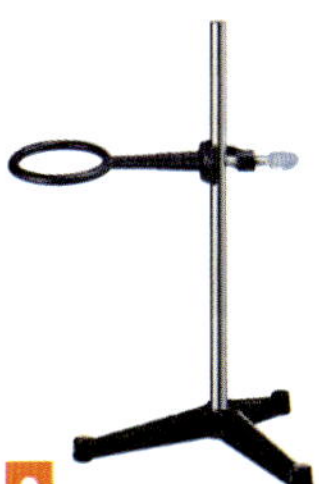
Soporte y aro de nuez.

Pinza con nuez.

Espátula.

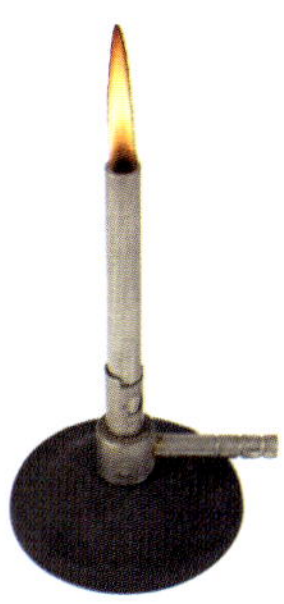
Mechero Bunsen.

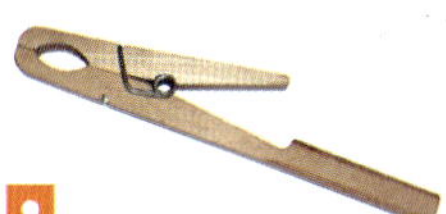
Pinza de madera.

Balanza digital.

Dinamómetro.

Amperímetro.

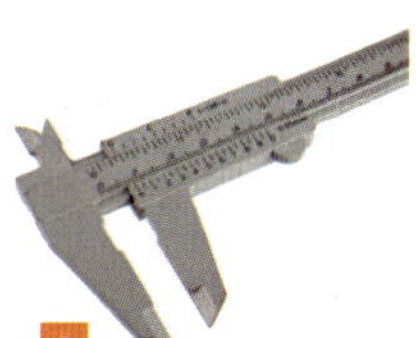
Calibrador o pie de rey.

ACTIVIDADES

16 ¿Qué requisito debe tener un instrumento para poder medir el volumen de un líquido?

17 Busca cuatro instrumentos que se utilicen para medir volúmenes de líquidos.

18 ¿Qué instrumento debe usarse para sujetar un tubo de ensayo que se va a calentar a la llama?

19 Sabiendo que la intensidad de la corriente eléctrica se mide en una unidad llamada amperio, ¿qué aparato utilizarías para medir la intensidad de un circuito eléctrico?

04 Normas de seguridad en el laboratorio

En un laboratorio de ciencias experimentales, se emplean materiales peligrosos que conviene manejar con cuidado y tomando ciertas precauciones. Es imprescindible cumplir algunas normas de seguridad.

Normas personales

- Está totalmente prohibido comer o beber en el laboratorio.
- En las mesas no se pueden depositar objetos que puedan entorpecer el trabajo.
- Si se tiene el pelo largo, es aconsejable llevarlo recogido.
- Si se emplean productos corrosivos, se deben utilizar gafas de seguridad y bata, para evitar que la proyección de alguna sustancia provoque lesiones.
- Cada grupo de trabajo es responsable de su zona de trabajo y de su material.

Normas para la manipulación de productos

- No cojas por tu cuenta ningún producto químico; tu profesor te lo suministrará.
- Cierra los frascos de reactivos inmediatamente después de usarlos.
- No pipetees con la boca los productos químicos y no los toques con las manos. Utiliza un aspirador de pipetas.
- No devuelvas nunca a los frascos de origen los sobrantes de los productos que hayas usado.
- Si se derrama cualquier producto químico, recógelo lo antes posible y con cuidado.
- Si algún producto químico cae sobre tu cuerpo o ropa, lávate inmediatamente con abundante agua.
- Nunca sitúes productos inflamables cerca de una fuente de calor, como mecheros o estufas.
- Guarda las sustancias en recipientes limpios y rotulados.
- Si calientas un líquido en un tubo de ensayo, hazlo inclinando un poco el tubo para que la llama contacte con las paredes del tubo y no sobre el fondo. Procura que la boca del tubo no apunte hacia ninguna persona.

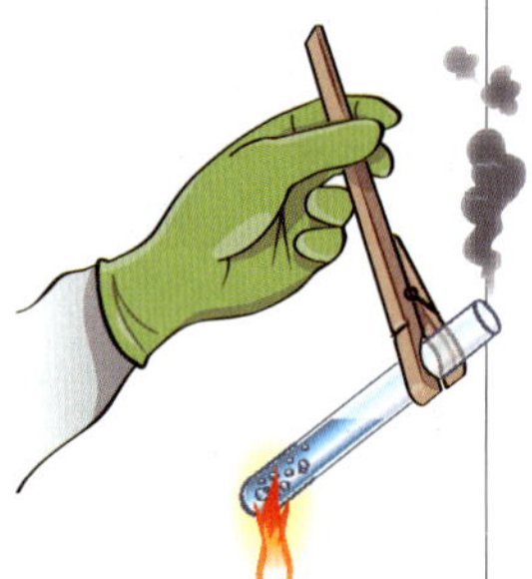

- Mucho cuidado con los ácidos. Para diluirlos, añade siempre el ácido sobre el agua y no al revés, pues podría saltar y quemarte.
- Nunca toques un enchufe ni una conexión eléctrica con las manos húmedas.
- No intentes arreglar ningún aparato eléctrico, debe hacerlo un técnico.

Símbolos e indicaciones de peligro

Corrosivo.

Inflamable.

Tóxico.

Oxidante.

Explosivo.

Tóxico, irritante.

05 Eliminación de residuos

Los **residuos** son producto de la actividad humana. Así, podemos tener residuos industriales, agrícolas, hospitalarios y también domésticos. Cada uno de estos tipos necesita una gestión diferente. Los residuos generados se pueden someter a diferentes métodos de eliminación o transformación:

- **Vertidos controlados.** Es la forma más barata de desprenderse de la basura. No obstante, exige preparar muy bien el terreno para evitar filtraciones que puedan contaminar los acuíferos y para impedir la acumulación de gas metano, producto de la descomposición de materia orgánica.
- **Incineración.** La combustión de algunas sustancias puede generar otras que son peligrosas para el medioambiente y la salud.
- **Reciclaje.** Es el método más respetuoso con el medioambiente, ya que resulta menos contaminante y supone un ahorro de energía y de materiales, porque estos pueden volver a utilizarse. Por ejemplo, el vidrio puede reciclarse y volver a utilizarse hasta cincuenta veces.

En un laboratorio podemos encontrar diferentes tipos de residuos:

- **Sustancias líquidas.** Se pueden verter al fregadero, previamente diluidas en agua.
- **Productos químicos tóxicos.** Se deben desechar en contenedores especiales.
- **Material de vidrio, papeles u otros sólidos.** Se echan en los contenedores destinados a cada uno de estos materiales.

05.1 Separación de residuos

La mejor forma de separar los residuos es hacerlo en el mismo lugar donde se originan. De esta forma, se puede hacer una recogida selectiva de modo que los residuos lleguen ya separados a las plantas de reciclaje. Para ello, se deben depositar en los contenedores apropiados.

Contenedor gris

Restos de comida, pañales, cuchillas de afeitar, bastoncillos y materiales que no se pueden reciclar.

Contenedor amarillo

Envases de plástico y metal, tetrabriks, bolsas de plástico, papel de aluminio y aerosoles.

Contenedor azul

Papel y cartón que no estén sucios, sobres, cuadernos sin las espirales.

Contenedor verde

Envases de vidrio. Los cristales de ventanas y los vasos rotos deben ir al punto limpio, por su alto contenido en plomo.

ACTIVIDADES

20 Detalla dónde tirarías cada uno de estos productos:

a. El envase de un yogur.

b. Los restos de un filete.

c. Una pila.

d. Una caja de galletas.

e. Un bote de tomate hecho de vidrio.

f. La lata de un refresco.

TÉCNICA DE TRABAJO

Paradojas luminosas

Planteamiento

Los descubrimientos a menudo surgen al comprobar que la naturaleza no se comporta como esperábamos. Con este experimento te proponemos investigar un fenómeno intrigante aplicando el método científico.

Materiales

- Varias láminas de cartón.
- Tijeras y un alfiler.
- Linterna led con varios puntos de luz.

Experimento

1 Investiga el fenómeno

- En el centro de una lámina de cartón, recorta un triángulo de aproximadamente 1 mm de lado.
- Haz una predicción. Si colocas el cartón a un metro de distancia de una pared, de forma que incida sobre él la luz directa del Sol, ¿qué figura brillante proyectará el hueco que has abierto en el centro de la lámina? ¿Será un triángulo?
- Lleva a cabo el experimento para comprobar si se confirma tu predicción.

- A continuación, repite la experiencia recortando dos nuevas figuras: un cuadrado de 1 mm de lado y un círculo de 1 mm de diámetro.
- Desarrolla una hipótesis que explique tus observaciones.

2 Comprueba tu hipótesis

- En una habitación completamente a oscuras, observa qué figura luminosa proyecta el triángulo cuando iluminas el cartón con la linterna led.
- Haz lo mismo con la figura del cuadrado y con el orificio circular.
- ¿Tu hipótesis logra explicar las nuevas observaciones? Si no es así, elabora una segunda hipótesis.

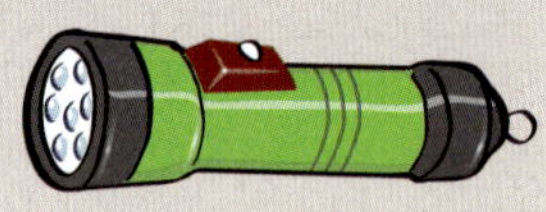

- En otra lámina de cartón, recorta diversos triángulos, círculos y cuadrados, con dimensiones de 1 cm y mayores.

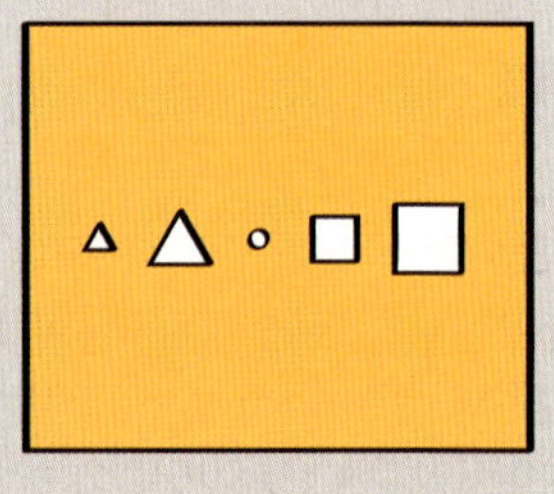

- Repite el experimento con ellos.
- Varía la distancia del cartón a la pared y de la linterna al cartón.
- Repite el experimento con una fuente luminosa distinta, como una bombilla incandescente o una linterna con un solo punto de luz.

¡Observa un vídeo del experimento!

PRACTICA TÚ

1. Anota en tu cuaderno el resultado de tus observaciones. Incluye en cada caso las formas de las figuras y sus dimensiones. También la distancia del cartón a la pared y a la fuente luminosa. Expón tu explicación del fenómeno a partir de los experimentos.

2. Comparte con el resto de la clase tus conclusiones.

FÍSICA Y QUÍMICA Y...

Historia

El galeón sueco Vasa, armado con sesenta y cuatro cañones de bronce, estaba destinado a convertirse en el barco con mayor potencia de fuego del mundo. El día de su botadura, en agosto de 1628, partió de Estocolmo para su viaje inaugural. Cerca del puerto, un golpe de viento lo escoró peligrosamente. El agua comenzó a inundar la bodega y, en poco menos de media hora, se había ido a pique.

Un examen minucioso de los restos del naufragio mostró que la estructura del buque estaba descompensada. El arqueólogo Fred Hocker encontró varias reglas que habían utilizado los maestros carpinteros para medir y cortar las piezas de madera del casco. Descubrió que todas medían la longitud en pies y pulgadas, pero unas manejaban pies suecos y otras, pies de Ámsterdam.

Aunque todos los carpinteros recibían las mismas instrucciones, algunos confeccionaron sin saberlo piezas de tamaño erróneo, lo que dio lugar a la construcción de un barco asimétrico y desequilibrado.

Los restos del galeón Vasa, rescatados del fondo del mar, se exhiben en un museo de Estocolmo.

RAZONA

1. El pie de Ámsterdam es una pulgada más corta que el pie sueco. ¿Por qué usar unidades diferentes provocó la construcción de un barco asimétrico?
2. Busca información sobre la misión a Marte de la sonda *Mars Climate Orbiter*. ¿En qué se asemeja al galeón Vasa?

Literatura

Cuando Arthur Conan Doyle creó a Sherlock Holmes, ya existían detectives de ficción muy populares. Para diferenciarse de ellos, quiso inventar un detective que aplicara el método científico en sus investigaciones. De hecho, se inspiró en un científico real, su profesor en la Facultad de Medicina de Edimburgo, el doctor Joseph Bell.

Enfrentado a un misterio, Holmes reúne en primer lugar toda la información a su alcance. En su opinión: «Supone un error capital teorizar antes de tener datos. Sin darte cuenta, comienzas a torcer los hechos para que encajen en las teorías, en lugar de hacer teorías que encajen en los hechos». A continuación, Holmes relaciona lógicamente todas las evidencias, dando forma a una hipótesis. Puede ejecutar pequeños experimentos para ampliar su información o contrastarla. Por último, confronta su teoría con la realidad.

A menudo, Holmes se deja llevar por la intuición, igual que hacen los físicos o los químicos. Para crear un enemigo a la altura de su detective científico, Conan Doyle buscó un matemático: James Moriarty.

Holmes y Moriarty pelean a muerte en las cataratas de Reichenbach.

APRENDE A APRENDER

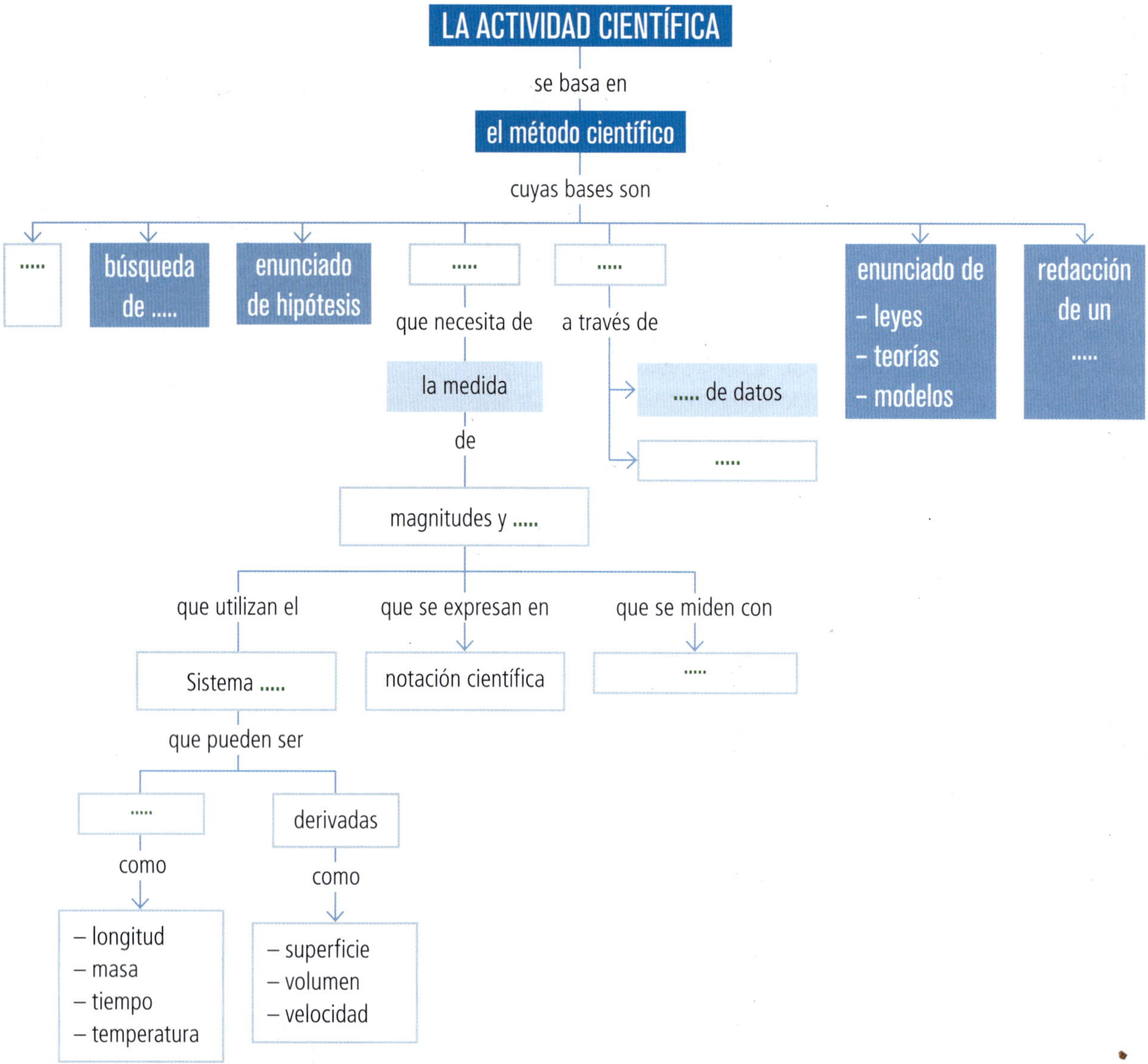

ACTIVIDADES

Formad grupos con los compañeros de clase para resolver las siguientes actividades:

1 Copiad y completad en vuestro cuaderno el esquema de la unidad.

2 Elaborad una presentación digital a modo de resumen sobre la unidad y exponedla ante el resto de la clase.

3 Preparad un mural que incluya fotografías o recortes de revistas y periódicos relacionados con distintas sustancias de desecho que se pueden reciclar. Añadid los contenedores de reciclaje donde habría que depositar cada tipo de residuo.

4 Elaborad un glosario que incluya, al menos, los siguientes conceptos:

- Método científico.
- Hipótesis.
- Ley.
- Teoría.
- Modelo.
- Sistema Internacional de unidades.
- Magnitud.
- Unidad.

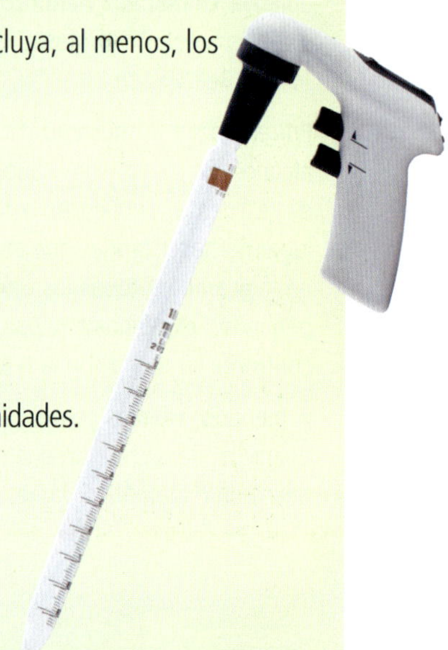

REPASO FINAL

1 Intentas encender tu equipo de música con el mando a distancia, pero este no responde. Utiliza el método científico para resolver el problema.

a. Emite una hipótesis.

b. Experimenta para comprobarla.

c. Saca la conclusión correspondiente.

d. Expón una presentación en clase.

2 Llegas a casa después de un fin de semana fuera y te encuentras que, al abrir el grifo, no sale agua. ¿Cuáles de estas hipótesis podrían ser improbables y cuáles no?

a. Se ha producido una avería y la compañía del agua ha cortado el suministro.

b. Ha hecho mucho calor y se han secado los embalses.

c. Ha habido una contaminación del agua peligrosa para la salud.

d. Ha caído un meteorito y, por precaución, han cortado el agua.

3 Lee con atención la hipótesis y contesta.

«La cantidad de aire disuelto en un refresco es mayor cuanto menor es la temperatura del refresco».

(Ten en cuenta que cuantas más burbujas haya pegadas en la pared interior de la botella, menos aire habrá disuelto en ella).

a. Diseña un experimento para comprobar si la hipótesis es verdadera o falsa.

b. Enumera las variables que utilizarías.

c. ¿Qué magnitud tomarías como control?

4 Aunque la riegas todos los días, las hojas de tu planta se ponen marrones y se caen. Se te ocurren dos hipótesis: o bien tiene exceso de agua o bien recibe poca luz.

a. Diseña un experimento para comprobar la veracidad o falsedad de cada hipótesis.

b. ¿Cuáles son las variables en cada uno de estos experimentos?

c. ¿Qué magnitud dejas fija, como control, en cada uno de los experimentos?

5 Se ha encuestado a 100 personas.

a. Interpreta el gráfico de sectores resultante:

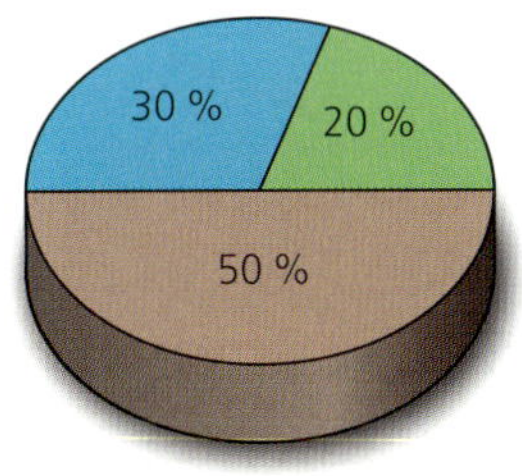

b. Construye la tabla de datos que da lugar al gráfico anterior.

c. Elabora el gráfico de barras correspondiente.

6 Esta es la distribución de mascotas en una población, expresada como porcentaje:

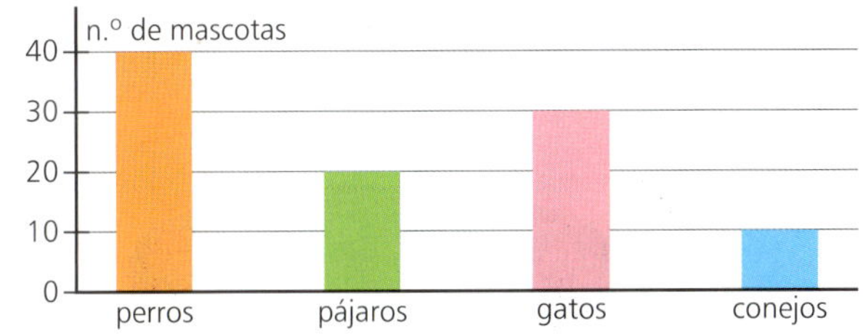

a. Elabora la tabla de datos.

b. Construye el gráfico de sectores.

7 Un muelle se alarga en función de la masa que se cuelga de él. La siguiente tabla de datos indica los alargamientos que se producen en función de las masas que se suspenden de dicho muelle.

MASA (g)	10	20	30	40
ALARGAMIENTO (cm)	0,5	1,0	1,5	2,0

Dibuja la gráfica sobre los ejes de coordenadas, situando la masa en el eje de abscisas (eje *X*) y el alargamiento en el eje de ordenadas (eje *Y*).

8 Clasifica estas magnitudes en básicas y derivadas.

a. Velocidad.

b. Temperatura.

c. Capacidad.

d. Masa.

e. Energía.

f. Aceleración.

g. Peso.

h. Tiempo.

i. Presión.

j. Densidad.

REPASO FINAL

9 Esta gráfica representa la distancia recorrida por una moto en función del tiempo transcurrido.

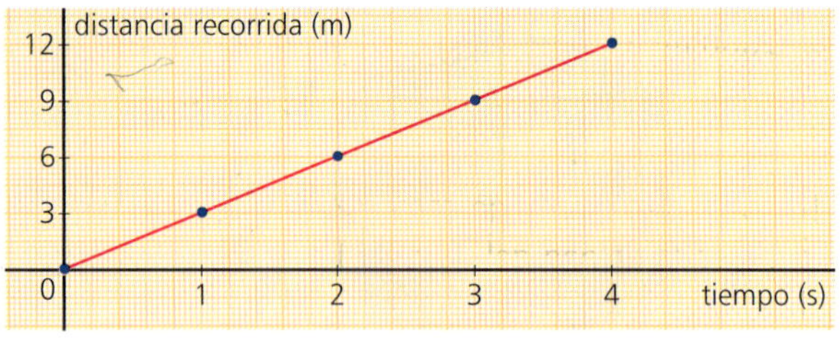

Elabora la tabla de datos correspondiente.

10 Las leyes pueden ser de dos tipos: cualitativas o cuantitativas. ¿Cómo serán las leyes del derecho? ¿Y las leyes científicas?

11 Aristóteles creía que la Tierra ocupaba el centro de una esfera celeste donde se situaban las estrellas. En su opinión, el Sol, la Luna y los cinco planetas visibles desde la Tierra giraban alrededor de nuestro planeta.

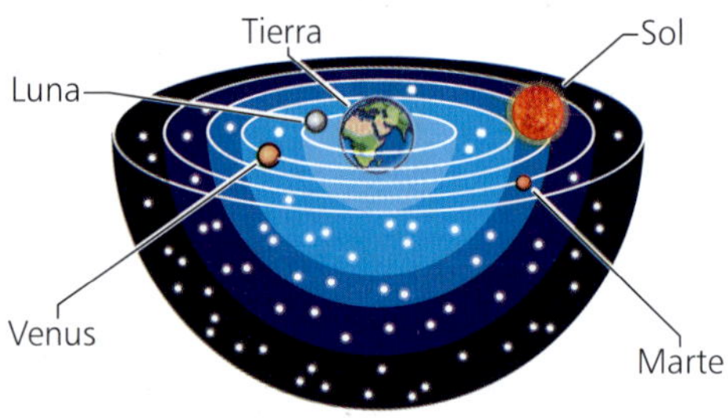

Según el método científico, ¿qué es esta representación?

12 Expresa en la unidad correspondiente del Sistema Internacional las siguientes cantidades:

a. $l = 20$ dam	**f.** $t = 1$ h
b. $m = 100$ g	**g.** $l = 14$ hm
c. $t = 5$ min	**h.** $T = 0$ °C
d. $l = 70$ mm	**i.** $T = 27$ °C
e. $m = 3\,000$ cg	**j.** $m = 30$ mg

13 Utiliza los factores de conversión para expresar en m^3 las siguientes cantidades.

a. $V = 15\ cm^3$	**d.** $V = 1\ hm^3$
b. $V = 5$ L	**e.** $V = 200\ dm^3$
c. $V = 425$ mL	**f.** $V = 55$ cL

14 Expresa en notación científica todas las soluciones de la actividad anterior.

15 La pulgada es una unidad de longitud que no pertenece al Sistema Internacional, pero que se usa en los países anglosajones: su equivalencia es 1 pulgada = 2,54 cm. Calcula cuánto mide, en el Sistema Internacional de unidades, la diagonal de la pantalla de un ordenador de 20 pulgadas.

16 Si un cuadrito es 1 cm^2, calcula el área de cada figura.

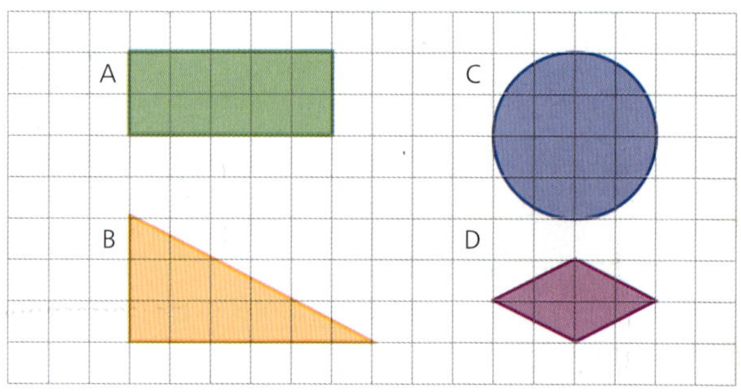

17 Se quiere saber el grosor de una de las hojas de un gran libro, pero no se dispone de un aparato de medida tan preciso como para medirlas: solo disponemos de una cinta métrica graduada en mm. ¿Cómo podrías obtener la medida deseada?

18 ¿Qué cantidad se puede medir, como mínimo, con cada una de estas reglas?

a.

b.

19 Di en qué contenedor depositarías: un periódico, un bote de champú, una bandeja de corcho blanco, una lata de sardinas vacía, la piel de un plátano y una botella de refresco.

EVALUACIÓN

1 Tenemos una teoría que es capaz de explicar muchos fenómenos, pero se ha comprobado que hay un par de hechos que no explica. ¿Qué debemos hacer?

a. No tenemos en cuenta los hechos que no explica porque las teorías siempre son verdaderas.

b. Estudiamos un posible cambio de la teoría para que explique todos los hechos.

c. Modificamos los datos de los hechos que no explica para que se ajusten a la teoría.

d. Descartamos la teoría por completo.

2 La materia está formada por átomos, los cuales constan de dos zonas: el núcleo central, donde reside casi toda la masa, y la corteza, donde giran los electrones. La imagen representa:

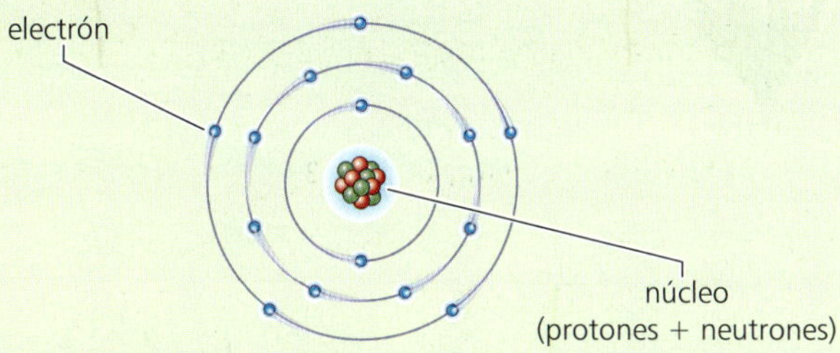

a. Hipótesis. **c.** Teoría.

b. Ley. **d.** Modelo.

3 Determina cuál de las siguientes medidas corresponde al Sistema Internacional de unidades:

a. La pulgada. **c.** La cuarta.

b. La milla. **d.** Ninguna de ellas.

4 ¿Cuál de las siguientes unidades es una unidad básica?

a. El newton. **c.** El pascal.

b. El kelvin. **d.** El culombio.

5 Un bidón tiene 50 L de capacidad, ¿cuál es su volumen?

a. 50 L **c.** Mayor de 50 L.

b. Menor de 50 L. **d.** Es imposible saberlo.

6 Ordena las siguientes unidades de menor a mayor. ¿Qué longitud es mayor?

a. 5 hm **b.** 70 dm **c.** 0,3 km **d.** 4000 cm

7 Calcula qué superficie, expresada en m², tiene una habitación de forma rectangular que mide 350 cm de largo y 30 dm de ancho.

a. 105 m² **b.** 10,5 m² **c.** 1,05 m² **d.** 1050 m²

8 Se dispone de un depósito de agua con una capacidad para 30 hm³. ¿Cuál es su capacidad en el SI de unidades? Escríbela en notación científica.

a. 3000 m³ **c.** $30 \cdot 10^9$ m³

b. 0,000 03 m³ **d.** $30 \cdot 10^6$ m³

9 La masa de un sello de correos es de 20 mg. Expresa esta masa en la unidad del Sistema Internacional y en notación científica.

a. $2{,}0 \cdot 10^{-4}$ g **c.** $20 \cdot 10^{-6}$ kg

b. $2{,}0 \cdot 10^{-7}$ kg **d.** $20 \cdot 10^{-3}$ g

10 ¿Cuál de los siguientes instrumentos es una probeta?

11 ¿Con qué instrumento se miden longitudes?

a. Balanza digital.

b. Dinamómetro.

c. Calibrador.

d. Amperímetro.

12 ¿Cuál de estos símbolos advierte de que una sustancia química es corrosiva?

a. **b.** **c.** **d.**

DIARIO DE APRENDIZAJE

¿Puedo confirmar y ampliar la relación de contenidos de esta unidad en mi entorno?

02 La materia

¿Puedo establecer alguna relación entre las imágenes que aparecen en estas páginas y el título de la unidad?

La naturaleza está formada por materia, ¿en qué tres estados se puede encontrar la materia? ¿Por qué el iceberg de la fotografía se puede derretir?

01 La materia

Todo lo que nos rodea está formado por materia, desde cualquier objeto de tu habitación hasta la estrella más lejana. Sin embargo, las cualidades o defectos de las personas (generosidad, maldad, etc.), no son materia.

> La **materia** es todo lo que tiene masa y ocupa un volumen.
>
> Todos los cuerpos del universo están formados por materia.

Cada uno de estos objetos son un tipo de materia y están formados por sustancias distintas.

El agua, el hierro o la madera son materia porque tienen masa y ocupan un lugar en el espacio, es decir, ocupan un volumen. Sin embargo, cada uno de esos elementos está constituido por una clase distinta de materia, por lo que se los llama **sustancia.**

> Una **sustancia** es cada uno de los tipos de materia.

Y un gas como el aire, ¿es materia? Para comprobarlo, debemos confirmar que el aire tiene masa y ocupa volumen.

Veamos dos experimentos muy sencillos.

El aire tiene masa

Coloca en uno de los platillos de una balanza un globo vacío y, en el otro platillo, un globo igual al anterior pero lleno de aire.

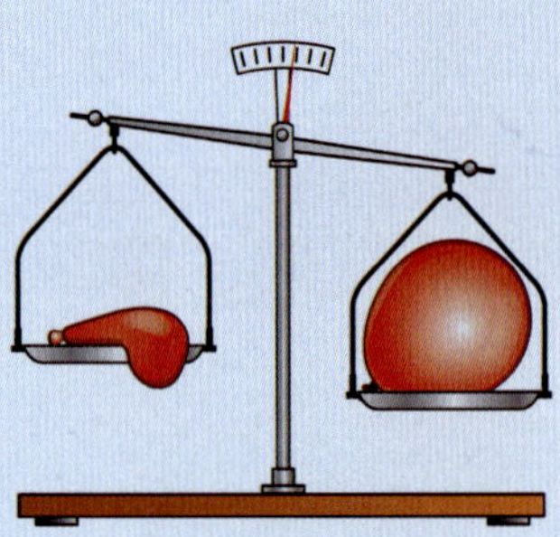

Observa que la balanza se inclina hacia el platillo con el globo lleno.

Esto indica que el globo lleno tiene mayor masa que el globo vacío. La diferencia se debe a la masa del aire que hay en su interior.

El aire ocupa volumen

Dentro de una cubeta llena de agua, coloca un tubo invertido también lleno de agua. A través de una goma, sopla aire dentro del tubo.

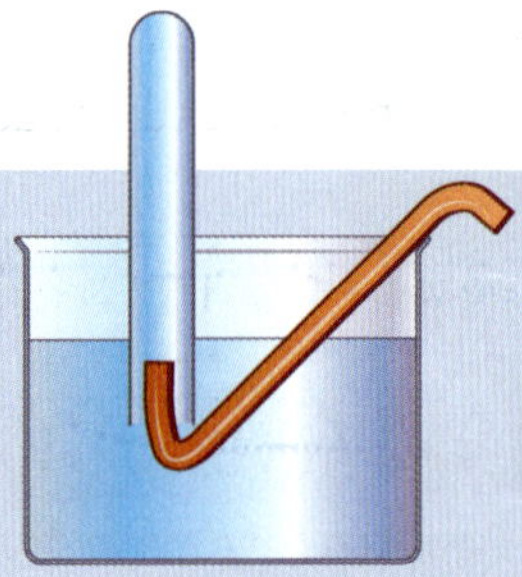

Observa que el nivel del agua de la cubeta sube, mientras el nivel del agua en el tubo baja.

¿Qué ocupa el espacio que se ha producido en el tubo? Está ocupado por aire, luego el aire ocupa ese volumen.

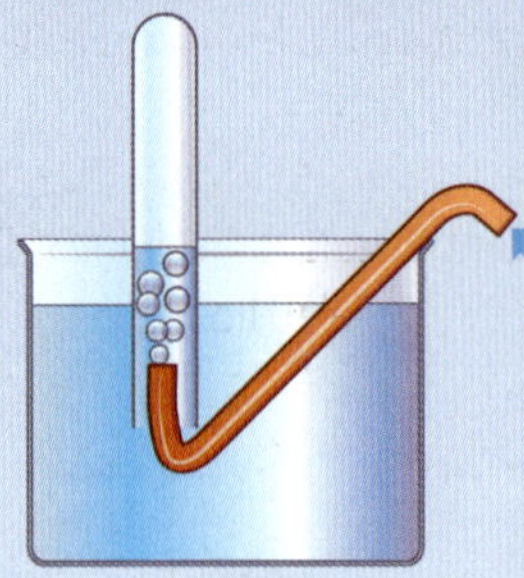

Las dos experiencias anteriores demuestran que el aire, que es un gas, está formado por materia, porque tiene masa y volumen.

ACTIVIDADES

1 Un globo se hincha cuando soplamos dentro de él. ¿Qué demuestra este hecho? Si lo pesas antes y después de hinchado ¿qué resultados obtendrás? ¿Qué significan los resultados obtenidos?

2 Clasifica los términos en materiales o no materiales: un libro, la inteligencia, la hermosura, un violín, un globo, el mar, el oxígeno, un teléfono móvil, la ciencia y la voluntad.

02 Propiedades de la materia

La materia se caracteriza por una serie de **propiedades**, que son de dos tipos: propiedades generales y propiedades específicas o características.

02.1 Propiedades generales

Son comunes a toda la materia. Son las propiedades que presenta cualquier tipo de sustancia, como la masa y el volumen.

La **masa** es la cantidad de materia que tiene un cuerpo.

La unidad de masa en el Sistema Internacional de unidades es el kilogramo, kg.

El **volumen** es el espacio ocupado por un cuerpo.

La unidad de volumen en el Sistema Internacional es el metro cúbico, m^3, aunque se puede utilizar el litro, L.

¿Cómo se mide el volumen? El procedimiento para medir el volumen de un cuerpo depende de su estado de agregación, es decir, si es sólido, líquido o gaseoso.

ACTIVIDADES

3 Relaciona cada sustancia con la propiedad que la caracteriza e indica cuáles podrían ser sus aplicaciones.

a. Plástico b. Cobre c. Goma d. Cuarzo

1. Elasticidad 2. Dureza 3. Conductividad 4. Impermeabilidad

Medición del volumen de los sólidos

Volumen de sólidos regulares

Si el sólido tiene una forma geométrica definida, basta con aplicar la fórmula matemática correspondiente para calcular su volumen. Por ejemplo, el volumen de un prisma es el producto de la longitud de los tres lados.

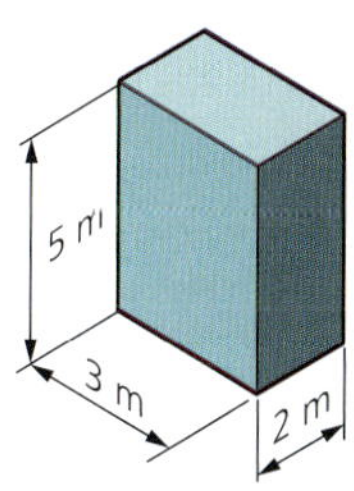

$$V = 2\ m \cdot 3\ m \cdot 5\ m = 30\ m^3$$

Volumen de sólidos irregulares

En este caso, el sólido no tiene una forma conocida, por lo que hay que utilizar un método indirecto. Se mide el volumen del líquido desplazado por ese sólido al sumergirlo. Por ejemplo, antes de sumergir una piedra, el volumen es: $V_1 = 20$ mL

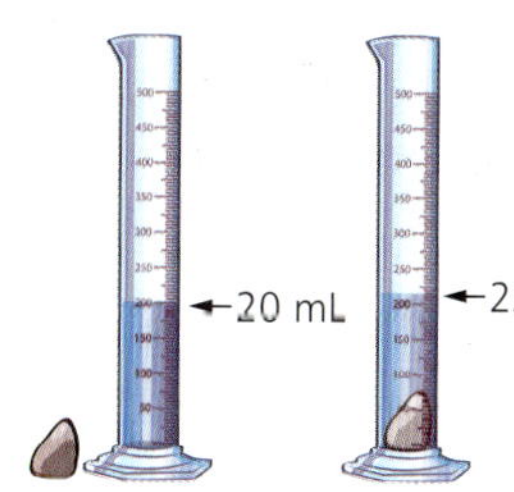

Después de introducir la piedra, el volumen es: $V_2 = 23$ mL

El volumen de la piedra es:

$$V = V_2 - V_1 = 23\ mL - 20\ mL = 3\ mL$$

Los métodos indirectos para medir volúmenes son diversos, pues no siempre se puede introducir en un líquido el cuerpo para medir el líquido desplazado. Piensa, por ejemplo, en cómo medirías el volumen de un barco o de un avión.

02.2 Propiedades características o específicas

Las **propiedades características** o **específicas** son las propias de cada tipo de sustancia, de tal modo que a través de ellas se puede identificar dicha sustancia. Por ejemplo, la densidad y las temperaturas de fusión y de ebullición.

La densidad

Imagina dos tetrabriks de 1 L, uno con agua y otro con aceite. Al ponerlos en una balanza, se observa que aunque tienen el mismo volumen, no pesan lo mismo: el platillo que sostiene el envase con agua se inclina más, porque tiene mayor masa que el del aceite; es decir, para un mismo volumen, el agua tiene más masa. La magnitud que relaciona la masa con el volumen recibe el nombre de **densidad.**

DENSIDADES DE ALGUNAS SUSTANCIAS MEDIDAS A 20 °C	
Sustancia	**Densidad (kg/m³)**
Aceite	920
Agua	1 000
Agua de mar	1 025
Aire	1,3
Azufre	1 960
Hierro	7 900
Mármol	2 700

La **densidad,** d, de un cuerpo es la masa que contiene cada unidad de volumen y se expresa según la siguiente fórmula:

$$d = \frac{m}{V}$$

La densidad es una propiedad característica de cada sustancia, por lo que es diferente para cada una de ellas. En el Sistema Internacional la unidad de la densidad es kilogramo por metro cúbico, kg/m³, unidad que también se puede expresar como g/cm³ o g/L.

Medida experimental de la densidad

Se desea averiguar la densidad de un sólido irregular que no se disuelve en agua con el objetivo de identificarlo. Para ello se dispone de una balanza, una probeta y agua.

1 Mide la masa de la sustancia con la balanza. La medida normalmente se obtiene en gramos; hay que pasarla a kilogramos y expresarlo en notación científica:

$$m = 7{,}84 \text{ g} \Rightarrow m = 7{,}84 \cdot 10^{-3} \text{ kg}$$

2 Añade agua a la probeta y anota el volumen, V_1, que alcanza. Sumerge el sólido en la probeta con agua. Observarás que el nivel de la probeta aumenta: anota el nuevo valor del volumen, V_2. La diferencia entre los valores V_2 y V_1 corresponde al volumen del cuerpo:

$$V = V_2 - V_1 = 26 \text{ mL} - 22 \text{ mL} = 4 \text{ mL} \Rightarrow V = 4 \text{ cm}^3 \cdot \frac{1 \text{ m}^3}{10^6 \text{ cm}^3} = 4 \cdot 10^{-6} \text{ m}^3$$

3 Con los datos de la masa y el volumen, calcula la densidad:

$$d = \frac{m}{V} \Rightarrow d = \frac{7{,}84 \cdot 10^{-3} \text{ kg}}{4 \cdot 10^{-6} \text{ m}^3} = 1\,960 \text{ kg/m}^3$$

4 En la tabla de densidades, busca el valor obtenido e identifica la sustancia.

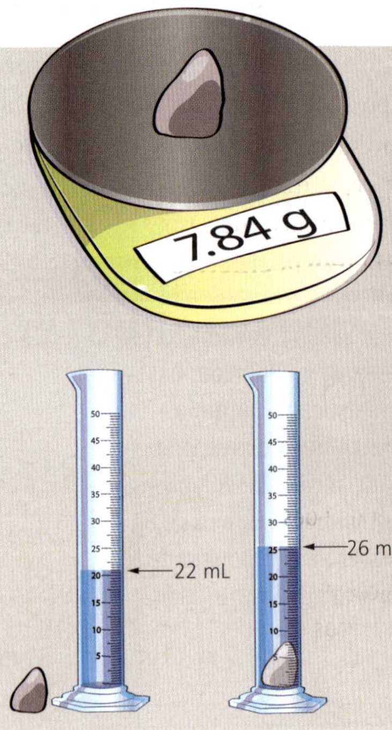

ACTIVIDADES

4 La masa de un trozo de metal es de 540 g; su volumen, es de 200 mL. Calcula su densidad.

5 Expresa en kg/cm³ y en kg/m³ la densidad del metal de la actividad 4.

6 La leche tiene una densidad de 1,020 g/mL. ¿Qué masa, expresada en kg, tendrá 1 L de leche?

7 Con los datos de la tabla de densidades, calcula cuánto ocupan 2 kg de aceite. Expresa el resultado en m³ y L.

03 Estados de agregación

Cualquier sustancia se puede presentar en tres estados físicos o estados de agregación: sólido, líquido y gaseoso.

Sólido

Su forma y su volumen son constantes, ya que no pueden comprimirse ni expandirse sin deformarse.

Líquido

Adquiere la forma del recipiente que lo contiene, pero su volumen es constante, ya que los líquidos se comprimen o se expanden muy poco.

Gaseoso

Adopta la forma del recipiente que lo contiene y su volumen puede variar al comprimirse o expandirse.

Para que una sustancia pase de un estado a otro es necesario modificar la temperatura o la presión. Por ejemplo, a una presión atmosférica normal, el agua a 25 °C es líquida, a 120 °C es gaseosa y a –5 °C es sólida.

Si pudiéramos mirar un cuerpo con un microscopio muy potente, podríamos ver que la materia está formada por pequeñísimas partículas denominadas **átomos,** más o menos unidos entre sí y en continuo movimiento. Esto constituye la **teoría cinético-molecular** de la materia.

Sólido

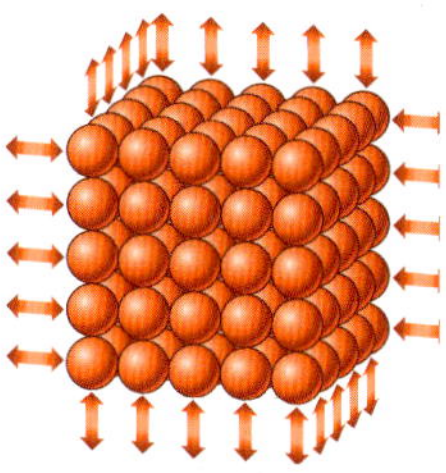

Las partículas están unidas por grandes fuerzas; se encuentran muy próximas entre sí y ocupan posiciones fijas alrededor de las cuales vibran, pero como no pueden desplazarse de un lugar a otro, la estructura del sólido es rígida.

Líquido

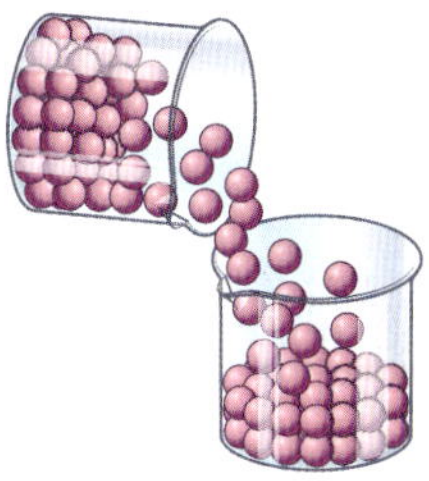

Las partículas de los líquidos están unidos por fuerzas mucho más débiles que las de los sólidos. Estas se mueven libremente entre ellas, de manera que el líquido adopta distintas formas, es decir, puede fluir o derramarse.

Gaseoso

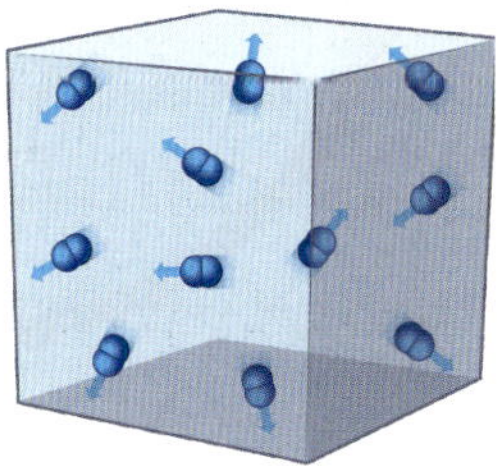

Las partículas de los gases están unidas por fuerzas mucho más débiles que las de los líquidos. Separadas por grandes distancias, se desplazan en plena libertad con un movimiento caótico. De ese modo, tienden a ocupar todo el volumen del que disponen.

ACTIVIDADES

8 Explica cuál de las características de las partículas justifica que el volumen y la forma de las sustancias sólidas sean constantes.

04 Los cambios de estado

Si sacas un cubito de hielo del congelador y lo dejas un rato a temperatura ambiente, observarás que se derrite y pasa a ser agua líquida. También habrás comprobado que, al poner agua al fuego, cuando alcanza suficiente temperatura, comienza a hervir. En resumen, a ciertas temperaturas el estado de las sustancias cambia.

> El **cambio de estado** es un proceso físico por el que una sustancia pasa de un estado a otro sin que se altere su naturaleza o composición química.

Es posible considerar cambios de estado de dos tipos: los **directos,** que se producen debido a un aumento de temperatura, y los **inversos,** que tienen lugar al disminuir la temperatura.

Este esquema resume los cambios de estado:

Sublimación

Proceso por el que un sólido pasa a estado gaseoso directamente, sin pasar por el estado líquido.

Bolitas de naftalina.

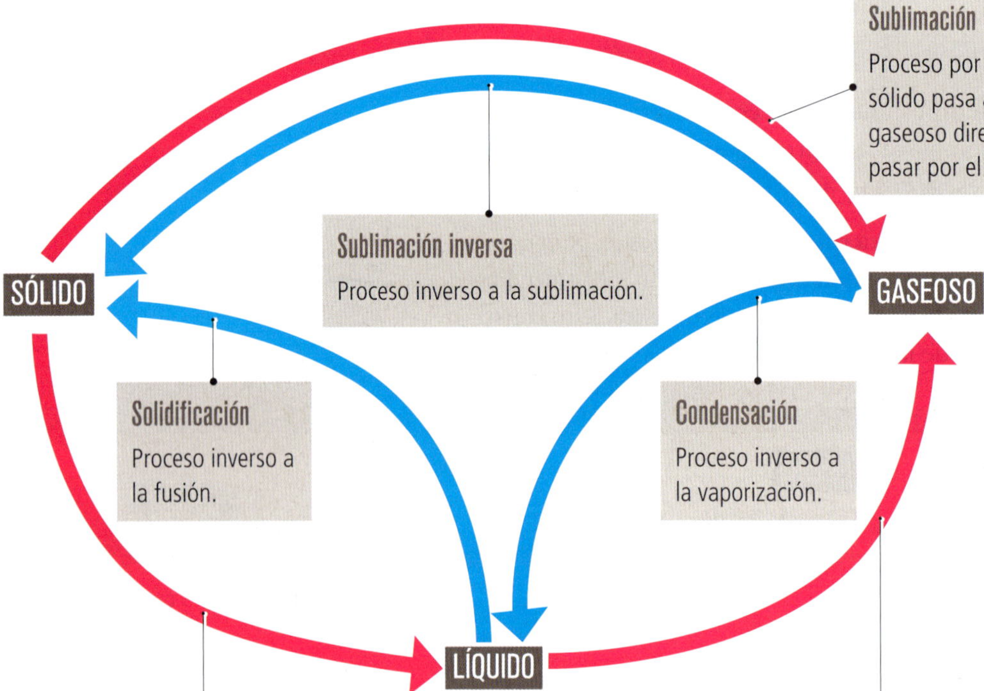

Fusión

Proceso por el que, a una temperatura determinada, llamada **temperatura de fusión,** un sólido pasa a estado líquido.

Vaporización

Proceso por el que un líquido pasa a estado gaseoso. Puede producirse de dos formas:

- **Evaporación:** el líquido que está en contacto con el aire se convierte en gas. Este proceso ocurre a cualquier temperatura y de forma lenta pero es más rápido cuanto mayor es la temperatura; se observa cuando tendemos la ropa.

- **Ebullición:** el líquido se convierte en gas de forma rápida. Sucede en toda su masa y a una temperatura determinada, llamada **temperatura de ebullición.**

04.1 ¿Cómo se producen los cambios de estado?

La explicación se encuentra en la teoría cinético-molecular de la materia, basada en el movimiento de las partículas. Para entenderlo, conviene estudiar cómo se producen dos de los cambios de estado:

Fusión

Al aumentar la temperatura de un sólido, sus partículas vibran cada vez a mayor velocidad hasta que terminan por vencer las fuerzas que las mantienen unidas. Entonces, se separan de las posiciones fijas que ocupaban en la estructura sólida.

Durante la fusión, la energía suministrada se utiliza para que el sólido cambie de estructura, pero no para elevar su temperatura. Por eso, la temperatura del sólido se mantiene constante justo en la **temperatura de fusión.**

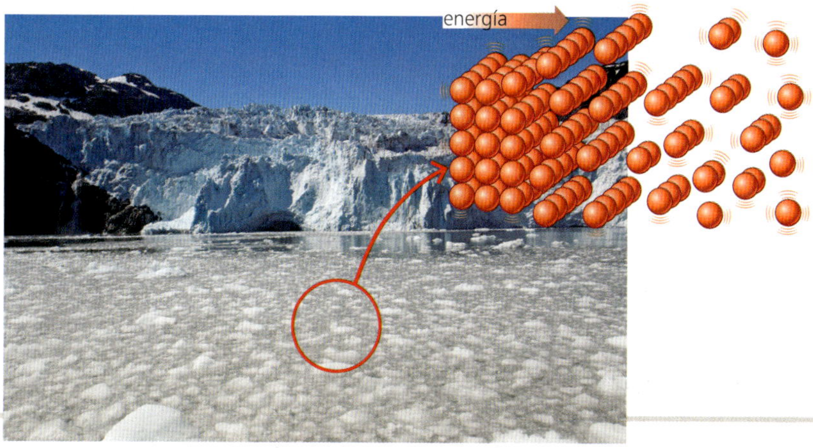

Vaporización

Evaporación

Las partículas de los líquidos se mueven y chocan entre sí. Como llevan velocidades distintas, las más rápidas, provistas de mayor energía, llegan a la superficie del líquido y *escapan* pasando a estado gaseoso. Así, el líquido se evapora.

A mayor temperatura, en la superficie del líquido habrá más moléculas con la energía suficiente para pasar a gas. Por ello, la evaporación será mayor.

Ebullición

Al elevar progresivamente la temperatura de un líquido, sus partículas adquieren mayor energía y se mueven cada vez más rápido. Entonces, terminan por vencer el peso que, debido a la presión atmosférica, soportan. Así, en el interior del líquido se forman burbujas que, a medida que suben a la superficie, se hacen más grandes hasta romperse y escapar a la atmósfera: en ese momento, el líquido hierve.

Durante la ebullición, la energía se utiliza para que el líquido cambie de estructura, pero su temperatura se mantiene constante en la **temperatura de ebullición.**

Ya sabemos cómo se producen los cambios de estado pero ¿qué factores influyen en estos cambios? En los cambios de estado influyen dos factores: la **temperatura** y la **presión**.

04.2 Efecto de la temperatura

Para que tenga lugar un cambio de estado, debe producirse un aumento o una disminución de la energía que tiene un cuerpo, lo que se consigue con un cambio de temperatura.

Experiencia

Se calienta, poco a poco, un cubito de hielo que se encuentra a –10 °C y se va midiendo su temperatura. Se observa lo siguiente:

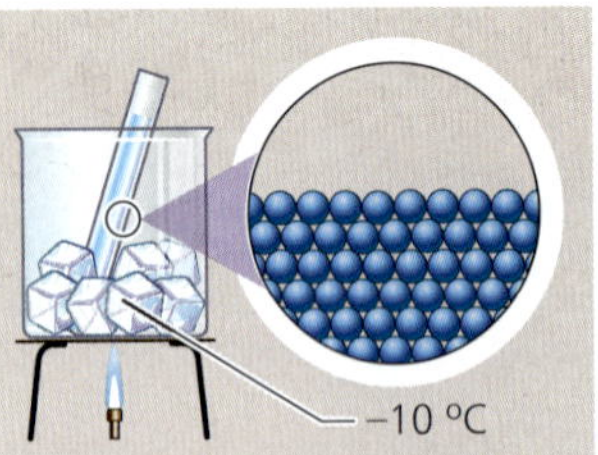

1 La temperatura del hielo comienza a aumentar poco a poco desde –10 °C hasta alcanzar 0 °C.

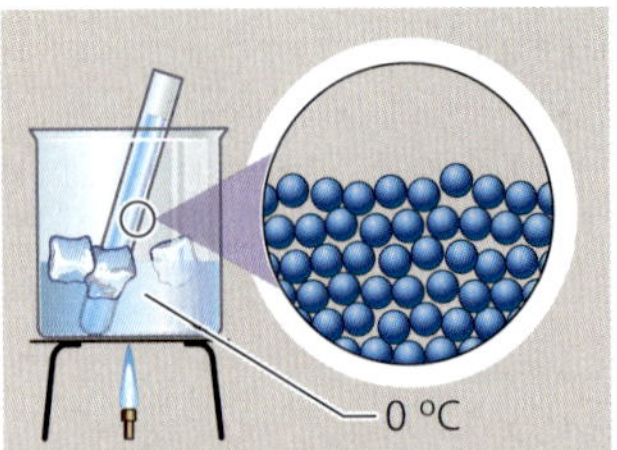

2 El hielo empieza a fundirse y la temperatura permanece constante a 0 °C durante el tiempo que dura la fusión.

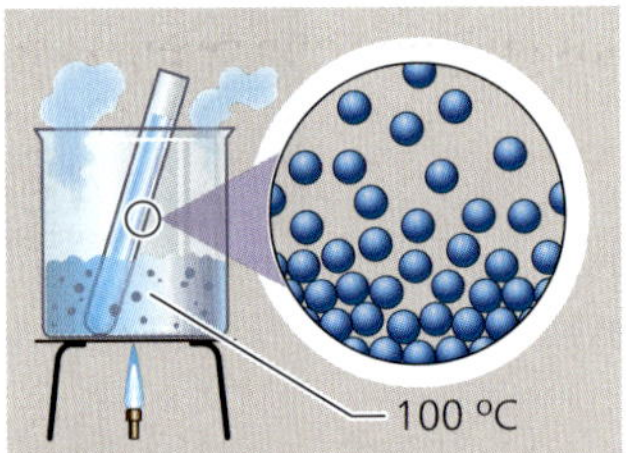

3 Una vez fundido el hielo, la temperatura del agua va aumentando hasta alcanzar los 100 °C.

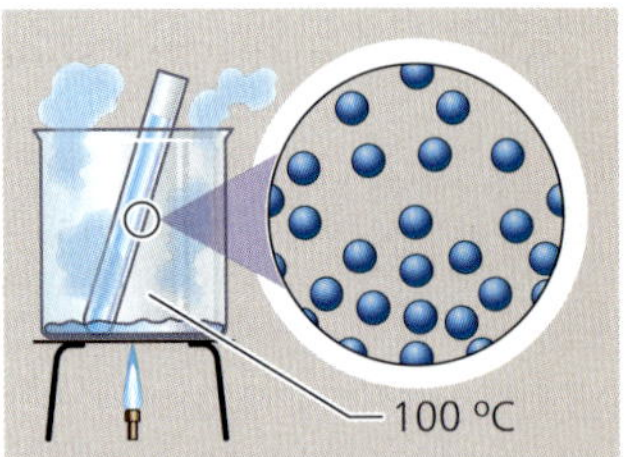

4 El agua hierve y la temperatura se estabiliza a los 100 °C hasta que toda el agua líquida se transforma en vapor de agua (estado gaseoso).

Durante el tiempo que dura cada cambio de estado, la **temperatura permanece constante.** Esto es debido a que la energía que recibe el cuerpo se utiliza con el fin de cambiar su estructura, y no para elevar su temperatura.

ACTIVIDADES

9 Se han representado las experiencias anteriores en una gráfica, donde en el eje *X* se expresa el tiempo transcurrido y en el eje *Y*, la temperatura alcanzada.

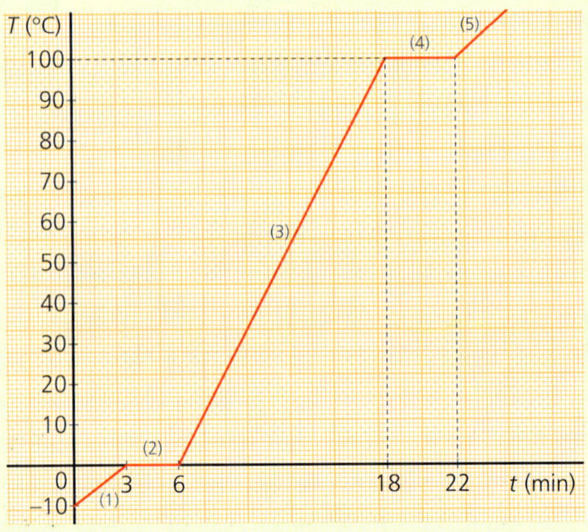

a. ¿Qué representan los tramos 1 y 3? ¿Por qué son inclinados?

b. ¿Qué representan los tramos 2 y 4? ¿Por qué son rectos? ¿Qué significa el tramo 5?

c. Según la gráfica, ¿a qué temperatura se funde el hielo? ¿Y a qué temperatura hierve el agua?

10 ¿Qué hacen las partículas de un gas al aumentar la temperatura? ¿Por qué?

11 Explica si en un líquido todas las partículas tienen la misma velocidad.

12 ¿Se evapora el agua a 50 °C, aunque no se haya alcanzado la temperatura de ebullición?

13 ¿Cómo varía la evaporación con la temperatura? ¿Por qué?

04.3 Efecto de la presión

La presión atmosférica influye en los cambios de estado que se realizan en recipientes abiertos, en los que la sustancia está en contacto con la atmósfera.

La **atmósfera** es la envoltura de aire que rodea la Tierra. Está formada por una mezcla de gases en distinta proporción. Esos gases, que tienen masa y pesan, ejercen una presión sobre la superficie terrestre y sobre todos los cuerpos que se encuentran en ella.

La **presión atmosférica** es la presión que ejerce la atmósfera sobre la superficie terrestre y sobre los cuerpos que se encuentran en ella.

En el Sistema Internacional de unidades, la presión se mide en pascales (Pa). La presión atmosférica estándar es de 10^5 Pa.

La **atmósfera** está formada por gases como el nitrógeno, el oxígeno, el argón, el dióxido de carbono, el vapor de agua y otros, presentes en cantidades más pequeñas.

¿Cómo influye la presión en los cambios de estado?

Un cambio en la presión modifica la temperatura de fusión y ebullición.

- Un **aumento de presión** favorece los cambios de estado en los que se produce una disminución del volumen: solidificación, condensación y sublimación inversa.
- Una **disminución de presión** favorece los cambios de estado en los que el volumen aumenta: fusión, vaporización y sublimación.

Experiencia

A nivel del mar, cocer un huevo puede tardar alrededor de 12 minutos; si subimos a una montaña, el mismo huevo parece cocinarse más rápido porque hierve antes; sin embargo, cuando se rompe la cáscara, está crudo.

¿Por qué ocurre esto?

En la cima de una montaña, los cuerpos soportan una columna de aire menor, por lo que la presión atmosférica es más pequeña.

Al calentar el agua, las burbujas se forman más fácilmente, pues tienen que vencer una presión menor. De ese modo, el agua hierve a temperatura más baja. Por eso mismo, el huevo necesita permanecer más tiempo en la cazuela para terminar de cocerse.

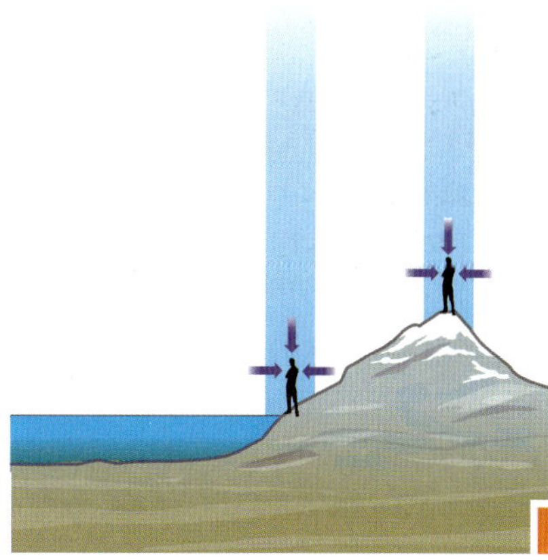

La cantidad de aire sobre la superficie terrestre será menor cuanto mayor sea la altura a la que nos encontremos. Cuanto menos aire haya sobre nosotros, soportaremos menos peso y, por ello, menos presión.

ACTIVIDADES

14 Si estuvieras en lo alto del Everest y se te derramara encima una cazuela de agua hirviendo, ¿crees que te produciría las mismas quemaduras que al nivel del mar?

15 Imagina que estás en la cima de una montaña con una nevera portátil, sacas unos cubitos de hielo y compruebas que se funden rápidamente. ¿Cómo lo explicarías?

05 Clasificación de la materia

Si miras a tu alrededor podrás encontrar una gran cantidad de cuerpos distintos. Observa, por ejemplo, las siguientes imágenes:

Ensalada

Agua y aceite

Agua de mar

Agua destilada

Cobre

Cada una de estas imágenes: ensalada, agua y aceite, agua de mar, agua destilada y cobre, constituye un sistema material.

> Un **sistema material** es una porción de materia seleccionada para su estudio.

Si nos fijamos en la apariencia, vemos que presentan aspectos muy distintos. Los dos primeros están formados por partes diferenciadas: se dice que son **sistemas materiales heterogéneos.** En cambio, los otros tres presentan un aspecto uniforme, por lo que se llaman **sistemas materiales homogéneos.**

Si nos fijamos en su composición, se observa que los sistemas materiales pueden estar formados por una sola sustancia pura o por una mezcla de varias sustancias.

> Una **sustancia pura** está formada por un solo componente, cuyas propiedades físicas y químicas son constantes. Gracias a esas propiedades, es posible identificar y diferenciar una sustancia pura de otra.

Podemos comprobar que una sustancia es pura a partir de sus propiedades características: por ejemplo la temperatura de ebullición. Si se calienta agua pura hasta que hierve, se observa que la temperatura de ebullición se mantiene constante a 100 °C (mientras ocurre el cambio de estado); sin embargo, esto no ocurre cuando el agua no es pura, pues en ese caso la temperatura de ebullición aumenta progresivamente.

Pero ¿qué ocurriría si se hiciera pasar una corriente eléctrica a través de ella? En ese caso, se desprenderían dos gases: hidrógeno y oxígeno, que son sustancias simples; mientras que el agua es un compuesto.

Sustancia simple

Es una sustancia pura que no se puede descomponer en otras más sencillas ya que está formada por un solo elemento. Por ejemplo, el cobre.

Compuesto químico

Es una sustancia pura, como el agua, formada por dos o más elementos, los cuales se pueden separar mediante una reacción química (con calor o electricidad).

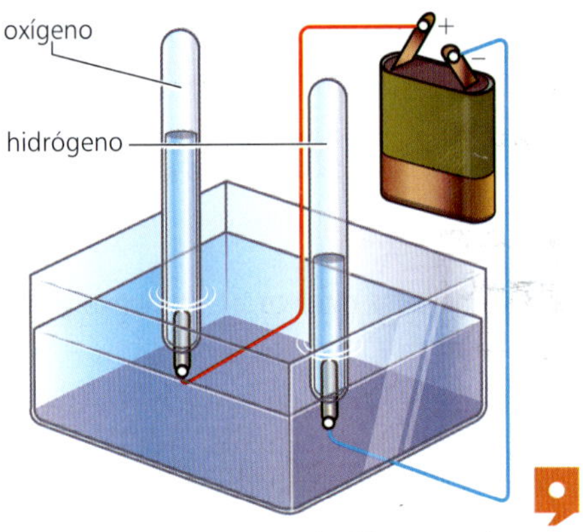

El agua se descompone en hidrógeno y oxígeno, al pasar corriente eléctrica través de ella.

ACTIVIDADES

16 El granito es una mezcla de cuarzo, feldespato y mica. Las propiedades del granito, ¿son la mezcla de las propiedades de las sustancias que lo forman?

06 Sistemas materiales heterogéneos

Estos sistemas presentan un aspecto no uniforme y están formados por una mezcla de sustancias que se pueden distinguir a simple vista.

> Un **sistema material heterogéneo** es una mezcla de sustancias cuyos componentes no están distribuidos uniformemente y se pueden diferenciar a simple vista.

Por ejemplo, las partes que integran una ensalada se distinguen a simple vista y podemos verlas repartidas en distintas cantidades y formas. Sin embargo, pese a estar mezcladas, cada sustancia mantiene las propiedades que tenía por separado.

Propiedades de una mezcla heterogénea

- No tiene una composición uniforme.
- La distribución de las sustancias que la forman es desigual.
- Cada una de las sustancias que la componen conserva sus propiedades.
- Los componentes de las mezclas se separan mediante métodos físicos.

Para separar los componentes de este tipo de mezclas, se utilizan métodos sencillos, como por ejemplo el tamizado o la filtración.

07 Sistemas materiales homogéneos

Estos sistemas presentan un aspecto uniforme. Las sustancias que los componen no se pueden distinguir unas de otras, ni siquiera observándolas a través del microscopio.

> Un **sistema material homogéneo** presenta una distribución uniforme y tiene las mismas propiedades físicas y químicas en todos sus puntos.

Sin embargo, pueden existir diferencias fundamentales entre los distintos sistemas homogéneos.

Así, por ejemplo, el agua destilada y el cobre están formados por una única sustancia: son **sustancias puras.** En cambio, el agua del mar es una mezcla formada por varias sustancias: agua y diversas sales. Se trata pues de una **disolución.** Un caso particular de sistemas materiales homogéneos son los **coloides**, como por ejemplo, la gelatina.

SISTEMAS HOMOGÉNEOS

- formados por un solo componente
  - sustancias puras
- formados por dos o más componentes
  - disoluciones
  - coloides

ACTIVIDADES

17 Pon tres ejemplos de mezclas heterogéneas que utilices habitualmente.

18 Una sustancia congelada de aspecto uniforme se calienta hasta que se funde. Si la temperatura de fusión se mantiene constante, ¿será una mezcla homogénea o una sustancia pura?

07.1 Disoluciones

Cuando se mezclan dos sustancias puras como la sal y el agua, la sal se integra en la mezcla y pasa a formar parte del líquido, es decir, la sal se disuelve en el agua. El resultado es una mezcla de aspecto homogéneo y uniforme que, además, es igual en todas sus partes. Esto sucede aunque la cantidad de sal sea un poco mayor o un poco menor, pues las proporciones de la disolución pueden variar.

El aire es una disolución formada por distintos gases: nitrógeno, oxígeno, argón, etcétera.

> Una **disolución** es una mezcla homogénea y uniforme formada por varias sustancias puras en proporciones variables.

Una disolución está formada por el disolvente y el soluto:

- El **disolvente** es la sustancia que se encuentra en mayor cantidad.
- El **soluto** es la sustancia que está en menor cantidad y que se disuelve dentro del disolvente.

07.2 Coloides

Existen unas mezclas que se confunden con disoluciones pero no lo son: se trata de los **coloides.**

> Los **coloides** son mezclas en las que las partículas del soluto no se ven a simple vista, aunque sí con un microscopio.

Las partículas de los coloides son mayores que las de una disolución y menores que las de una mezcla heterogénea. Generalmente, son opacas, aunque algunas son transparentes.

La mayonesa y la sangre son coloides. Sus partículas se pueden ver al microscopio, luego no son disoluciones.

ACTIVIDADES

19 En las siguientes disoluciones, di cuál es el soluto y cuál el disolvente.

a. 30 g de azúcar + 1 L de agua

b. 100 mL de alcohol + 50 mL de agua

c. 150 g de hierro + 10 g de carbono

d. 200 mL de agua + 150 mL de alcohol

20 Cita cuatro disoluciones que conozcas.

21 Clasifica las siguientes mezclas como disoluciones o como coloides.

a. Mantequilla.

b. Alcohol de 96°.

c. Crema de manos.

d. Humo.

07.3 Tipos de disoluciones

Se pueden clasificar según su estado físico: en líquidas, sólidas y gaseosas; y en función de la proporción entre soluto y disolvente: en diluidas, concentradas, saturadas y sobresaturadas.

Disoluciones líquidas

El disolvente suele ser el agua y el soluto puede ser sólido, líquido o gaseoso. Algunos ejemplos son:

Agua + soluto sólido

Por ejemplo, el agua de mar tiene como soluto las diferentes sales minerales.

Agua + soluto líquido

El alcohol de 46° es un ejemplo de soluto líquido.

Agua + soluto gaseoso

El refresco con gas tiene como solutos el dióxido de carbono, los colorantes y los azúcares.

Disoluciones sólidas o aleaciones

Es una disolución formada por, al menos, una sustancia metálica.

Acero

Mezcla de hierro con un pequeño porcentaje de carbono.

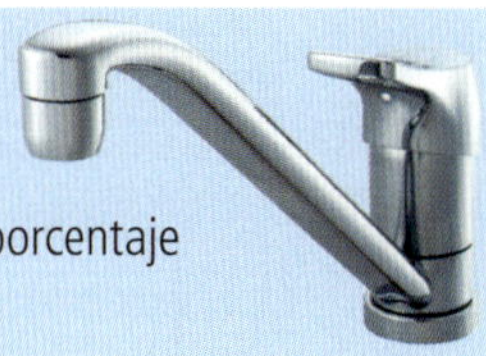

Bronce

Mezcla de cobre y estaño.

Disoluciones gaseosas

El disolvente siempre es un gas.

Niebla

El agua es el soluto.

Según la proporción entre soluto y disolvente

La cantidad máxima de soluto que admite una disolución depende del tipo de soluto y del disolvente y de la temperatura a la que esté. Según cuál sea la cantidad de soluto que contiene, respecto a la cantidad máxima que puede contener, las disoluciones pueden ser:

Diluidas

Contienen mucha menor cantidad de soluto de la que el disolvente podría admitir.

Concentradas

Contienen gran cantidad de soluto, pero no llegan a la cantidad máxima que el disolvente puede admitir.

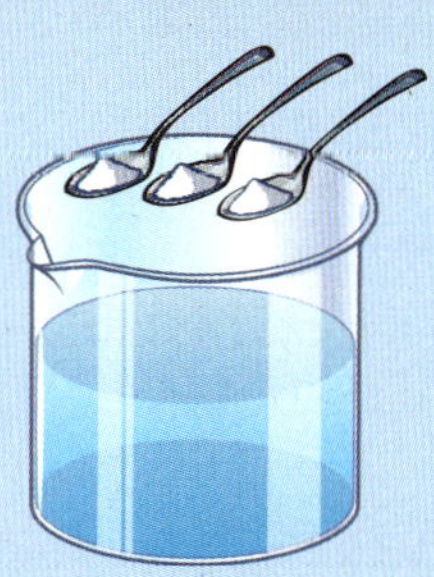

Saturadas

Contienen la máxima cantidad de soluto que el disolvente es capaz de admitir a una temperatura determinada.

Sobresaturadas

Contienen más soluto del que el disolvente puede admitir a una temperatura determinada.

TÉCNICA DE TRABAJO

¿Líquido o sólido?

Planteamiento

A veces, las fronteras entre sólidos y líquidos se desdibujan. Los fluidos no newtonianos muestran una fascinante ambigüedad: parecen líquidos a primera vista, pero también se comportan como sólidos.

Materiales

- Un molde para repostería de papel de aluminio, de unos 20 cm de lado y 7 cm de alto.
- Maicena y agua.
- Una taza de café pequeña.

Experimento

1 Elabora el fluido no newtoniano

- Llena el molde con una mezcla de maicena y agua, en la siguiente proporción: dos tazas de maicena por cada taza de agua.
- Remueve despacio hasta obtener una mezcla homogénea, con una textura semejante a la miel. Si te queda demasiado líquida o grumosa, añade maicena o agua, respectivamente.

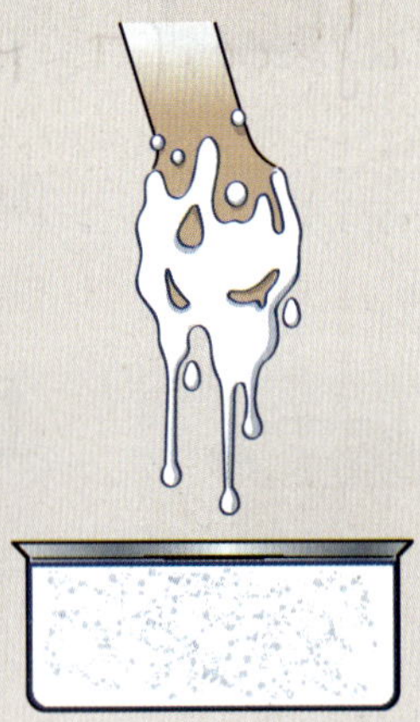

2 Estudia sus propiedades líquidas

- Introduce la mano en el molde lentamente y sácala con la misma velocidad. El fluido se escurrirá y goteará.

3 Estudia sus propiedades sólidas

- Golpea con fuerza la superficie del fluido. Responderá como un cuerpo macizo.
- Recoge una porción de fluido en la palma de la mano y aprieta el puño. A continuación, afloja la presión y déjalo fluir entre los dedos.

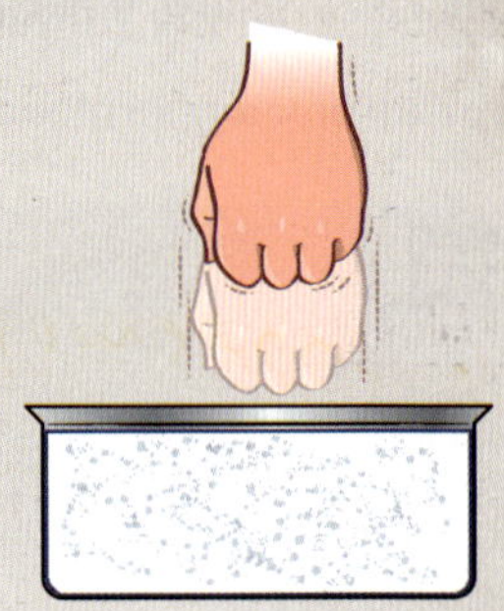

¡Observa un vídeo relacionado con el experimento!

Explicación

Los granos de maicena se hallan suspendidos en el agua, formando una masa apretada. Si un cuerpo se abre camino entre ellos despacio, ceden a su paso, como lo hacen las personas que llenan un vagón atestado. Sin embargo, ante un impacto súbito, reaccionan como un bloque compacto, igual que las personas del vagón ante un frenazo brusco.

PRACTICA TÚ

1. Lanza una pelota de goma dura, que rebote bien, contra la superficie del fluido. Este reaccionará a la vez como líquido y como sólido.
2. Identifica qué rasgos de líquido y de sólido revela el fluido en el experimento de la actividad anterior.
3. Pon ejemplos de dos sustancias comunes que, según las circunstancias, se comporten como sólidos o como líquidos.

FÍSICA Y QUÍMICA Y…

Literatura

Uno de los personajes más excéntricos de *Alicia en el País de las Maravillas* es el Sombrerero. El autor del libro, Lewis Carroll, no escogió su oficio al azar. En la Inglaterra victoriana en la que vivió, se hizo popular la expresión «loco como un sombrerero», debido a una curiosa enfermedad profesional que aquejaba a estos artesanos.

Los sombrereros mezclaban mercurio con pieles de conejo o de castor para producir fieltro, un material muy común en la manufactura de sombreros. El mercurio resulta extremadamente volátil y, en el proceso de secado del fieltro, desprendía abundantes vapores.

El mercurio es un poderoso neurotóxico. Su inhalación continuada puede provocar pérdida de memoria, una acusada irritabilidad o manía persecutoria. Síntomas que hicieron ganar fama a los sombrereros de lunáticos o de locos. Carroll lo sabía bien, ya que Stockport, uno de los principales centros de producción de sombreros de Inglaterra, se hallaba muy cerca del pueblo donde nació.

Johnny Depp interpretó al Sombrerero en la versión cinematográfica del libro que rodó Tim Burton en 2010.

RAZONA

1. ¿Por qué vía se introducía el mercurio en el organismo de los sombrereros?
2. ¿En qué estado, sólido, líquido o gaseoso, suele encontrarse el mercurio a temperatura ambiente? ¿Qué cambio de estado tenía lugar durante el secado del fieltro?
3. Busca información sobre la intoxicación con mercurio que sufrieron científicos famosos, como Isaac Newton y Michael Faraday.

Música

Los instrumentos tradicionales generan música a partir de dos estados de la materia. Las cuerdas de la guitarra o las teclas de un piano son sólidas, mientras que el aire que recorre la flauta o una trompeta es un gas. Existe un curioso instrumento que extrae sonidos directamente del agua: el hidraulófono. Opera como un instrumento de viento, pero en su interior, en lugar de vibrar una columna de aire, lo hace una columna de agua.

Su aspecto recuerda a una fuente en miniatura. De los agujeros de un tubo metálico, dispuesto en horizontal, mana una hilera de chorros. El instrumentista produce las notas interrumpiendo el flujo del agua con los dedos.

En 2007, en la Universidad de Toronto, se interpretó la *Suite para hidraulófono* de Ryan Janzen, una pieza orquestal compuesta expresamente para el instrumento. Se anunció como el primer concierto en el que la música surgía a un tiempo de los tres estados de la materia.

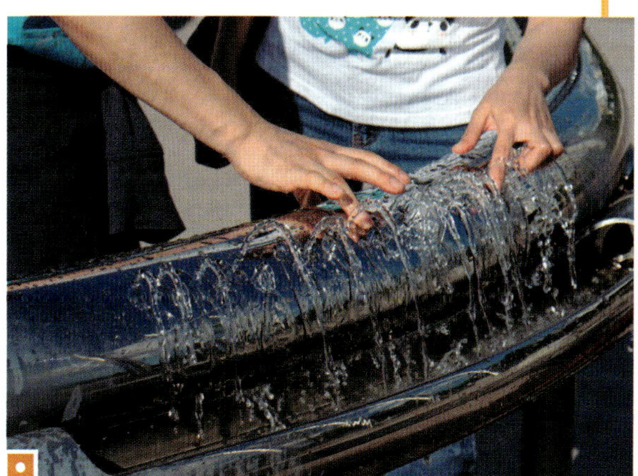

Hidraulófono.

APRENDE A APRENDER

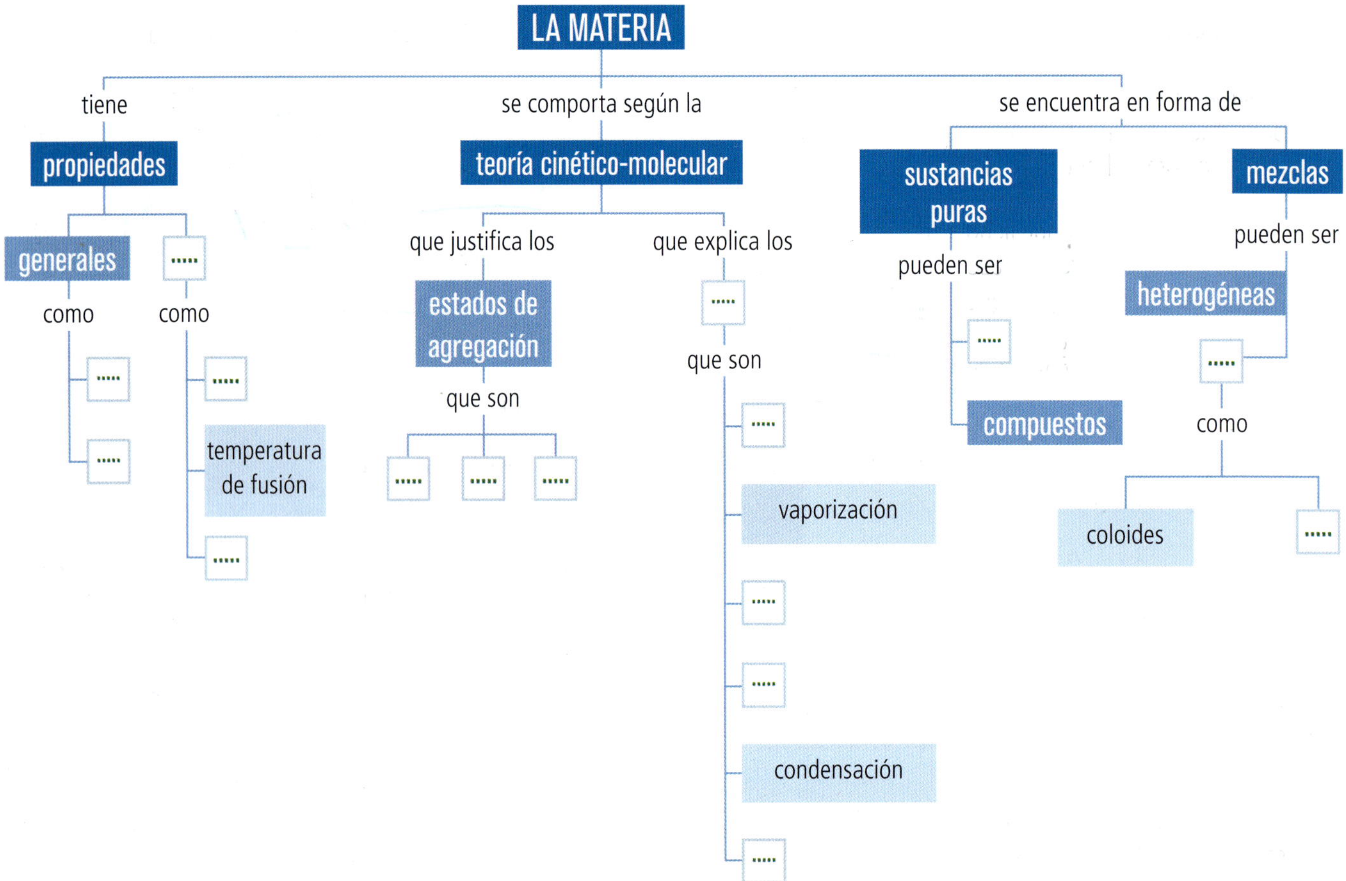

ACTIVIDADES

Formad grupos con vuestros compañeros de clase para resolver las siguientes actividades.

1 Copiad y completad en vuestro cuaderno el esquema de la unidad.

2 Elaborad una presentación digital de la unidad y exponedla ante el resto de la clase.

3 Preparad un mural con fotografías o recortes de revistas y diarios que representen sustancias en los tres estados de agregación.

4 Elaborad un glosario que incluya, al menos, los siguientes conceptos:

- Propiedades generales de la materia.
- Masa.
- Volumen.
- Propiedades características de la materia.
- Densidad.
- Teoría cinético-molecular.
- Disoluciones.
- Coloides.
- Cambios de estado.
- Fusión.
- Evaporación.
- Ebullición.
- Sublimación.
- Sistema material.
- Sustancia pura.
- Sustancia simple.
- Compuesto químico.

REPASO FINAL

1 ¿Es lo mismo materia que sustancia?

2 El aire es incoloro y transparente, pero, ¿tiene masa?, ¿qué harías para comprobarlo?

3 Dentro de un vaso grande lleno de agua se introduce un vaso pequeño boca abajo. ¿Por qué no entra agua en él? ¿Qué propiedad pone de manifiesto este experimento?

4 Clasifica las siguientes propiedades de la materia en generales y específicas.

- Temperatura de fusión.
- Superficie.
- Temperatura de ebullición.
- Densidad.
- Volumen.
- Conductividad eléctrica.

5 Se quiere medir el volumen de una pulsera de oro. Para ello, se dispone de una probeta con 20 cm^3 de agua; al introducir la pulsera, el nivel de agua asciende hasta los 25 cm^3. Si la densidad del oro es de 19 300 kg/m^3, ¿cuál será la masa de la pulsera?

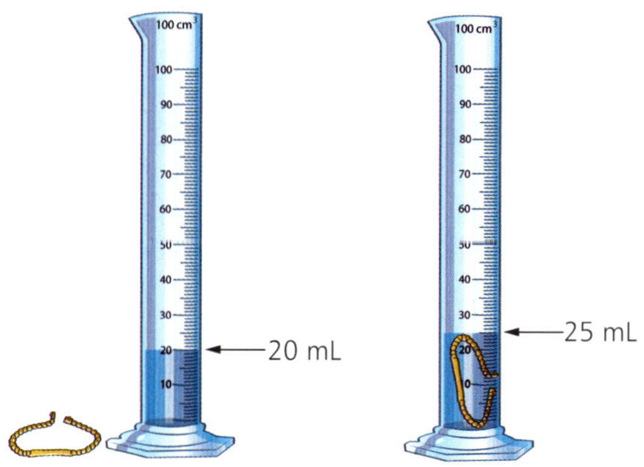

6 ¿Es lo mismo vaporización que evaporación?

7 ¿Qué diferencias hay entre evaporación y ebullición?

8 Se vierten 250 cm^3 de aceite en un vaso cuya masa, estando vacío, es de 300 g. Ahora, la masa del vaso con el aceite resulta ser de 530 g. ¿Cuál será la densidad del aceite?

9 Con una balanza se mide la masa de un trozo de hierro, obteniéndose el valor de 158 g. Consulta la tabla de densidades de la página 40 y halla su volumen.

10 Observa esta piscina totalmente llena de agua y calcula:

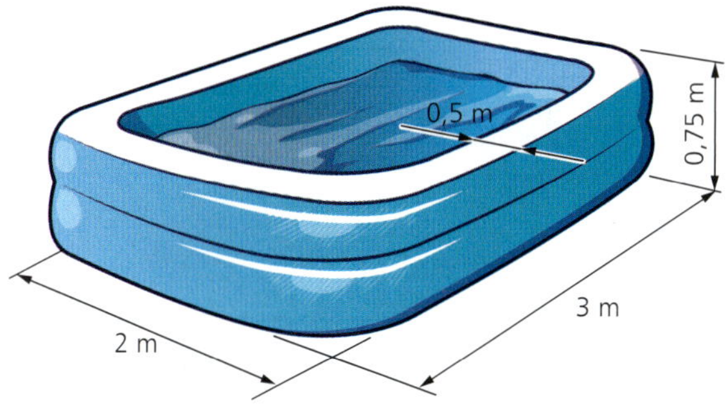

a. El volumen de la piscina llena.

b. El volumen de agua.

11 Se dispone de 20 g de una sustancia desconocida, cuyo volumen resulta ser de 2,53 cm^3. Consulta la tabla de densidades de esta unidad y averigua de qué sustancia se trata.

12 Observa esta fotografía.

a. ¿Por qué se hunde el trozo de hierro y el globo no?

b. ¿Y si el globo estuviese lleno de agua, se hundiría?

c. ¿Y si sustituimos el trozo de hierro por corcho, qué sucede?

13 El volumen de una cantidad determinada de líquido se puede considerar constante aunque cambie la temperatura o la presión. ¿Cómo lo justificas según la teoría cinético-molecular?

14 Justifica según la teoría cinético-molecular por qué los gases pueden comprimirse.

15 Completa en tu cuaderno el siguiente esquema:

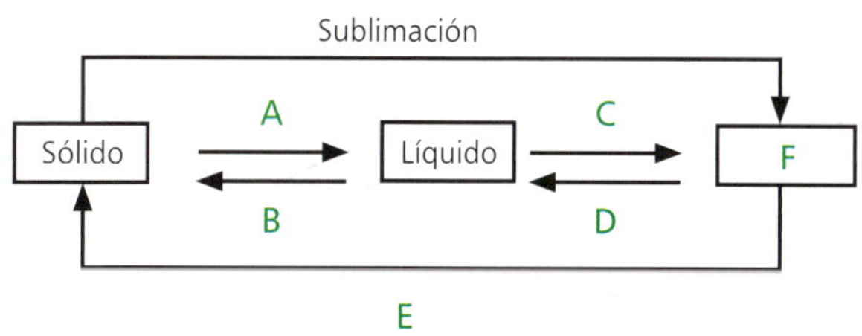

16 La temperatura de fusión del alcohol es de –114 °C y la de ebullición 78,4 °C. Razona en qué estado se encontrará el alcohol a las siguientes temperaturas.

a. –120 °C **b.** –110 °C **c.** 80 °C **d.** 50 °C

REPASO FINAL

17 ¿Qué cambio de estado tiene lugar en los siguientes casos?

a. Un ambientador sólido perfuma una habitación.

b. Un frasco de quitaesmalte se queda abierto.

c. Se usa agua para cocer unas patatas.

d. Un antipolillas se coloca en un armario.

e. Se olvida un cubito de hielo sobre la encimera de la cocina.

f. En un día frío y húmedo, se forman gotitas en la parte interior de los cristales de una habitación.

g. Un glaciar sufre el cambio climático.

18 Explica, conforme a la teoría cinético-molecular, por qué la evaporación aumenta con la temperatura.

19 Analiza la siguiente gráfica, que corresponde al calentamiento del alcohol, y responde a las preguntas.

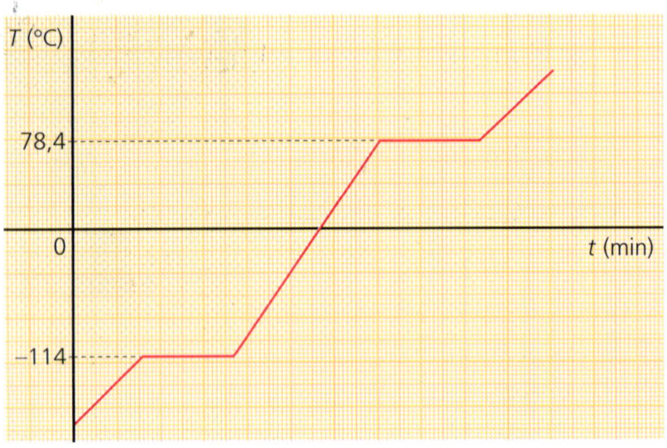

a. ¿Cuál es la temperatura de fusión del alcohol?

b. ¿Cuál es la temperatura de ebullición del alcohol?

c. ¿En qué estado de agregación se encontrará el alcohol a 0 °C y a 90 °C?

20 Dibuja la gráfica del calentamiento de una sustancia cuyas temperaturas de fusión y de ebullición son, respectivamente, 15 °C y 120 °C.

21 Calcula la densidad de un sólido si una porción del mismo tiene una masa de 200 g y ocupa un volumen de 74 mL.

22 Define fusión y sublimación.

23 ¿Dónde hierve antes el agua, a nivel del mar o en la cima de una montaña?

24 La Paz, capital de Bolivia, está a 3 650 m de altitud, ¿por qué allí el agua hierve a 92 °C y no a 100 °C?

25 Muchas bacterias mueren a la temperatura de ebullición del agua. Por eso, cuando el agua puede contener microorganismos infecciosos, es habitual hervirla antes de su consumo. Si lo hiciéramos en la cima del Mont Blanc, a 4 810 m sobre el nivel del mar, ¿podríamos enfermar?

26 Clasifica las siguientes sustancias en sistemas materiales homogéneos y heterogéneos.

a. Agua de mar.

b. Arena de playa.

c. Polvos de talco.

d. Detergente de lavadora.

e. Jabón líquido.

f. Vino blanco.

27 Clasifica los siguientes sistemas materiales en sustancias puras y en mezclas homogéneas. En este último caso, di qué elementos las forman.

a. Agua mineral.

b. Agua destilada.

c. Leche.

d. Sal.

e. Azúcar.

f. Harina.

28 Si se calienta azúcar en una sartén, se obtiene caramelo, un producto pastoso y negruzco. Al mismo tiempo, se desprende un gas incoloro. ¿Qué crees que es el azúcar, una sustancia simple o un compuesto?

29 Cuando llega el invierno y existe riesgo de nevadas se echa sal en las calles para que la nieve no se congele. ¿Por qué crees que lo hacen?

30 ¿Cuál es la diferencia fundamental entre un coloide y una disolución?

31 Clasifica los siguientes sistemas materiales en coloides y disoluciones.

a. Leche.

b. Agua con azúcar.

c. Mayonesa.

d. Crema pastelera.

e. Vinagre.

f. Aceite.

32 Clasifica en todos los tipos de sistemas materiales que conoces.

a. Agua de piscina.

b. Mármol.

c. Un cable de cobre pelado.

EVALUACIÓN

1 Un tetrabrik completamente lleno contiene 1 L de leche. ¿Qué volumen tendrá el tetrabrik?

a. 1 L b. Más de 1 L c. Menos de 1 L d. 1,3 L

2 Cuando se calienta un gas…

a. sus partículas aumentan de tamaño.

b. sus partículas disminuyen y se separan.

c. sus partículas se separan más.

d. sus partículas se juntan, pero se mueven más deprisa.

3 ¿Qué sucede cuando una sustancia cambia de estado?

a. Su volumen cambia.

b. Su estructura cambia.

c. Su masa cambia.

d. La sustancia cambia.

4 Cuando el agua hierve, se producen burbujas en su interior. ¿Qué es una burbuja?

a. Una acumulación de aire.

b. Nada, es vacío.

c. Dióxido de carbono gaseoso.

d. Vapor de agua.

5 Al sacar una botella del frigorífico, notas que se forma una película húmeda en su exterior. Esto se debe a que:

a. La botella rezuma un poco de líquido, que impregna el vidrio.

b. Por la diferencia de temperaturas, el oxígeno del aire reacciona con el hidrógeno y forma agua que se adhiere a la superficie de la botella.

c. El agua se evapora y se condensa en la botella.

d. La humedad del aire se condensa en las paredes del recipiente.

6 Una sustancia pura es:

a. Mercurio de un termómetro.

b. Zumo de naranja natural.

c. Aire puro.

d. Vapor de agua.

7 ¿Cuál de estas sustancias permanece en estado líquido a −10 °C?

	TEMPERATURA DE FUSIÓN (°C)	TEMPERATURA DE EBULLICIÓN (°C)
Sustancia A	−15	95
Sustancia B	−5	86
Sustancia C	−160	−20
Sustancia D	0	100

8 Identifica cuál o cuáles de las siguientes mezclas es un sistema homogéneo.

a. Granizado de limón.

b. Agua azucarada.

c. Aceite y vinagre.

d. Salsa mayonesa.

9 Indica la opción correcta.

a. La densidad de distintos aceros es constante porque es una propiedad característica.

b. Cada acero presenta una densidad distinta porque depende de la proporción de la mezcla.

c. La densidad de cada acero cambia con el tiempo.

d. La densidad del acero es la misma que la del hierro porque es su componente más abundante.

10 Di cuál de las siguientes sustancias es una sustancia pura.

a. Sal común.

b. Agua embotellada.

c. Acero.

d. Miel.

11 Tenemos un líquido incoloro y de aspecto uniforme. Alcanzado el punto de ebullición, su temperatura no cambia. Si hacemos pasar una corriente eléctrica a través de él se observa la formación de un gas en forma de burbujitas. A partir de estas experiencias, elige las opciones correctas. Se puede afirmar que el líquido es…

a. una sustancia pura.

b. una sustancia compuesta.

c. una sustancia simple.

d. una mezcla formada por dos componentes.

DIARIO DE APRENDIZAJE

¿Se ha correspondido mi interpretación de las imágenes del inicio de la unidad con el contenido que he estudiado en ella?

03 El movimiento y las fuerzas

¿Cómo voy a resolver las dificultades que se me planteen en esta unidad?

1 ¿Qué crees que es una fuerza?

2 Si empujas un objeto, ¿estás haciendo fuerza? ¿Y si lo sujetas?

3 Si corres en una pista de atletismo y das una vuelta completa, ¿te has movido?

4 ¿Qué relación crees que tienen los relámpagos o los imanes con las fuerzas?

01 El concepto de fuerza

A lo largo del día, realizas muchas tareas que suponen una interacción entre dos cuerpos: sucede cuando levantas tu mochila, frenas un monopatín o amasas pan. Todas estas interacciones entre cuerpos se llaman **fuerzas.**

Las **fuerzas** tienen dos tipos de efectos sobre los cuerpos:

- Pueden cambiar el estado de movimiento o reposo de un cuerpo.
- Pueden deformarlos.

Las fuerzas

Pueden modificar la velocidad de un cuerpo.

Pueden mover un cuerpo que estaba parado.

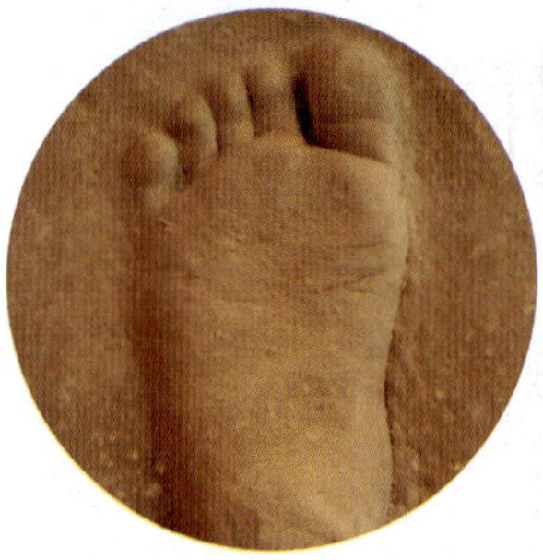

Pueden producir deformaciones.

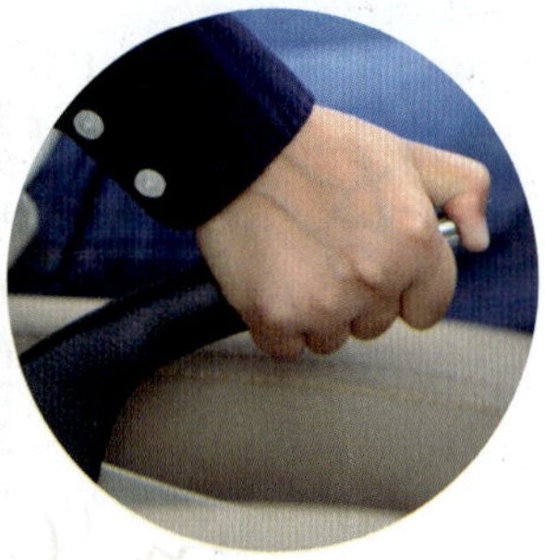

Pueden parar un cuerpo que estaba en movimiento.

Una fuerza es toda causa capaz de deformar un cuerpo o de modificar su estado de reposo o de movimiento.

Según cómo y dónde se apliquen, las fuerzas pueden provocar efectos distintos. Así, por ejemplo, no es lo mismo empujar un cuerpo desde la parte de atrás que desde arriba o desde delante.

Es decir, las fuerzas no se representan solo mediante un número, sino que es necesario indicar la dirección y el sentido en el que actúan. Por ello, se representan a través de un **vector**.

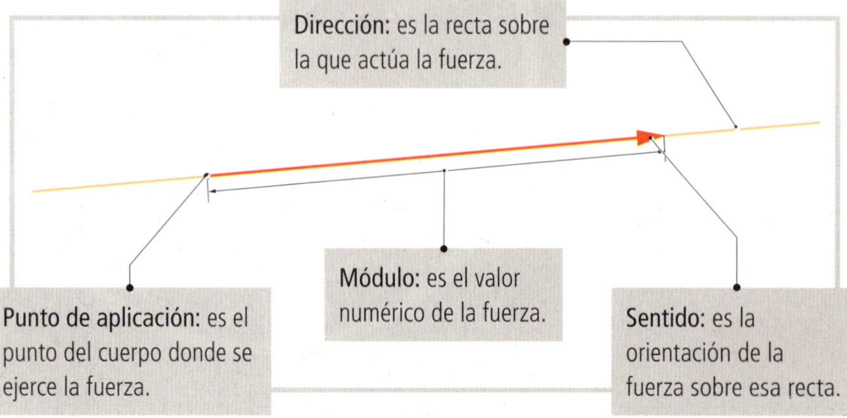

01.1 Fuerzas por contacto y a distancia

Según la proximidad a la que se encuentren dos cuerpos, las fuerzas pueden actuar de dos formas distintas.

- **Fuerzas por contacto:** se producen cuando existe contacto físico entre los cuerpos; por ejemplo, cuando se empuja una silla o se levanta un objeto del suelo.
- **Fuerzas a distancia:** operan sin que sea necesario el contacto físico entre los cuerpos; por ejemplo, cuando dejas caer un balón, este no toca la Tierra pero resulta atraído por ella y desciende.

Fuerzas

Por contacto

Requieren el contacto físico entre los cuerpos.

A distancia

No es necesario el contacto físico entre los cuerpos y son de tres tipos.

Gravitatorias

Entre cuerpos que tienen masa.

Magnéticas

Entre dos imanes o un imán con el hierro.

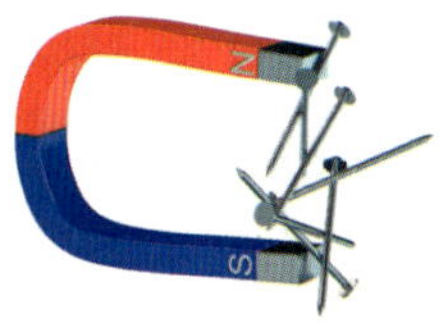

Eléctricas

Entre cuerpos con cargas eléctricas.

01.2 Unidad de fuerza

La unidad de fuerza en el Sistema Internacional de unidades se llama newton, en honor al físico y matemático inglés, **Isaac Newton** (1643-1727). El símbolo de esta unidad de medida es N.

ACTIVIDADES

1 Cita tres situaciones de tu vida cotidiana en las que, mediante una fuerza, produzcas:

a. Movimiento en un cuerpo en reposo.

b. El cambio en el movimiento de un cuerpo.

c. Una deformación en un cuerpo.

2 ¿En qué casos aplicas una fuerza sobre un cuerpo?

a. Cuando apoyas un bolígrafo en el papel.

b. Cuando estás sentado en una silla.

c. Cuando sales a la pizarra.

3 Clasifica las siguientes acciones según obedezcan a una fuerza por contacto o a una fuerza a distancia:

a. Una moto arranca.

b. Cortas una patata con un cuchillo.

c. Tomas una curva patinando.

d. Cae una pelota desde una canasta de baloncesto.

e. Atas una cuerda a una caja y tiras de la cuerda.

f. El pelo se te electriza con el peine.

g. Unos clavos son atraídos por un imán.

02 Los cuerpos y las deformaciones

Aunque se aplique una misma fuerza sobre ellos, no todos los cuerpos tienen la misma resistencia a la deformación. Por ejemplo, si se presiona un ladrillo, su forma no se altera (aunque se puede romper), mientras que la arcilla se deforma con facilidad.

Si se compara el efecto de las fuerzas sobre la arcilla o sobre un muelle, se observan dos comportamientos diferentes, pues ambos se deforman, pero de distinta manera: el muelle recupera su forma cuando cesa la fuerza; en cambio, la arcilla no. Según el tipo de deformación de los cuerpos frente a las fuerzas, estos se clasifican en rígidos, plásticos y elásticos.

Cuerpos rígidos

No se deforman bajo la acción de una fuerza. Por ejemplo, una roca o la superficie de una mesa de mármol.

Cuerpos plásticos

Se deforman bajo la acción de una fuerza, pero no recuperan su forma si la fuerza cesa. Por ejemplo, la masa de pan o la plastilina.

Cuerpos elásticos

Se deforman cuando actúa una fuerza sobre ellos, pero recuperan su forma cuando la fuerza deja de actuar. Por ejemplo, una cinta elástica o un muelle.

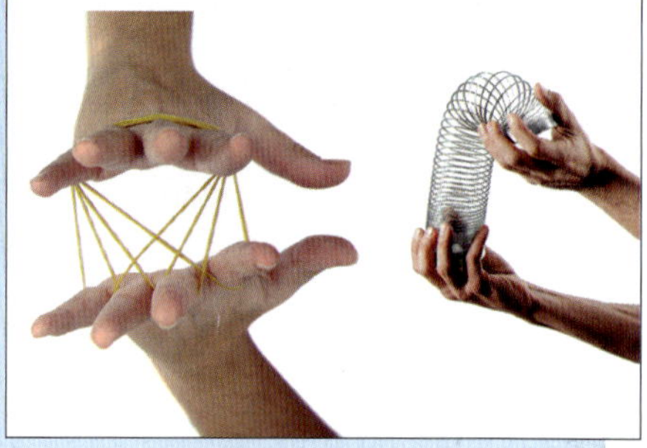

ACTIVIDADES

4 ¿Crees que existen los cuerpos totalmente rígidos o un cuerpo rígido es una idealización? Razona tu respuesta.

5 ¿Cómo clasificarías los siguientes objetos?

a. Una esponja.

b. Las fibras de un cepillo de dientes.

c. La plastilina.

d. Un vaso de vidrio.

e. El barro.

f. Un patito de goma.

g. Una almohada.

6 Existen muelles muy fuertes. ¿Crees que serán rígidos?

7 Las varillas de cocina son un instrumento que sirve para batir huevos. Muchas de estas varillas están hechas de acero, ¿qué tipo de cuerpo crees que es el acero?

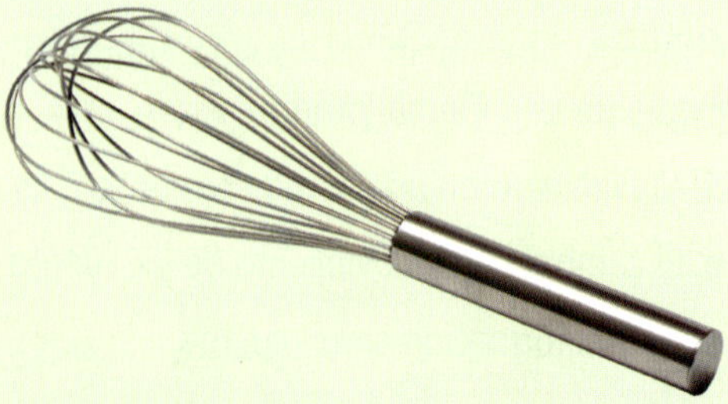

8 Clasifica los siguientes cuerpos en plásticos o elásticos:

Una goma de borrar; un chicle; crema pastelera; una cinta para el pelo; un muelle del mecanismo de un bolígrafo; una masa para hacer galletas.

03 Deformaciones en un cuerpo elástico

Un cuerpo elástico se deforma mientras actúa una fuerza sobre él y recupera su forma inicial cuando la fuerza cesa, pero ¿cómo se produce esa deformación?

¿Cómo se deforma un muelle?

A Cuelga un muelle de un soporte y mide su longitud inicial, x_0.

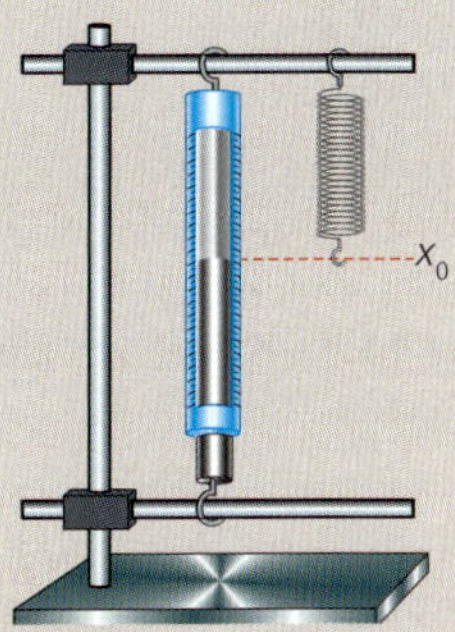

B Suspende del muelle una pesa y mide la longitud del muelle, x_1. Su alargamiento, x, es:

$$x = x_1 - x_0$$

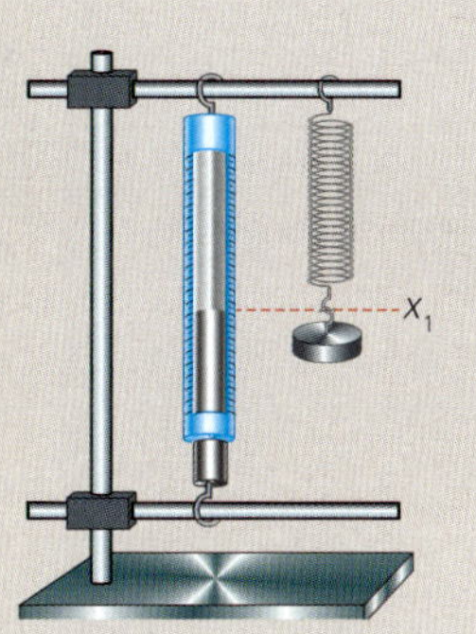

C Añade una segunda pesa igual a la anterior, y mide de nuevo el alargamiento x:

$$x = x_2 - x_0$$

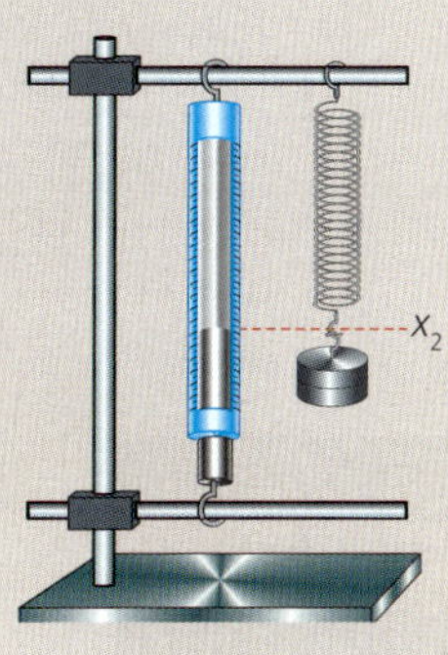

D Añade sucesivamente pesas iguales. Calcula los alargamientos del muelle con cada pesa añadida.

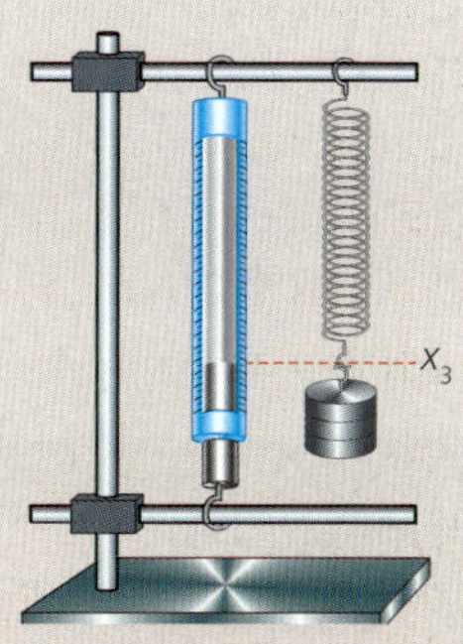

A partir de estos experimentos, Hooke enunció su ley:

Según la **ley de Hooke**, el alargamiento de un muelle es directamente proporcional a la fuerza que lo produce:

$$F = k \cdot x$$

Donde F es la fuerza aplicada, expresada en N; x es el alargamiento producido, expresado en m, y k es la **constante recuperadora del muelle**, que se mide en N/m y que depende del muelle utilizado.

Observa

Si se aplica el doble de peso sobre el muelle, se duplica el alargamiento; si suspendemos el triple de peso, el alargamiento es el triple, y así sucesivamente.

Dinamómetro y deformación

El **dinamómetro** es un aparato que sirve para medir fuerzas y para pesar cuerpos. Su funcionamiento se basa en el alargamiento que sufre un muelle cuando se cuelga de él un objeto de una determinada masa.

ACTIVIDADES

9 Un dinamómetro se alarga 4 cm cuando se cuelga de él un peso de 5 N, ¿cuál es la constante recuperadora de su muelle?

10 Si tenemos un muelle cuya constante recuperadora es de 150 N/m, ¿cuánto se alargará si se suspende de él un peso de 3 N?

04 El movimiento

Para poder definir el movimiento, necesitamos elegir un cuerpo o un lugar que consideraremos como fijo. Este cuerpo o lugar se llama **sistema de referencia** y el cuerpo que se mueve se denomina **móvil.**

Cuando un cuerpo se mueve, cambia de lugar o de posición respecto al sistema de referencia elegido.

> Un **movimiento** es un cambio de posición de un cuerpo a lo largo del tiempo respecto al sistema de referencia, que se considera fijo.

Para estudiar el movimiento es necesario conocer algunos conceptos:

Posición, *x*: localización del móvil en el espacio respecto al punto de referencia.

Trayectoria: línea imaginaria que une las posiciones que recorre el móvil.

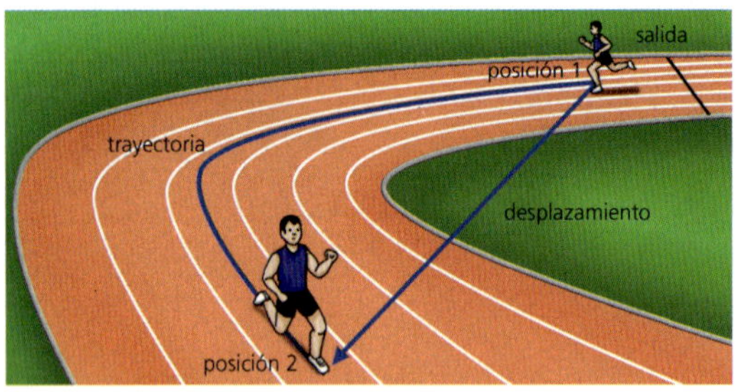

Espacio recorrido, *s*: distancia recorrida por el móvil sobre la trayectoria.

Desplazamiento: distancia en línea recta entre dos posiciones del móvil.

04.1 Velocidad

La velocidad es una magnitud física que nos indica la rapidez con la que se mueve un cuerpo. Así, el corredor que llegue antes a la meta es el más rápido, el que mayor velocidad lleva.

De esta forma, la velocidad es la relación entre el espacio que recorre un móvil y el tiempo que emplea en recorrerlo.

> La **velocidad**, v, es el espacio recorrido, s, por el móvil entre el tiempo, t, que ha empleado en hacerlo:
>
> $$v = \frac{s}{t}$$

La unidad de velocidad en el Sistema Internacional es el metro por segundo (m/s), aunque en la práctica se usa más el kilómetro por hora (km/h).

Recuerda

La **cinemática** es la parte de la física que estudia el movimiento de los cuerpos sin tener en cuenta las causas que lo originan.

Movimiento, referencia y trayectoria

El movimiento de un cuerpo depende del **sistema de referencia** que elijamos.

Si estamos dentro de un tren parado en la estación, parecerá que estamos quietos respecto al andén. Sin embargo, si otro tren circula por la vía de al lado, nos parecerá que nos movemos respecto a él.

El tipo movimiento también depende de la trayectoria. Si esa trayectoria es recta, se trata de un **movimiento rectilíneo,** pero si es curva, se tratará de un **movimiento circular.**

04.2 Velocidad media e instantánea

Si se hace un viaje en coche entre dos ciudades que distan 200 km y se tarda 2,5 horas, se puede afirmar que la velocidad que ha llevado el coche ha sido de:

$$v = \frac{s}{t} = \frac{200 \text{ km}}{2{,}5 \text{ h}} = 80 \text{ km/h}$$

Esta velocidad, que corresponde a todo el recorrido y que se ha calculado para un tiempo relativamente grande, se denomina velocidad media.

La **velocidad media**, v_m, es el cociente entre el espacio total que se recorre y el tiempo total que se emplea en recorrerlo.

$$v_m = \frac{s}{t}$$

Pero en el viaje anterior, si se hubiera mirado el velocímetro del coche durante un intervalo de tiempo, se habría comprobado que en algunos momentos la velocidad fue menor y en otros, mayor, e incluso, que en algunos momentos fue cero (en caso de parada para reponer gasolina o para descansar). Esa velocidad que marca el velocímetro en un instante determinado es la velocidad instantánea.

La **velocidad instantánea**, v, es la velocidad en un instante determinado o en un intervalo de tiempo muy pequeño.

Tanto la velocidad media como la velocidad instantánea se miden con las mismas unidades.

Cuando la velocidad es constante en el tiempo, el movimiento recibe el nombre de **movimiento uniforme.** Si, por el contrario, cambia en el tiempo de manera uniforme, es decir, varía lo mismo en proporciones de tiempo iguales, el movimiento se conoce como **movimiento uniformemente variado.** Si, además, la trayectoria es una recta, los movimientos son rectilíneos.

04.3 Aceleración

La mayoría de los movimientos que suceden a nuestro alrededor no mantienen una velocidad constante, sino que cambian con el tiempo. Así, en un viaje en coche, unas veces se aumenta la velocidad para adelantar a otro vehículo, por ejemplo, mientras que otras veces se disminuye para tomar una curva. La magnitud que nos informa de los cambios de velocidad que experimenta un móvil se llama **aceleración.**

La **aceleración**, a, es el cambio de velocidad por cada unidad de tiempo. En el SI, la aceleración se mide en metros por segundo al cuadrado (m/s²).

$$a = \frac{v_{\text{final}} - v_{\text{inicial}}}{t} = \frac{v - v_0}{t}$$

El velocímetro

El velocímetro de un vehículo es un instrumento que indica la velocidad en cada momento.

EJEMPLO

Calcula la aceleración de una moto parada que arranca y alcanza en 20 segundos 36 km/h.

1. Se identifican los datos del problema: $v = 36$ km/h, $t = 20$ s
2. Se escribe lo que nos piden calcular: la aceleración, a.
3. Se expresan los datos en las unidades del SI haciendo uso de los factores de conversión:

$$36 \frac{\text{km}}{\text{h}} \cdot \frac{1000 \text{ m}}{1 \text{ km}} \cdot \frac{1 \text{ h}}{3\,600 \text{ s}} = 10 \text{ m/s}$$

4. Se aplica la expresión de la aceleración:

$$a = \frac{v - v_0}{t} = \frac{10 \text{ m/s} - 0}{20 \text{ s}} = 0{,}5 \text{ m/s}^2$$

04.4 Representaciones gráficas

Las gráficas posición-tiempo y velocidad-tiempo sirven para representar la posición que ocupa un móvil respecto a un sistema de referencia. También se utilizan para representar su velocidad a lo largo del tiempo.

Si consideramos que el móvil describe una línea recta, se utilizan dos gráficas:

Gráfica posición-tiempo

Indica la posición del móvil en cada instante.

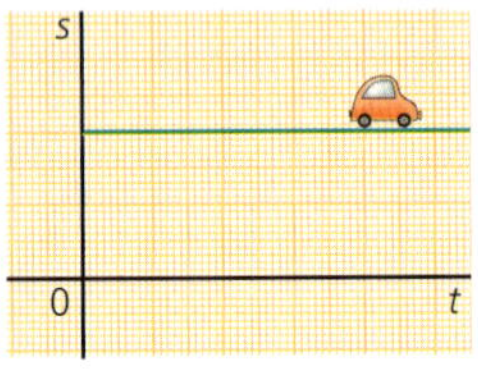

La distancia, s, del móvil al origen es siempre la misma a lo largo del tiempo, t, lo que significa que el móvil está en reposo.

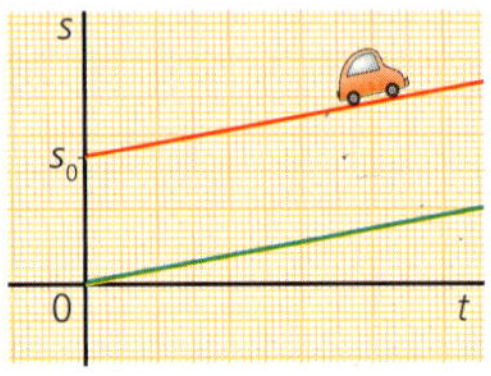

La distancia, s, aumenta uniformemente con el tiempo, t. En la recta verde, el móvil sale desde el origen, 0, pero en la roja el móvil empieza a moverse a una distancia s_0 del origen.

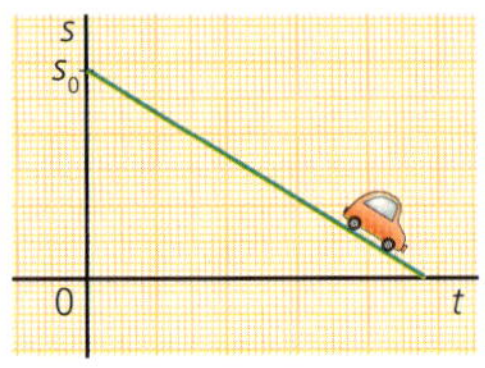

La distancia al origen, 0, disminuye con el tiempo. Por tanto, el móvil se acerca al origen de referencia.

Gráfica velocidad-tiempo

Indica la velocidad del móvil en cada instante.

La velocidad, v, no varía con el tiempo, t.

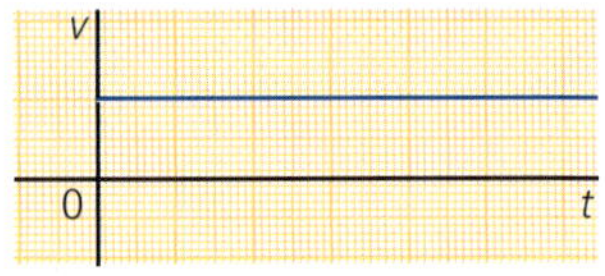

La velocidad, v, aumenta uniformemente según transcurre el tiempo, t.

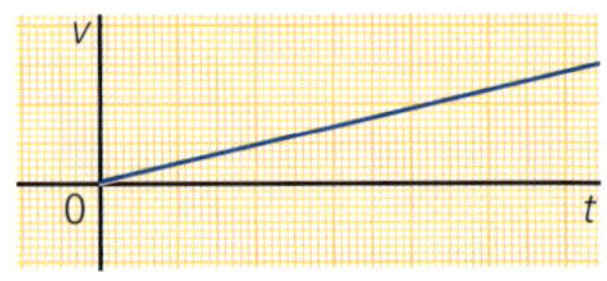

ACTIVIDADES

EJEMPLO

11 Al finalizar un viaje de 3,5 horas, lees en el cuentakilómetros que el coche ha recorrido 280 km.

a. ¿Cuál ha sido su velocidad media?

b. Dibuja las gráficas posición-tiempo y velocidad-tiempo.

a. Se recopilan los datos y se expresan en el SI:

$$s = 280\,000 \text{ m}; \ t = 3{,}5 \text{ h} \cdot \frac{3\,600 \text{ s}}{1 \text{ h}} = 12\,600 \text{ s}$$

Se sustituyen los valores en la fórmula de la velocidad:

$$v = \frac{s}{t} = \frac{280\,000 \text{ m}}{12\,600 \text{ s}} = 22{,}2 \text{ m/s}$$

b. Se representan las gráficas:

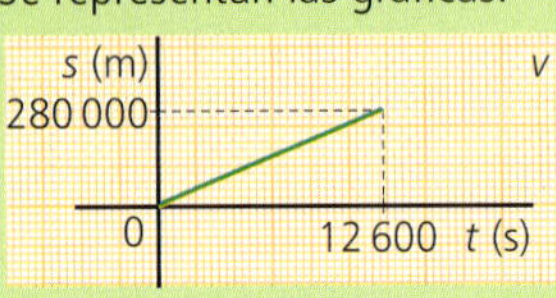

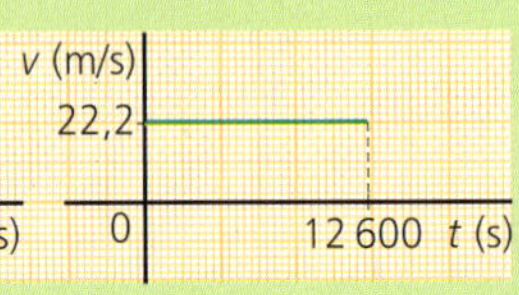

12 Un movimiento rectilíneo y uniforme es aquel que sigue una trayectoria rectilínea a velocidad constante. El sonido tiene este tipo de movimiento y su velocidad en el aire es de 340 m/s. Calcula la distancia que recorre el sonido en 5 minutos.

13 ¿Qué velocidad media lleva una avioneta si recorre 3 000 m en 1 minuto? Expresa el resultado en el SI y en km/h.

14 Un caballo se mueve a una velocidad de 20 m/s, ¿qué distancia recorrerá en una carrera de 50 s?

15 Observa la gráfica y calcula la aceleración del móvil en los 8 primeros segundos y a partir de los 8 s.

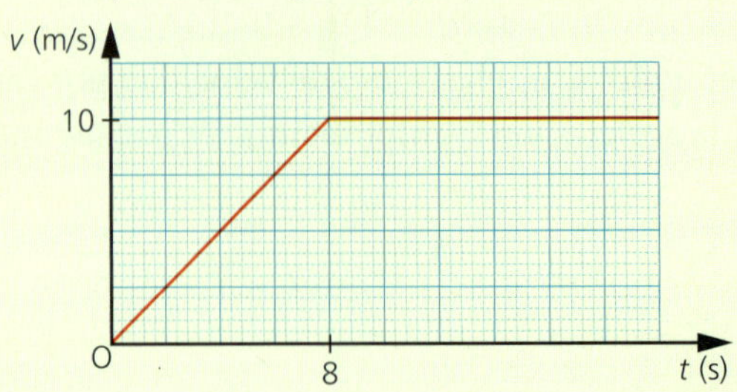

05 El rozamiento

Cuando caminamos sobre el hielo nos podemos resbalar y caer, pero en un suelo de tierra no corremos ese riesgo. ¿Por qué sucede esto?

Cuando dos cuerpos en contacto se desplazan uno sobre el otro o intentan hacerlo, sus superficies rozan y se produce una fuerza que se opone al movimiento, llamada fuerza de rozamiento.

Una **fuerza de rozamiento**, F_r, es una fuerza opuesta al movimiento, que se produce por la interacción entre las superficies en contacto de dos cuerpos.

Si observamos las superficies al microscopio apreciamos que no son lisas, tienen rugosidades que se enganchan unas con otras cuando se pretende desplazar un cuerpo sobre otro.

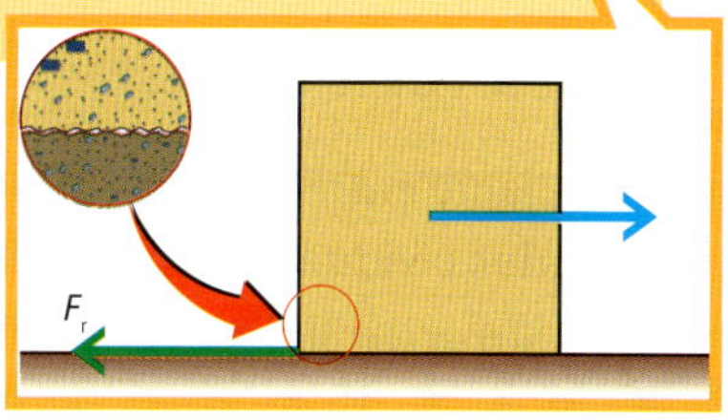

La fuerza de rozamiento depende de dos factores:

De la rugosidad de las superficies

A igual peso del cuerpo apoyado, cuanto más rugosas son las superficies, mayor es la fuerza de rozamiento entre ellas.

Del peso del cuerpo apoyado

A igual rugosidad de las superficies, cuanto mayor es el peso del cuerpo apoyado, mayor es la fuerza de rozamiento entre ellas.

ACTIVIDADES

EJEMPLO

16 ¿Se podría andar si no hubiera rozamiento?

Al caminar empujamos el suelo hacia atrás y este nos empuja hacia delante. Si no hubiera rozamiento, no podríamos *engancharnos* al suelo, no haríamos fuerza sobre él y, por tanto, el suelo no nos impulsaría hacia delante.

17 ¿Dónde te deslizas mejor, sobre un suelo de baldosas o sobre el hielo? Explica por qué.

18 ¿Por qué los fabricantes de vehículos recomiendan vigilar el dibujo de los neumáticos y cambiar las cubiertas cada cierto número de kilómetros recorridos?

19 Sobre una superficie de mármol se encuentran dos cajas de madera: una de 5 kg y la otra de 25 kg. ¿Cuál de las dos presentará mayor fuerza de rozamiento al deslizarse sobre el mármol?

20 Los crampones son unos accesorios de metal que usan los montañeros para andar por la nieve o el hielo. ¿Cuál es su finalidad? ¿Por qué crees que los patines de pista de hielo se fabrican con una cuchilla en la suela?

06 Máquinas simples

Las **máquinas simples** son dispositivos que permiten generar fuerzas mayores que las conseguidas por la propia fuerza muscular. Realizan su trabajo en un solo paso y permiten ejecutar trabajos mecánicos con poco esfuerzo.

En toda máquina existen dos fuerzas: la **fuerza motor** o **fuerza de potencia**, F_M, que es la que se suministra a la máquina, y la **fuerza resistente**, F_R, que es la que se quiere vencer.

El cociente entre la fuerza resistente y la fuerza de potencia es el **factor multiplicador** o **ventaja mecánica** ($VM = F_R/F_M$), que nos indica cuánto se multiplicará la fuerza aplicada. Así, por ejemplo, si una máquina tiene un factor multiplicador igual a dos, significa que se puede vencer una fuerza dos veces mayor de la que se debe aplicar.

Las principales máquinas simples son la palanca, la polea, el torno y el plano inclinado.

Máquinas compuestas

Hay máquinas que se obtienen al combinar varias máquinas simples. Se utilizan para construir las máquinas que se emplean en distintos sectores de ingeniería.

Palanca

Una **palanca** es una barra rígida que gira alrededor de un punto de apoyo que se denomina **fulcro.** Las fuerzas motor (o potencia) y resistente (o resistencia) se ejercen sobre dos puntos diferentes de la barra. Las distancias entre los puntos de aplicación de las fuerzas y el fulcro se llaman **brazo motor**, l_M, y **brazo de resistencia**, l_R, respectivamente. En la palanca se da un movimiento giratorio (describe un arco) alrededor de un eje.

La **ley** que rige la **palanca** afirma que la fuerza motor multiplicada por su brazo es igual a la fuerza resistente multiplicada por el suyo:

$$F_M \cdot l_M = F_R \cdot l_R$$

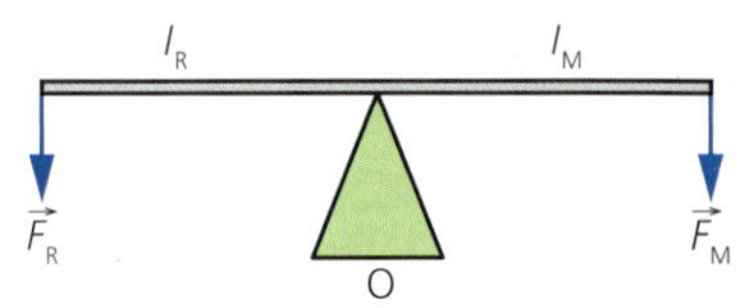

Esquema general de la palanca.

Según la posición que ocupan el fulcro y los puntos de aplicación de ambas fuerzas, se distinguen tres tipos de palancas:

De primer género

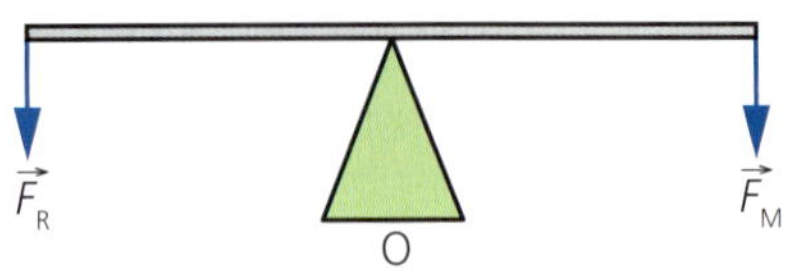

El fulcro está situado entre F_R y F_M.

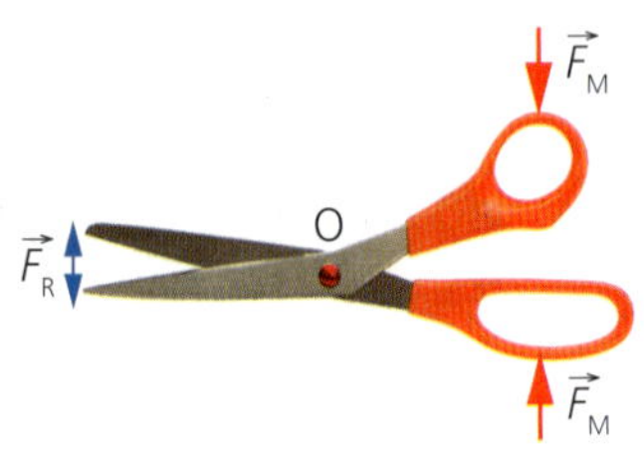

De segundo género

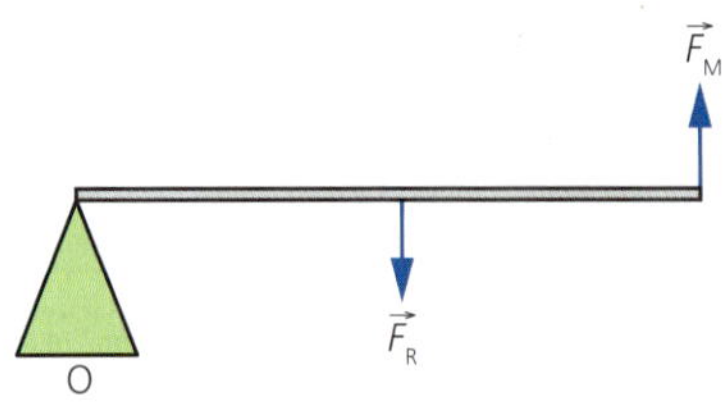

F_R está situada entre el fulcro y F_M.

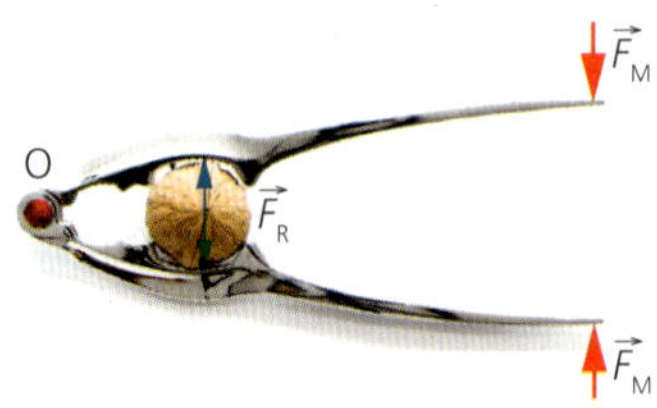

De tercer género

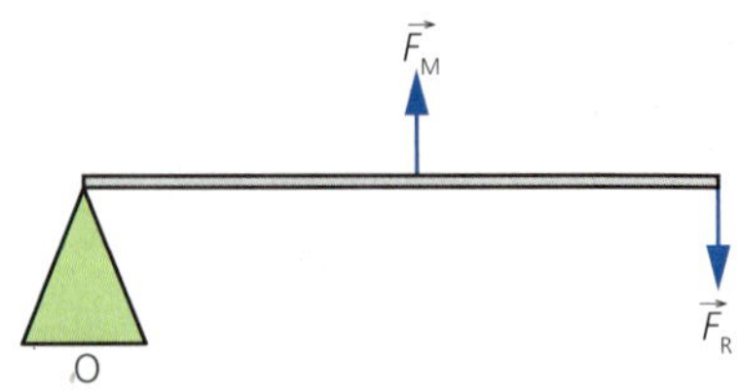

F_M está situada entre el fulcro y F_R.

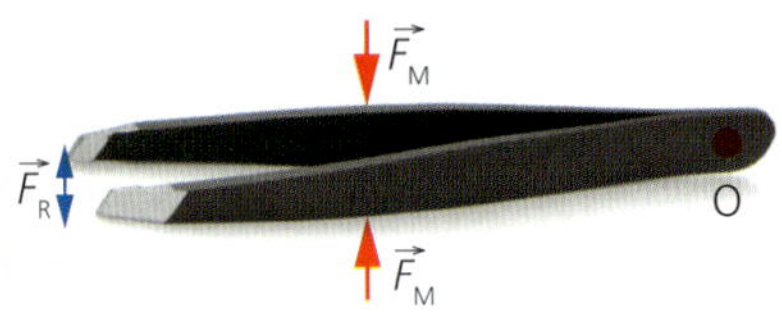

Polea

Una **polea** es una rueda con un canal en su periferia, por el cual pasa una cuerda o un cable que gira sobre su eje. Este eje puede ser fijo o móvil, por lo que existen **poleas fijas** y **poleas móviles**, respectivamente, que están formadas por dos o más ruedas.

La polea es como una palanca de primer género, de brazos iguales al radio de la polea. Así, la **ley** de la palanca redefinida para la **polea** es: $F_M = F_R$

Para disminuir el valor de la fuerza motor se utilizan las poleas compuestas. Una polea doble es una palanca de segundo género en la que el brazo de la fuerza motor o brazo de potencia es el diámetro de la polea y el brazo resistente es su radio, por lo que $F_M = F_R/2$. Por tanto, la ventaja mecánica es 2.

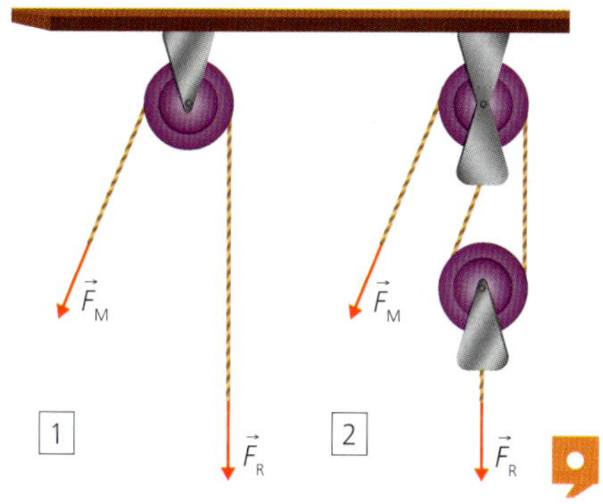

1 Polea simple fija.

2 Polea compuesta móvil.

Torno

Un **torno** es un tambor o cilindro que atraviesa un eje. Para ponerlo en marcha, es necesario accionar una manivela situada en uno de los extremos del tambor, para ir enrollando en torno a este una cuerda de la que cuelga un peso.

El torno también se puede considerar como una palanca de primer género en la que el brazo de potencia es la longitud del manubrio, l_m, y el brazo resistente es el radio del cilindro, r_c.

Según esto, la **ley del torno** es: $F_M \cdot l_m = F_R \cdot r_c$

Como consecuencia de la ley del torno, la fuerza motor es menor cuanto mayor sea la longitud de la manivela.

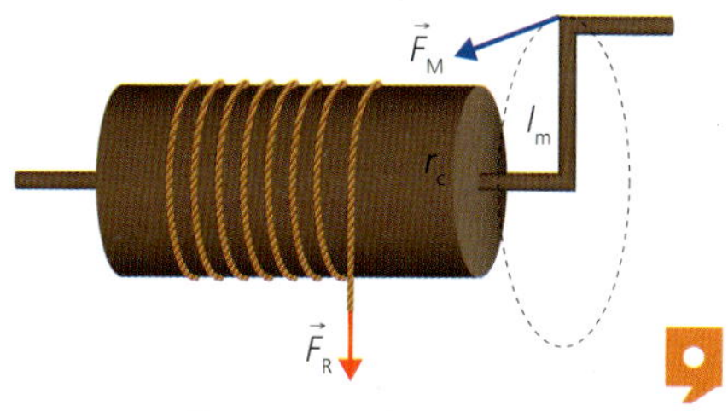

El torno transforma un movimiento circular en otro lineal.

Plano inclinado

Un **plano inclinado** es una superficie plana que forma un ángulo agudo con la horizontal. La fuerza motor que se precisa para levantar un peso arrastrándolo por un plano inclinado es menor que si se eleva verticalmente; sin embargo, el recorrido es mayor.

Para un plano inclinado, la fuerza motor por la longitud que se desplaza es igual al peso (fuerza resistente) por la altura que sube: $F_M \cdot l = P \cdot h$

Pirámides y planos inclinados

Para transportar las grandes piedras que se necesitaron en la construcción de las pirámides, los egipcios utilizaron planos inclinados de gran longitud.

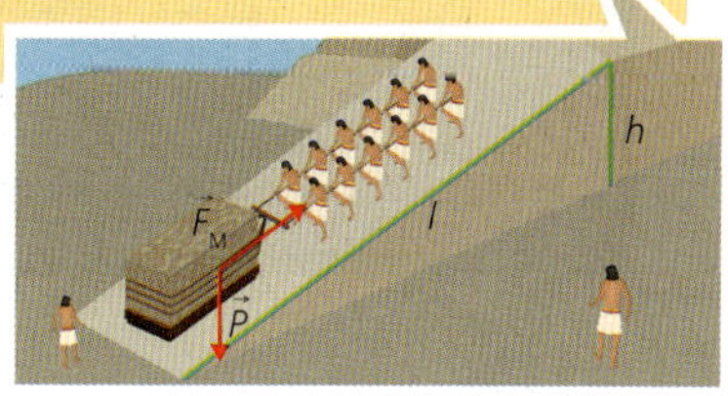

ACTIVIDADES

21 Clasifica los siguientes objetos en palancas de primer, segundo o tercer género: la guillotina de papel, la pala y el balancín.

22 Un extremo de un balancín soporta a un niño de 30 kg que se encuentra a 2 m del punto de giro. ¿Qué peso debe tener el niño que ocupe el otro extremo del balancín, si este está a 1,85 m del punto de giro? Ten en cuenta que el peso es: $P = m \cdot g$

23 Se quiere subir una masa de 100 kg a una altura de 2 m con un plano inclinado de 30 m. Calcula:

a. La fuerza motor que hay que realizar.

b. El factor multiplicador de la fuerza.

24 Se desea levantar una masa de 80 kg con una polea simple. ¿Qué fuerza se debe aplicar? ¿Y si la polea fuera doble?

07 Las fuerzas de la naturaleza

En el universo operan diferentes fuerzas (fuerza gravitatoria, fuerza eléctrica y fuerza magnética). Entenderlas nos sirve para comprender el origen del propio universo y su evolución.

El universo surgió hace unos 13 700 millones de años a partir del *big bang*. Todo el universo estaba concentrado en un único punto que hizo explosión. En ese momento, la materia salió impulsada hacia todas direcciones a gran velocidad y a una enorme temperatura.

En medio de este caos, se produjeron multitud de choques que concentraron la materia y, a medida que descendía la temperatura, se fueron formando las primeras estrellas y galaxias.

Actualmente, la materia del universo se agrupa en distintas estructuras.

Modelo de la gran explosión

En el momento de crearse el universo existía una única fuerza, que dio lugar a las fuerzas fundamentales de la naturaleza.

Galaxias: son agrupaciones de estrellas, polvo, gas y materia oscura. Cada galaxia puede contener billones de estrellas y se conocen más de 100 000 millones de galaxias. Nuestra galaxia es la **Vía Láctea.**

Estructuras menores: son los cuerpos celestes más pequeños, como los planetas y estrellas. Por ejemplo, nuestro **sistema solar.**

Cúmulos de galaxias: son conjuntos de galaxias envueltos en gas caliente. La Vía Láctea pertenece a un cúmulo de galaxias formado por veinticinco galaxias que recibe el nombre de **Grupo Local.**

Supercúmulos de galaxias: son conjuntos de cúmulos de galaxias. El Grupo Local forma parte del **Supercúmulo de Virgo.**

Distancias astronómicas

Debido a las gigantescas distancias del universo, no se debe emplear el metro como unidad de medida, sino otras unidades mucho mayores que no obliguen a utilizar números enormes. Las dos unidades con las que se miden distancias espaciales son la unidad astronómica y el año luz.

La **unidad astronómica** (ua) es la distancia media entre la Tierra y el Sol. Equivale, aproximadamente, a 150 000 000 km.

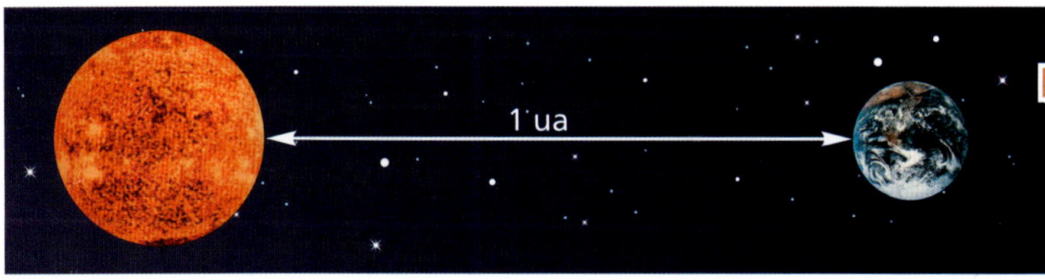

La estrella más cercana al Sol es Próxima Centauri, en la constelación de Alfa Centauri, a casi 268 000 ua, aproximadamente 4,24 años luz.

La unidad astronómica se usa para medir las distancias entre los planetas del sistema solar. Pero, si se sale de este, las distancias crecen tanto que la unidad astronómica se queda pequeña; se necesita otra unidad mayor para medir las distancias.

El **año luz** es la distancia que recorre un rayo de luz en el vacío en un año.

Como la velocidad de la luz en el vacío es de 300 000 km/s, es posible imaginar la gran distancia que es un año luz. En el SI, 1 año luz = $9{,}47 \cdot 10^{15}$ m. A causa de su magnitud, se utiliza para medir las distancias entre estrellas y galaxias.

EJEMPLO

Si la velocidad de la luz en el vacío, c, es de 300 000 km/s y la distancia de la Tierra al Sol es de 150 000 000 km, ¿cuánto tiempo tardará un rayo de luz en llegar desde el Sol a la Tierra?

Se identifican los datos del problema y se expresan en unidades del SI.

$$c = 300\,000 \text{ km/s} = 3 \cdot 10^8 \text{ m/s}$$

$$s = 150\,000\,000 \text{ km} = 1{,}5 \cdot 10^{11} \text{ m}$$

La luz lleva un movimiento rectilíneo y uniforme con velocidad constante, c, por lo que, a partir de la definición de velocidad para este tipo de movimiento, se obtiene el tiempo:

$$v = \frac{s}{t} \Rightarrow t = \frac{s}{v} = \frac{s}{c}$$

Y, al sustituir los datos del problema, resulta:

$$t = \frac{1{,}5 \cdot 10^{11} \text{ m}}{3 \cdot 10^8 \text{ m/s}} = 500 \text{ s}$$

Luego un rayo de luz tarda 500 s, es decir, 8 min y 20 s en llegar desde el Sol a la Tierra.

ACTIVIDADES

25 La estrella Próxima Centauri está a 4,24 años luz de nuestro Sol. Calcula esta distancia en unidades del SI.

26 Mercurio es el planeta más próximo al Sol. Su distancia a nuestra estrella es de 0,39 ua. Expresa, en km, esa distancia. Datos: 1 ua = 150 000 000 km

27 La distancia entre el Sol y Mercurio es de 58 000 000 km. Expresa esa distancia en unidades astronómicas?

28 Sabiendo que la velocidad de la luz en el vacío es 300 000 km/s y aplicando la definición de velocidad, calcula la distancia, en km, que corresponde a un año luz

08 La fuerza gravitatoria

Según una de sus primeras biografías, Isaac Newton descubrió la gravedad cuando, estando sentado bajo un árbol, le cayó una manzana en la cabeza.

A partir de esta observación, Newton pensó que la manzana caía porque la Tierra ejercía una fuerza de atracción sobre ella, la fuerza de la gravedad.

La **fuerza de la gravedad** presenta las siguientes características:

Es una fuerza a **distancia:** para que la fuerza exista, no hace falta que los cuerpos estén en contacto físico entre sí.
Es una fuerza **atractiva:** dos cuerpos se atraen solo por el hecho de tener masa.
Es una fuerza **muy débil:** solamente se aprecia cuando al menos uno de los cuerpos tiene una masa muy grande.
Depende de la masa de los cuerpos: resulta mayor cuanto mayor sea la masa de los cuerpos. Es directamente **proporcional** al producto de las **masas de los cuerpos.**
Depende de la distancia entre los cuerpos: resulta menor cuanto más alejados están los cuerpos entre sí. Es **inversamente proporcional** al cuadrado de la **distancia** entre los cuerpos.
Es **universal:** afecta a todos los cuerpos del universo.

Isaac Newton (1642-1727)

Científico inglés y gran investigador que descubrió la ley de gravitación y las leyes que rigen el movimiento de los cuerpos.

Cuando la masa de uno de los cuerpos se hace el doble, la fuerza se duplica.

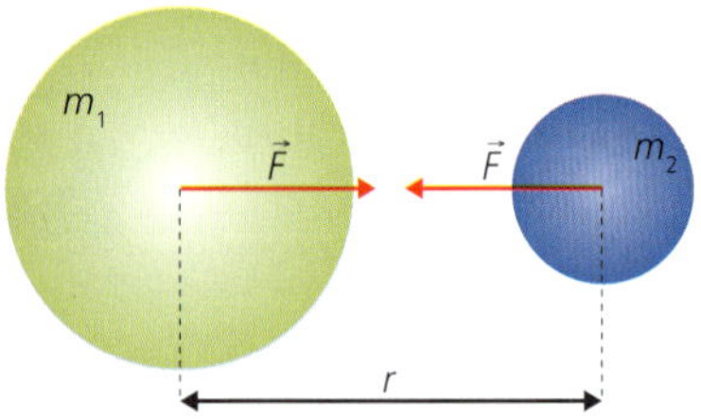

Cuando la distancia entre los cuerpos se duplica, la fuerza pasa a ser la cuarta parte.

Newton estudió el movimiento de los cuerpos celestes y llegó a la conclusión de que la misma fuerza gravitatoria que atrae a un cuerpo y lo hace caer hacia la superficie terrestre, hace girar a la Luna alrededor de la Tierra y a la Tierra alrededor del Sol. Por tanto, la física celeste y la terrestre se comportaban conforme a una misma **ley universal.**

Por ello, la gravedad nos sirve para explicar el orden de la materia en el universo. Fue la fuerza de la gravedad lo que hizo que la materia se agrupase formando tanto los astros más simples como los gigantescos cúmulos y supercúmulos de galaxias.

También nos ayuda a entender el movimiento dentro del universo: los satélites giran alrededor de sus planetas, los planetas lo hacen alrededor de sus estrellas y las galaxias giran unas alrededor de otras.

Recuerda

En su giro, la Luna está *cayendo* alrededor de la Tierra. Es como un proyectil girando alrededor de nuestro planeta debido a la fuerza de la gravedad.

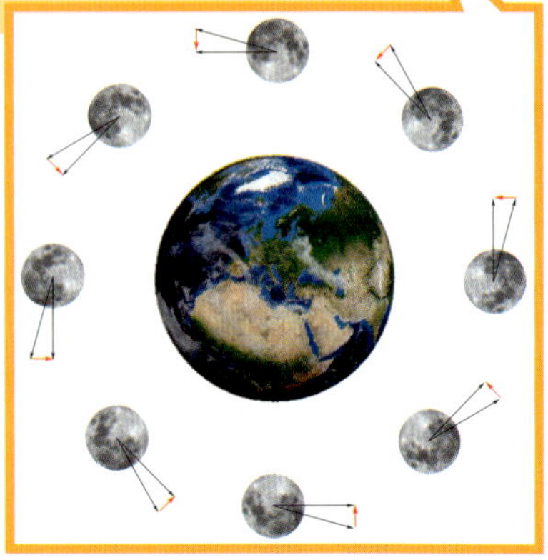

La causa del **orden del universo** es la fuerza de la gravedad.

Masa y peso

Al subir a una báscula para pesarnos, solemos confundir dos magnitudes muy diferentes: la masa y el peso.

> La **masa** m es la cantidad de materia que tiene un cuerpo.
>
> El **peso** P es la fuerza con que la Tierra atrae a un cuerpo.

El peso de un cuerpo se calcula mediante la expresión:

$$P = m \cdot g$$

Donde P es el peso expresado en N, m es la masa expresada en kg y g es la aceleración que provoca la fuerza de atracción gravitatoria sobre las masas, cuyo valor en la Tierra es 9,8 m/s².

DIFERENCIAS ENTRE MASA Y PESO	
Masa	**Peso**
• Es una unidad básica. • Es invariable, no cambia en función del lugar del universo donde se encuentre el cuerpo. • Su unidad en el SI es el kilogramo, kg. • Se mide con una balanza.	• Es una unidad derivada. • Es variable, depende de la gravedad del lugar donde se mide. • Su unidad en el SI es el newton, N. • Se mide con un dinamómetro.

El peso depende de la aceleración de la gravedad del lugar de medición.

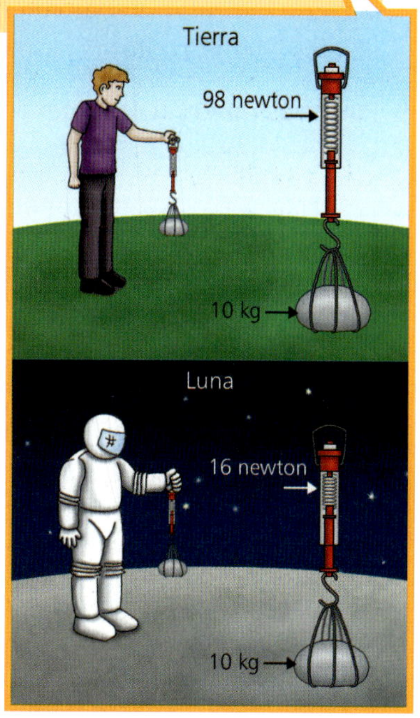

ACTIVIDADES

EJEMPLO

29 Calcula el peso, en la Tierra y en la Luna, de un astronauta de 80 kg de masa.

Datos: $g_{Tierra} = 9{,}8$ m/s²; $g_{Luna} = 1{,}6$ m/s²

[1] Se calcula el peso a partir de la expresión:

$$P = m \cdot g$$

[2] Se sustituyen los datos en cada lugar, Tierra y Luna:

- En la Tierra: $P = 80\text{ kg} \cdot 9{,}8\text{ m/s}^2 = 784\text{ N}$
- En la Luna: $P = 80\text{ kg} \cdot 1{,}6\text{ m/s}^2 = 128\text{ N}$

30 ¿Cuánto vale la aceleración de la gravedad de Júpiter si una persona allí tiene una masa de 60 kg y un peso de 1 487,4 N?

31 Justifica en qué caso se atraerán con mayor fuerza dos masas iguales:

- Si se duplica la distancia.
- Si la distancia se reduce a la mitad.

EJEMPLO

32 Una nave espacial tiene un peso de 11 760 N en la Tierra.

a. ¿Cuál es el valor de su masa?

b. ¿Cuánto pesará si se posa en la superficie del planeta Venus? Datos: $g_{Tierra} = 9{,}8$ m/s²; $g_{Venus} = 8{,}87$ m/s²

a. Se calcula la masa a partir de la expresión $P = m \cdot g$

$$m = \frac{P}{g_{Tierra}} = \frac{11\,760\text{ N}}{9{,}8\text{ m/s}^2} = 1\,200\text{ kg}$$

b. Se calcula el peso en Venus:

$$P = m \cdot g_{Venus} = 1\,200\text{ kg} \cdot 8{,}87\text{ m/s}^2 = 10\,644\text{ N}$$

33 Quizá hayas visto algún vídeo en el que aparecen seres humanos en la Luna, ¿por qué crees que los astronautas caminaban dando saltos?

34 ¿Cuánto pesará una nave espacial de 200 kg posada en la superficie marciana? Datos: $g_{Marte} = 3{,}7$ m/s²

09 Los fenómenos eléctricos

Alrededor del año 600 a. C., el filósofo griego Tales de Mileto descubrió que, después de frotar ámbar con lana de oveja, este era capaz de atraer algunos objetos ligeros, como las plumas de las aves.

Podemos observar fenómenos de este tipo en muchos momentos de nuestra vida cotidiana, por ejemplo, cuando frotamos un globo o nos peinamos.

Estos fenómenos reciben el nombre de **fenómenos electrostáticos**.

El ámbar es una resina vegetal fosilizada.

Cómo electrizar un bolígrafo

Ata con un hilo la funda de un bolígrafo y cuélgala de un soporte, como si fuese un péndulo.

Coge otra funda igual y frótala con un jersey de lana.

1 Acerca la segunda funda al péndulo, sin tocarlo.

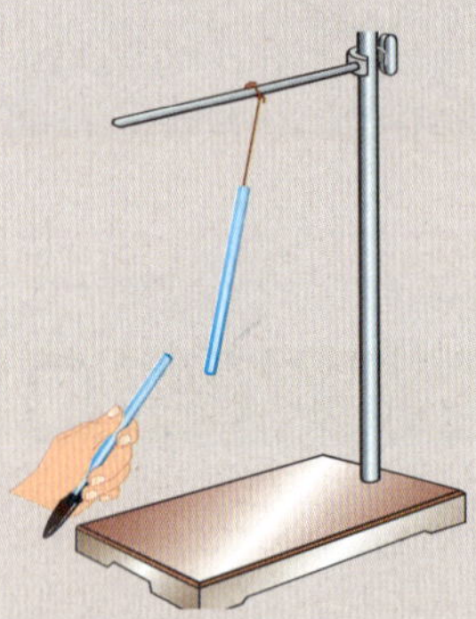

Las dos fundas se atraen.

2 Haz que se toquen las dos fundas y luego sepáralas.

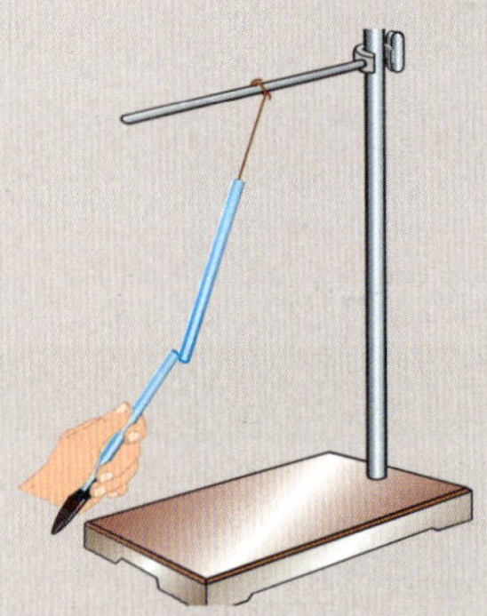

Las dos fundas se transfieren carga.

3 Frota de nuevo la segunda funda y acércala al péndulo.

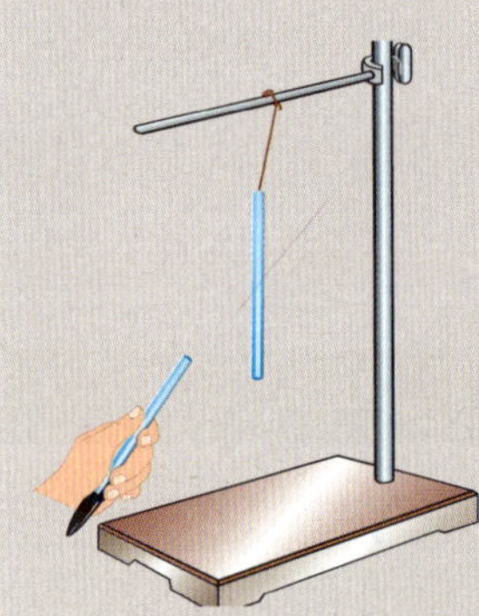

Las dos fundas se repelen.

4 Frota una varilla de vidrio con un paño de seda y acércala al péndulo.

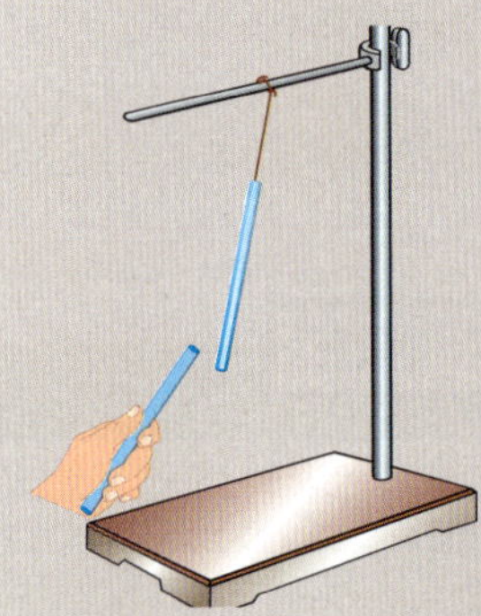

La varilla y la funda de bolígrafo se atraen.

Observamos que entre algunos cuerpos se producen fenómenos de atracción y de repulsión. La causa de estos fenómenos es la carga eléctrica.

La **carga eléctrica** es una propiedad de la materia relacionada con la proporción que existe entre los protones y electrones de sus átomos. Existen dos tipos de carga:

Carga eléctrica positiva

Se produce cuando los átomos pierden algunos de sus electrones.

Carga eléctrica negativa

Se produce cuando los átomos ganan algunos electrones.

Cuando los átomos que forman la materia tienen el mismo número de electrones que de protones, se dice que esta es **neutra**, pues carece de carga.

Por convenio, a la funda del bolígrafo frotada con lana se le asigna carga negativa y a la varilla de vidrio frotada con la seda, positiva.

Unidad de carga

La unidad de carga eléctrica en el SI es el culombio, C, que equivale al valor absoluto de la carga de $6{,}24 \cdot 10^{18}$ electrones.

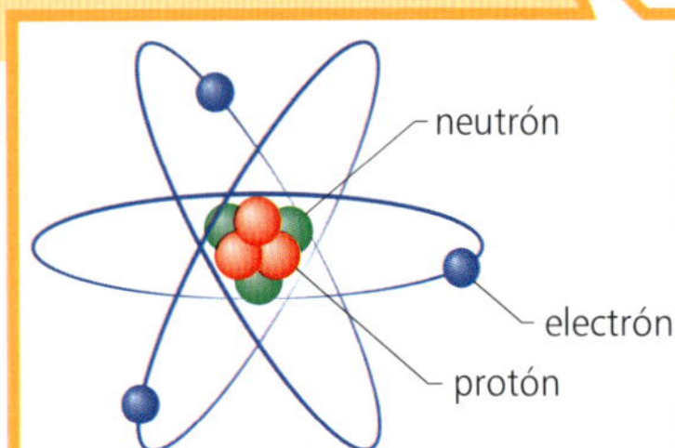

09.1 Fuerzas entre cargas

Los fenómenos de atracción y de repulsión demuestran que las cargas eléctricas generan fuerzas, que se comportan de acuerdo con las siguientes características:

Son fuerzas **a distancia:** para que la fuerza exista, no hace falta que los cuerpos estén en contacto entre sí.
Son **atractivas** y **repulsivas:** dos cuerpos se atraen o se repelen solo por el hecho de tener carga.
Depende de la carga de los cuerpos: son **proporcionales** al producto de las **cargas eléctricas** que intervienen.
Dependen de la distancia entre los cuerpos: son **inversamente proporcionales** al cuadrado de la **distancia** entre las cargas.
Dependen del tipo de carga: • las cargas de igual signo se repelen. • las cargas de distinto signo se atraen.

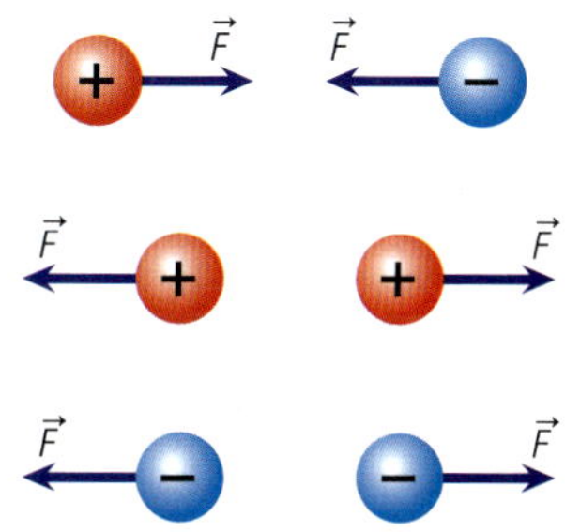

09.2 Métodos de electrización

Un cuerpo puede acumular carga eléctrica de tres formas diferentes:

1 Por frotamiento

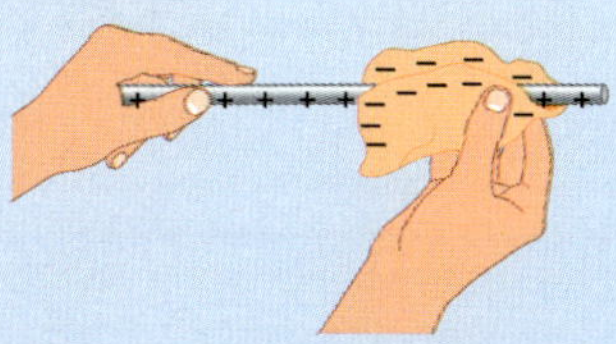

Si se frotan dos cuerpos neutros, uno arranca electrones al otro y ambos se cargan eléctricamente con cargas de distinto signo.

2 Por contacto

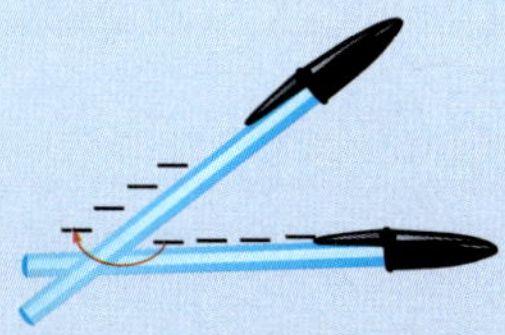

Si un cuerpo cargado eléctricamente toca a otro neutro, la carga se distribuye entre ambos y los dos quedan cargados con cargas del mismo signo.

3 Por inducción

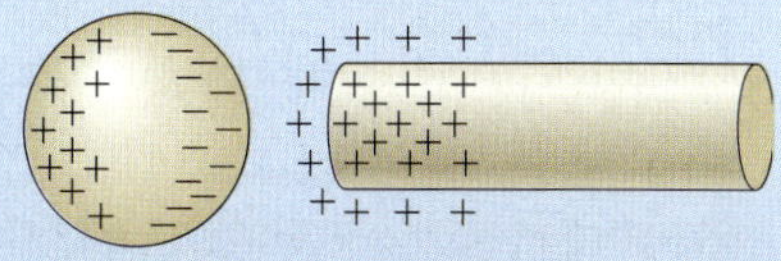

Cuando un cuerpo cargado se acerca a otro sin tocarlo, atrae hacia la superficie de este a las cargas de signo opuesto. Es decir, induce una separación de cargas en su interior.

ACTIVIDADES

EJEMPLO

35 En el experimento de la página anterior, ¿cómo se ha producido la transferencia de carga?

[1] En el primer paso la segunda funda se carga negativamente al frotarla con el paño de lana (por frotamiento).

[2] En el segundo y tercer pasos, cuando la segunda funda le traspasa parte de su carga (por contacto). Ambas se cargan negativamente y se repelen.

[3] En el cuarto paso la varilla de vidrio tiene carga positiva y atrae a la funda de plástico colgada del péndulo, que ahora presenta carga negativa (por inducción).

36 Cita algunos efectos electrostáticos cotidianos.

37 Un electroscopio es un instrumento que indica si un cuerpo está cargado o no. Consta de una varilla metálica de la que están suspendidas dos laminillas muy finas de un metal y que están insertadas en una botella de vidrio. Razona qué les sucederá a las laminillas en cada uno de estos casos:

a. Al acercar una varilla cargada positivamente al electroscopio, sin tocarlo.

b. Al alejar la misma varilla.

c. Al tocar el electroscopio con la varilla.

d. Al tocar con la mano el electroscopio.

10 Los fenómenos magnéticos

Los fenómenos magnéticos ya eran conocidos por los antiguos griegos. En la ciudad de Magnesia, en Grecia, observaron que algunos minerales eran capaces de atraer a los objetos de hierro y estos, a su vez, atraían después a otros.

Magnetita

La magnetita es un mineral que contiene hierro y es capaz de atraer objetos de hierro, cobalto o níquel.

10.1 Imanes

Los imanes son materiales con propiedades magnéticas. Pueden atraer al hierro y atraer o repeler a otro imán. Los imanes pueden ser de dos tipos:

Naturales

Son los que existen en la naturaleza y no están fabricados por el ser humano.

Por ejemplo, la piedra imán o magnetita.

Artificiales

Son los que se obtienen gracias a la manipulación humana.

Al frotar con magnetita un trozo de hierro, este adquiere propiedades magnéticas que perduran durante mucho tiempo.

Los imanes presentan las siguientes propiedades:

1 Tienen dos polos situados en sus extremos, uno es el polo norte y otro es el polo sur.

2 En los polos el magnetismo es máximo. Sin embargo, en la parte central casi no se manifiestan propiedades magnéticas y se dice que es neutra.

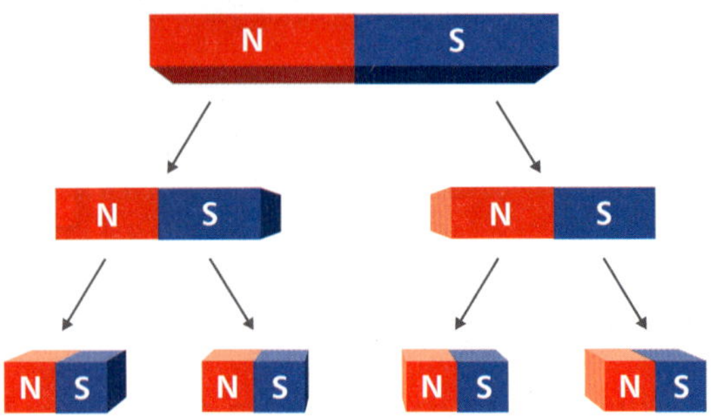

3 Los polos de un imán no se pueden separar; si se parte un imán por la mitad, vuelven a aparecer los dos polos en cada una de las mitades y lo mismo sucede si se continúa dividiendo el nuevo imán.

4 Los imanes atraen sustancias como el hierro, cobalto, níquel y a aquellas otras que contengan alguna de las anteriores.

5 Dos imanes experimentan entre sí fuerzas de atracción y de repulsión.

6 Al acercar dos imanes por sus polos se observa que, si los polos son distintos los imanes se atraen, y si son iguales se repelen.

10.2 Campo magnético

Un imán forma alrededor de sí un **campo magnético,** que es la zona del espacio donde sus fuerzas se manifiestan**.**

Un campo magnético se representa mediante unas líneas, llamadas líneas de **campo**, que salen del polo norte del imán y entran en su polo sur. Para comprobar la existencia de estas líneas, puedes realizar este experimento:

Pintando las líneas de campo magnético

1. Sitúa un folio sobre una mesa.
2. Coloca un imán debajo del folio.
3. Añade, poco a poco, limaduras de hierro sobre el folio.
4. Observa cómo se ordenan las limaduras.

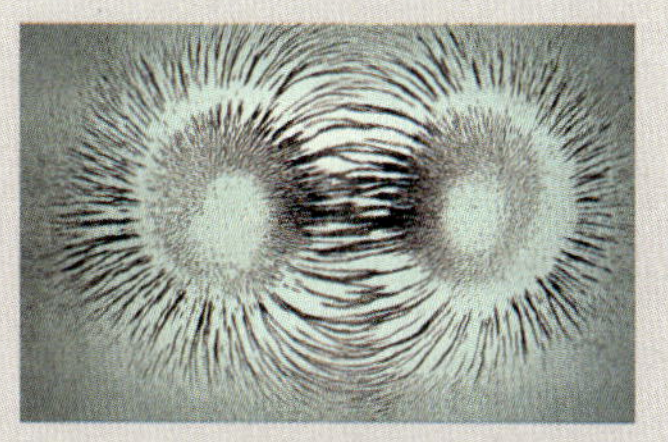

Campo magnético terrestre

La Tierra tiene también propiedades magnéticas. Para demostrarlo, observa:

Fabricación de una brújula

1. Frota varias veces la punta de una aguja con el polo norte de un imán. La aguja queda imantada.
2. Ata un hilo al centro de la aguja y suspéndela en el aire.
3. La aguja se orienta por sí sola, de forma que su punta siempre señala hacia el polo sur magnético (norte terrestre).

En la Tierra, el polo sur magnético se localiza cerca del polo norte geográfico, algo desviado respecto a este último.

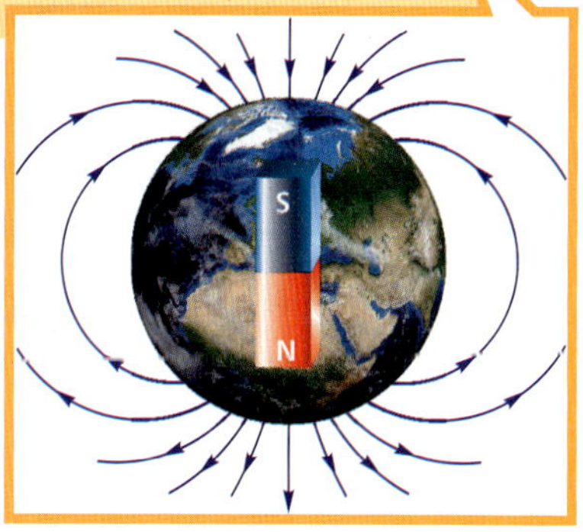

Este experimento demuestra que la Tierra se comporta como un imán.

El campo magnético terrestre:

- Nos protege del viento solar (emanaciones solares de partículas cargadas y muy energéticas).
- Desvía la mayor parte de la radiación que proviene del Sol y evita que choque con la atmósfera y con la superficie de la Tierra.
- Cuando los vientos solares son de gran intensidad, algunas partículas penetran hasta la capa alta de la atmósfera, la ionosfera. Allí chocan con los átomos del aire y producen auroras boreales.

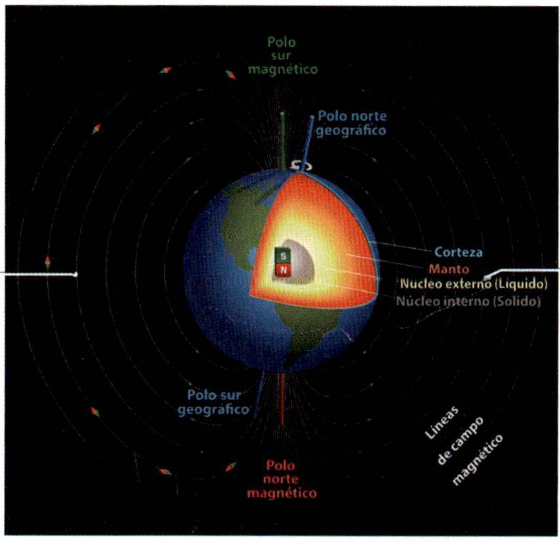

El campo magnético de la Tierra se genera por el movimiento de los metales fundidos que hay en su núcleo externo.

11 Electromagnetismo

El **electromagnetismo** estudia la relación entre la electricidad y los fenómenos magnéticos.

Hasta el siglo XIX, se consideraba que la electricidad era totalmente independi ente de los fenómenos magnéticos. Sin embargo, en el año 1819, el científico danés Hans Christian Oersted (1777-1851), mientras impartía clase, descubrió de forma accidental la relación entre ambos fenómenos.

11.1 Experimento de Oersted

Oersted montó un circuito eléctrico con un hilo conductor, una batería y un interruptor, y colocó una aguja imantada cerca del hilo conductor.

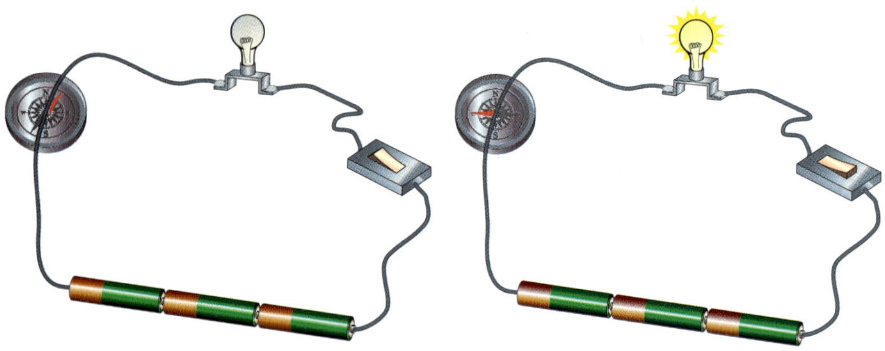

Al cerrar el interruptor, pasaba corriente por el circuito y la aguja imantada se movía, colocándose en posición perpendicular al hilo. Si abría el interruptor, la aguja volvía a su posición original norte-sur.

Pero, ¿por qué se desvía la aguja? La corriente eléctrica produce un campo magnético a su alrededor que interacciona con el imán.

La corriente eléctrica produce campos magnéticos.

11.2 Electroimanes

En el año 1825, el físico norteamericano Joseph Henry (1797-1878), basándose en el experimento de Oersted, construyó un electroimán.

Henry enrolló un hilo de cobre, recubierto de un aislante como la seda, alrededor de un trozo de hierro en forma de herradura, conectó los extremos del hilo de cobre a una batería y observó que el trozo de hierro se comportaba de la misma forma que un imán.

El electroimán es un imán temporal que actúa como imán solo mientras pasa la corriente eléctrica por el hilo enrollado o bobina. Esto supone una ventaja, ya que el campo magnético puede cambiar en función de la cantidad de corriente eléctrica que circule.

¿Qué es la corriente eléctrica?

Una corriente eléctrica es el paso de electrones a través de un hilo conductor.

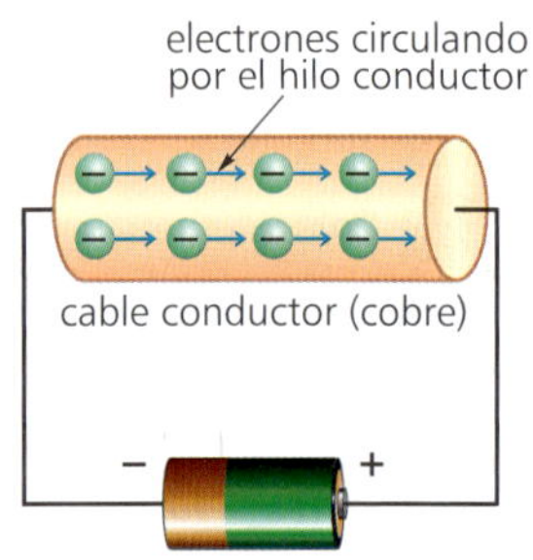

ACTIVIDADES

38 Prepara un proyecto de investigación acerca de alguna de las contribuciones del electromagnetismo al desarrollo tecnológico: cocina de inducción, tren de levitación, detector de metales…

Electroimán de Henry.

Construcción de un electroimán

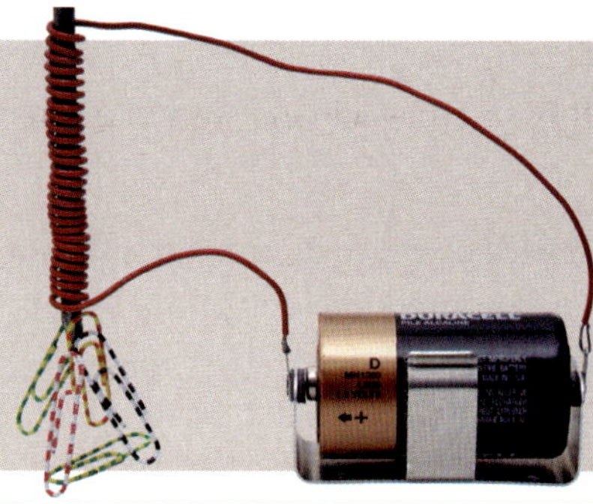

1 Se enrolla un cable de cobre, dejando unos 5 cm o 6 cm libres a cada lado, alrededor del tornillo, lo más apretado posible, pero sin que las vueltas se monten unas con otras.

2 Se quita el esmalte de los extremos raspando con unas tijeras.

3 Se conecta cada extremo del cable a cada polo de una pila.

4 Se acerca a objetos metálicos (alfileres, clips...) y se observa cómo los atrae. Si se suelta el cable de uno de los extremos de la pila, los objetos metálicos caen.

11.3 Experimento de Faraday

En 1832, Michael Faraday (1791-1867) realizó una serie de experimentos que ponían en evidencia el efecto contrario al que descubrió Oersted. Demostró que el movimiento de un imán al atravesar una o varias espiras produce una corriente eléctrica. Cuanto más rápidamente se mueve el imán, mayor es la intensidad de la corriente que se genera.

Este efecto se llama **inducción electromagnética** y las corrientes se denominan **corrientes inducidas.**

Si se mueve el imán dentro de una bobina, el amperímetro detecta el paso de una corriente eléctrica.

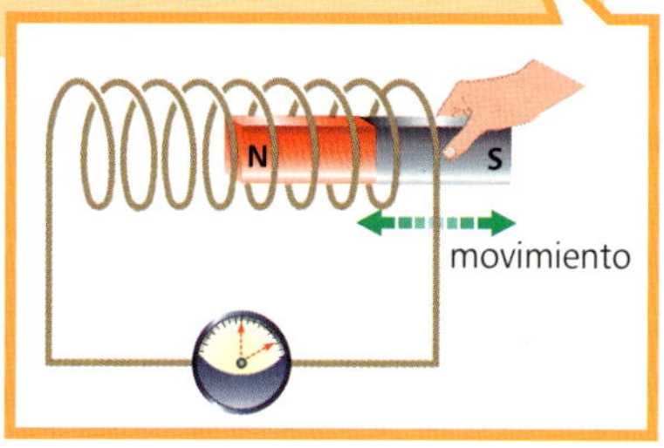

* Un campo magnético puede producir una corriente eléctrica.

Comprobación del experimento de Faraday

1 Se conecta un amperímetro a una bobina y se comprueba que no hay paso de corriente por el amperímetro.

2 Se introduce un imán en la bobina y se observa que el amperímetro indica paso de corriente eléctrica.

3 Se saca el imán de la bobina y se aprecia que el amperímetro indica paso de corriente eléctrica, pero en sentido contrario al anterior.

4 Se introduce el imán en la bobina, a mayor velocidad que en el caso anterior, y se comprueba que ahora el amperímetro indica mayor intensidad de paso de corriente eléctrica.

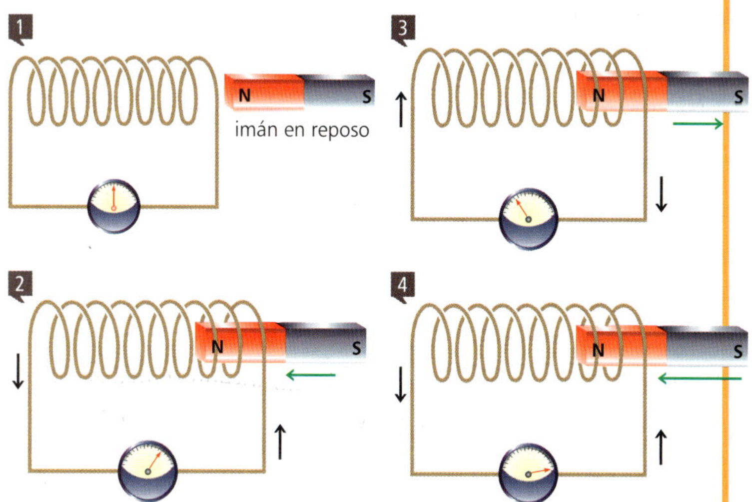

ACTIVIDADES

39 ¿Cómo será el sentido de la corriente, si se introduce el imán en la bobina por el polo S, en vez de hacerlo por el N?

40 Describe las conclusiones a las que llegó Faraday con sus experimentos.

TÉCNICA DE TRABAJO

Levitación electrostática

Planteamiento

En objetos muy ligeros, la repulsión electrostática es capaz de contrarrestar la atracción gravitatoria. El efecto se conoce con el nombre de levitación de Van der Graaff.

Experimento

En la descripción, solo nos vamos a referir al globo. Las instrucciones son similares en el caso del tubo de PVC o de la tabla de poliestireno. Solo hay que tener en cuenta que el tubo presenta una superficie «repulsiva» menor. Por tanto, la tira de plástico tendrá que ser más ligera (más pequeña y delgada).

1 Carga eléctricamente el plástico y el globo

- Recorta en la bolsa una tira de 3 cm de grosor y 40 cm de largo. En la medida de lo posible, evita las zonas de la bolsa con letras o figuras impresas. Con la cinta adhesiva, pega los extremos de la tira para formar un aro.

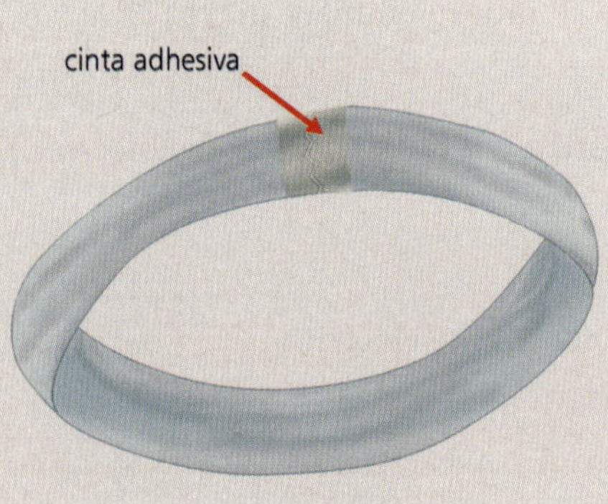

- Para cargar eléctricamente la tira de plástico, aplástala sobre una superficie lisa y frótala con la prenda de lana una decena de veces, siempre en la misma dirección.
- Carga el globo frotándolo contra la misma prenda de lana.

2 Produce la levitación

- Sujeta con una mano el globo y con la otra, la tira de plástico. Deja caer esta última sobre el globo con un movimiento brusco de la muñeca, para que no se quede pegada a tus dedos. Verás que la repulsión electrostática la mantiene suspendida en el aire. Para que no caiga, mantén el globo siempre debajo.

3 Amplía tus observaciones

- Sustituye la prenda de lana por otra de algodón. ¿Funciona mejor?
- ¿Obtienes un resultado diferente si cambias el material de la superficie sobre la que frotas la tira de plástico para cargarla? ¿Cuál facilita más la electrificación?

Materiales

- Una bolsa de plástico muy fina.
- Un globo inflado, una tabla de poliestireno o un tubo de PVC.
- Cinta adhesiva y tijeras.
- Una prenda de lana.

Recomendaciones

- Ten en cuenta que la humedad ambiente afecta negativamente los experimentos electrostáticos. Cuanto más seco esté el aire, como en una habitación con fuerte calefacción en invierno, mejor.
- Si la tira de plástico no se comporta del modo esperado, aplástala y frótala de nuevo con la prenda de lana, por las dos caras.

¡Observa un vídeo del experimento!

PRACTICA TÚ

1. La tira y el globo se cargan, ¿positiva o negativamente? ¿Por qué?
2. Dibuja un diagrama con las fuerzas que actúan sobre la tira. ¿Cuál de ellas es mayor o menor en cada momento de su trayectoria?
3. Si acercas la mano a la cinta cuando esta se aparta del globo, ¿la atraes o la repeles? ¿Por qué?

FÍSICA Y QUÍMICA Y...

Cómic

En 1963, el guionista Stan Lee y el dibujante Jack Kirby crearon *La patrulla X*, una serie mensual de cómics que gozaría de una enorme popularidad. Sus personajes principales son adolescentes que han adquirido poderes extraordinarios gracias a una mutación genética. Ya en el primer número se enfrentaban a Magneto, «el supervillano más poderoso de la Tierra».

Magneto se presenta como «amo del magnetismo» y, para demostrarlo, controla cualquier objeto sensible a esta fuerza, desde una bala hasta un avión, sin necesidad de tocarlos. Aunque suene impresionante, Stan Lee se quedó muy corto a la hora de imaginar las habilidades de Magneto. Desde finales del siglo XIX se sabe que no existen fenómenos eléctricos o magnéticos independientes. Las fuerzas eléctricas y magnéticas son dos caras de la misma moneda: el electromagnetismo.

Esta interacción es responsable de casi todo lo que percibimos. Pondría al servicio de Magneto prácticamente toda la materia y también la luz. Solo se le resistirían la gravedad y las fuerzas nucleares.

El actor de origen alemán Michael Fassbender caracterizado como Magneto.

RAZONA

1. Aceptando que Magneto solo domina el magnetismo que se pone de manifiesto en los imanes, ¿podría controlar cualquier objeto metálico sin tocarlo?
2. Si Magneto es capaz de generar campos magnéticos, ¿en qué condiciones podría levitar?

Zoología

Cuando alguien escucha la palabra «brújula» en lo último en lo que piensa es en una vaca. Sin embargo, *Nature*, una de las revistas científicas más prestigiosas del mundo, publicó en agosto de 2008 una noticia bajo el siguiente titular: «Las vacas magnéticas resultan visibles desde el espacio». Y no se trataba de una broma.

La zoóloga Sabine Begall, con un equipo de colaboradores de la Universidad de Duisburg-Essen, estudió la orientación de más de 8 500 muestras de ganado, repartidas en 308 localizaciones del mundo. Lo hicieron descargando imágenes de satélite de Google Earth. El análisis de las fotografías reveló que los rumiantes preferían alinear su cuerpo de acuerdo con el eje norte-sur magnético.

Todavía se ignora cómo opera su sensibilidad al campo magnético terrestre, aunque sí sabemos que otros animales la comparten, como la mariposa monarca o el petirrojo, y que la aprovechan para orientarse durante sus desplazamientos migratorios.

Un imán inesperado.

APRENDE A APRENDER

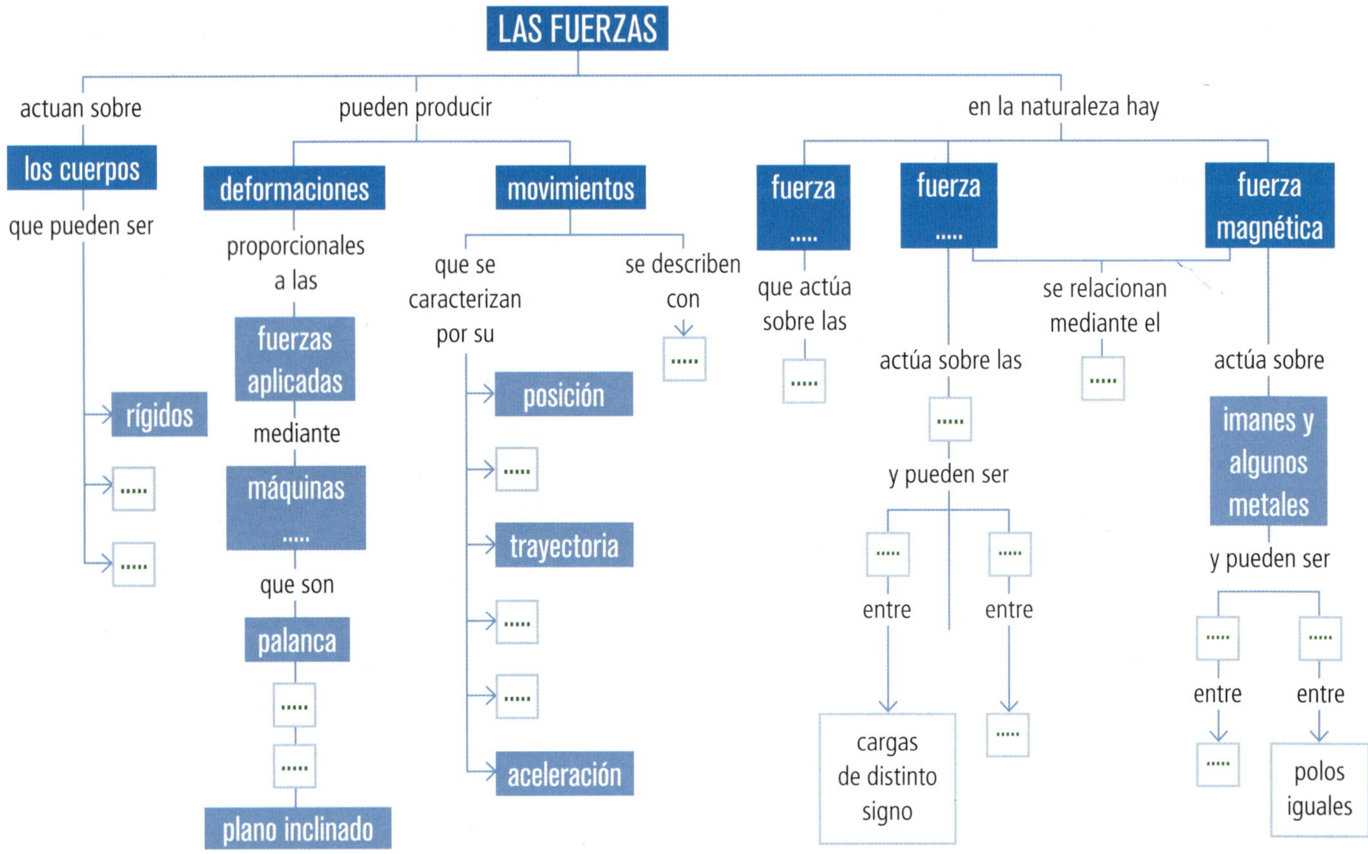

ACTIVIDADES

Formad grupos con vuestros compañeros de clase para resolver las siguientes actividades:

1 Copiad y completad en vuestro cuaderno el esquema de la unidad.

2 Elaborad una presentación digital para exponer ante el resto de la clase los principales contenidos de la unidad.

3 Preparad un glosario que incluya, al menos, los siguientes conceptos:

- Cuerpo rígido.
- Cuerpo plástico.
- Cuerpo elástico.
- Posición.
- Desplazamiento.
- Trayectoria.
- Velocidad.
- Aceleración.
- Fuerza de rozamiento.
- Máquinas simples.
- Palanca
- Peso.
- Electrostática.
- Carga.
- Campo magnético.
- Electromagnetismo.

REPASO FINAL

1 ¿Cuáles de los siguientes fenómenos se producen por fuerzas a distancia y cuáles son por contacto?

a. El deslizamiento de un coche al pasar sobre una balsa de agua.

b. El estiramiento de un muelle al colgar una masa.

c. El giro al tomar una curva con la bicicleta.

d. El movimiento de una mesa al empujarla.

e. La formación de una aurora boreal.

f. El movimiento de un tren por levitación magnética.

2 Clasifica los siguientes objetos según sean cuerpos rígidos o elásticos.

a. Una goma de pelo.

b. Unas gafas.

c. Las cerdas de una brocha.

d. El mecanismo de una tecla del ordenador.

e. Una cuchara de madera.

3 Una goma elástica presenta una constante de elasticidad de 50 N/m. Calcula cuánto se alargará al ejercer sobre ella una fuerza de 10 N.

4 De un muelle se cuelgan diferentes pesos, y se obtiene la siguiente tabla de valores:

***F* (N)**	1	2	3	4	5
***x* (m)**	0,01	0,02	0,03	0,04	0,05

a. ¿Qué relación existe entre la fuerza, *F*, y el alargamiento, *x*?

b. Calcula la constante elástica del muelle.

c. ¿Qué alargamiento se producirá en el muelle si se cuelga un peso de 10 N?

d. Dibuja la gráfica fuerza-alargamiento.

5 ¿Qué es un dinamómetro? ¿Cómo funciona?

6 Un dinamómetro tiene en su interior un muelle cuya constante es 80 N/m. ¿Qué peso se habrá colgado de él para producir un alargamiento de 7,5 cm? ¿Y si el alargamiento es de 10 cm?

7 ¿En qué se diferencian el desplazamiento de un móvil y su trayectoria?

8 La distancia entre dos ciudades es de 350 km. Si un autocar emplea 4 h en el viaje, determina su velocidad media y exprésala:

a. En el Sistema Internacional.

b. En km/h.

9 Un caracol se mueve a una velocidad de 50 m/h.

a. Calcula su velocidad en el Sistema Internacional.

b. ¿Qué tiempo empleará en recorrer 60 cm?

10 El guepardo es capaz de mantener una velocidad de 115 km/h durante una distancia de 500 m.

a. Expresa esa velocidad en el Sistema Internacional.

b. Calcula cuánto tiempo utilizará para recorrer esa distancia.

11 Explica el significado de la siguiente gráfica:

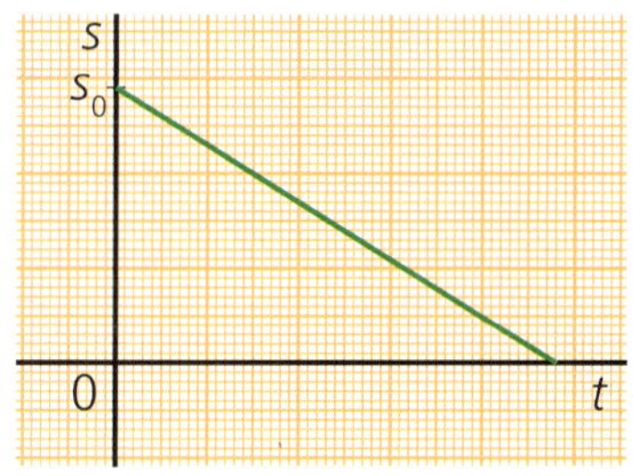

12 Para la gráfica siguiente, deduce:

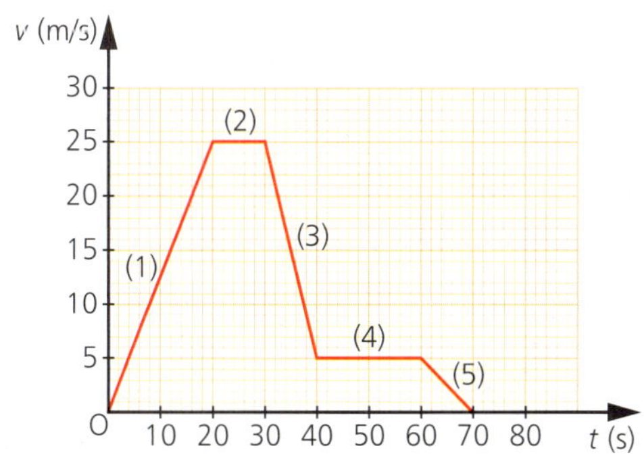

a. El tipo de movimiento en cada tramo.

b. La aceleración en cada tramo.

c. El espacio recorrido en el tramo 2 y en el tramo 4.

13 Se deja rodar una pelota, primero, por un suelo de mármol y, después, por un suelo de cemento. ¿En cuál crees que la pelota se detendrá antes? Explica tu respuesta.

REPASO FINAL

14 ¿Por qué se colocan cadenas en las ruedas cuando nieva?

15 Un balancín tiene unos brazos de 2 m y 2,4 m. En sus extremos se sientan dos niños. La masa de uno de ellos es de 30 kg y del otro se desconoce.

a. ¿Qué peso ha de tener el segundo niño para que el balancín esté equilibrado?

b. ¿Cuál será el efecto multiplicador del balancín?

16 Un tornillo es un trozo de metal con un ribete o rosca. Al girar la rosca, el tornillo se introduce en una superficie. ¿A qué tipo de máquina simple te recuerda?

17 Con una máquina de 4 VM (ventaja mecánica) se quiere levantar un peso de 2 000 N. ¿Qué fuerza hay que aplicar?

18 Venus es el segundo planeta más próximo al Sol. Si se encuentra a 0,72 ua de nuestra estrella, ¿qué distancia lo separa de ella, expresada en metros?

19 La distancia de Júpiter al Sol es de $7{,}8 \cdot 10^8$ km. Exprésala en unidades astronómicas.

20 ¿Por qué se mide en año luz la distancia entre galaxias?

21 La estrella Rigel Kentaurus es la segunda más próxima a nosotros. Si dista 4,3 años luz, ¿a cuántos kilómetros de nosotros está? Dato: $c = 300\,000$ km/s

22 Cuando un vehículo adelanta a otro, ¿qué fuerza de atracción es mayor: la que se da entre dos camiones o la que se produce entre un camión y un coche? ¿Por qué no notamos ninguna de estas fuerzas?

23 ¿En qué planeta del sistema solar será mayor la aceleración de la gravedad?

24 Si un astronauta de 75 kg de masa llegara a Venus, ¿cuánto pesaría? Dato: $g_{\text{Venus}} = 8{,}87$ m/s^2

25 Un astronauta de 82 kg aterriza en Marte, donde su peso es de 303,4 N. Calcula la aceleración de la gravedad en ese planeta.

26 Indica que cargas se atraen con más fuerza: dos cargas de 1 C separadas por 1 m o dos cargas de 1 C separadas por 1,5 m.

27 Explica los siguientes fenómenos:

a. Frotas con un trozo de tela un globo suspendido de un hilo y, después, acercas la tela al globo. El globo es atraído por la tela. A

b. Frotas la funda de plástico de un bolígrafo con la tela y la acercas al globo. El globo sale repelido. B

c. Frotas una varilla de vidrio con un trapo de seda y acercas la varilla al globo. El globo es atraído por la varilla. C

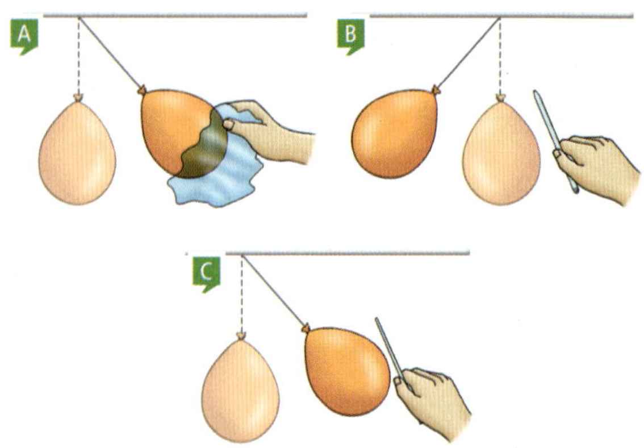

28 Cita las semejanzas y las diferencias entre las fuerzas gravitatoria y eléctrica.

29 Copia y relaciona en tu cuaderno:

a. La corriente eléctrica produce campos magnéticos.	1. Hilo conductor enrollado en forma de hélice.
b. Un núcleo de hierro dentro de una bobina.	2. Experiencia de Faraday.
c. Un campo magnético puede producir una corriente eléctrica.	3. Electroimán.
d. Solenoide.	4. Experiencia de Oersted.

30 Investiga sobre las fuerzas fundamentales de la naturaleza y elabora un trabajo que incluya, al menos la definición de cada fuerza, las partículas sobre las que actúa, su intensidad y su alcance, y la forma en la que se transmiten.

31 La superficie de la Luna recibe *bombardeos* de viento solar, por lo que todas las herramientas utilizadas en el programa *Apolo* tuvieron que ser protegidas con láminas de aluminio. ¿Por qué crees que la Luna recibe esa gran cantidad de partículas procedentes del Sol?

EVALUACIÓN

1 ¿Qué tipo de cuerpo es un chicle?

a. Rígido. b. Elástico. c. Plástico. d. Semirrígido.

2 Disponemos de un muelle cuya constante elástica es 100 N/m. ¿Qué fuerza hay que aplicar sobre él para que se estire 10 cm?

a. 1 000 N b. 10 N c. 1 N d. 0,1 N

3 Determina qué respuesta es la correcta:

a. El desplazamiento y la trayectoria coinciden siempre.

b. El desplazamiento y la trayectoria no coinciden nunca.

c. El desplazamiento, la trayectoria y el espacio recorrido son lo mismo.

d. El desplazamiento y el espacio recorrido coinciden para los movimientos rectilíneos, siempre que no haya cambio de sentido.

4 Una nadadora tarda 1 min y 10 s en nadar 100 m. ¿Qué velocidad media habrá llevado durante la carrera?

a. 1,7 m/s b. 0,7 m/s c. 1,4 m/s d. 90,9 m/s

5 ¿Qué significa la siguiente gráfica?

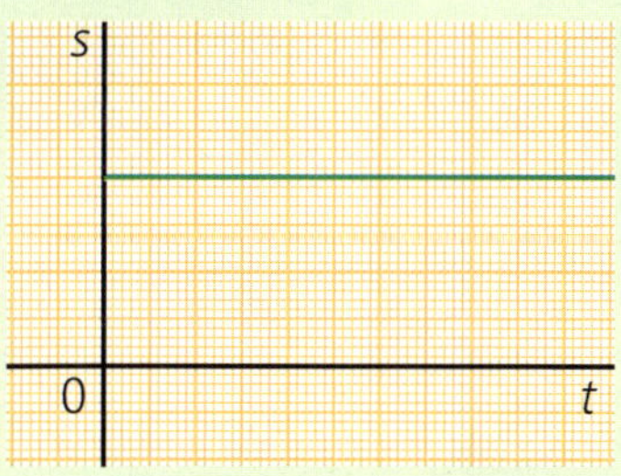

a. Que el móvil lleva una velocidad constante.

b. Que el móvil tiene aceleración constante.

c. Que el móvil recorre espacios iguales en tiempos iguales.

d. Que el móvil está parado.

6 Un tren arranca y alcanza 90 km/h en 25 s. ¿Cuál ha sido su aceleración?

a. 3,6 m/s^2 b. 10 m/s^2 c. 1 m/s^2 d. 20 m/s^2

7 Con una polea doble se levanta 1 000 N aplicando una fuerza de 500 N. ¿Cuál es la ventaja mecánica de la polea?

a. 0,5 b. 500 c. 1 000 d. 2

8 Los astronautas se mueven en el espacio:

a. Impulsados por los brazos y las piernas, como si nadaran.

b. Porque llevan una especie de ventilador pequeño pegado al traje.

c. Nunca. No se pueden desplazar por sí solos, porque no hay rozamiento.

d. Porque llevan un motorcito pequeño de gasolina.

9 Marte es el cuarto planeta más cercano al Sol. Su distancia a este es de 2,28 · 10^8 km. ¿Cuánto es esa distancia en unidades astronómicas?

a. 2,5 ua b. 1,52 ua c. 0,86 ua d. 1,94 ua

10 ¿Qué tipo de fuerza mantiene a la Luna girando alrededor de la Tierra?

a. Fuerza centrífuga.

b. Fuerza electrostática.

c. Fuerza gravitatoria.

d. Fuerza magnética.

11 ¿Cuál de la siguientes frases es correcta?

a. La masa de un cuerpo en la Luna es menor que en la Tierra.

b. El peso de un cuerpo en la cima de una montaña es menor que a nivel del mar.

c. El peso de un cuerpo en la Luna es mayor que en la Tierra.

d. La masa de un cuerpo en Júpiter es mayor que en los demás planetas del sistema solar.

12 ¿Qué enunciado es correcto respecto al experimento que realizó Oersted?

a. El paso de corriente no influye en un imán.

b. Un campo magnético produce una corriente eléctrica.

c. Una corriente eléctrica genera un campo magnético.

d. Una aguja imantada se orienta siempre paralelamente al hilo conductor.

DIARIO DE APRENDIZAJE

¿Cómo he solventado o me he enfrentado a las dificultades de esta unidad?

04 La energía

¿Qué contenidos preveo que voy a estudiar?

Observa las fotos de estas páginas:

1 ¿De dónde proviene la energía que consumimos en casa?

2 ¿Conoces diferentes formas de producir energía? ¿Cuáles son?

3 ¿De cuántas maneras distintas puedes calentar un vaso de leche?

4 Cuando dejas que algo caiga al suelo, ¿interviene algún tipo de energía?

01 La energía y sus formas

Desde la antigüedad el ser humano ha buscado formas de utilizar la energía: el fuego, el viento y el agua supusieron las primeras formas de energía al servicio de las personas. En la actualidad, las centrales nucleares, los aerogeneradores y las centrales solares producen electricidad, que nos proporciona una mejor calidad de vida.

La **energía** es la capacidad que tienen los cuerpos para producir cambios en ellos mismos o en otros cuerpos.

Cuanto mayor sea la energía que posee un cuerpo, más capacidad tendrá para producir cambios.

La unidad de energía en el Sistema Internacional es el **julio** y su símbolo es **J.**

01.1 Formas de energía en la vida cotidiana

La energía se manifiesta de distintas formas según el tipo de cambios que producen. Algunas formas de energía son las siguientes.

Energía cinética

En una bolera, ¿qué bola producirá mayor efecto, la más grande o la más pequeña? ¿La que avanza despacio o la que va deprisa? La energía de la bola y por tanto, el efecto que esta produce en los bolos, depende de su masa y de su velocidad. Esta energía se llama **energía cinética.**

La **energía cinética,** E_c, es la que tienen los cuerpos en movimiento.

La energía cinética de un cuerpo viene dada por la ecuación:

$$E_c = \frac{1}{2} m \cdot v^2$$

Donde m es la masa expresada en kg y v es la velocidad expresada en m/s.

Formas de energía

Las velas de un velero aprovechan la energía del viento para impulsarse.

Los molinos aprovechan la energía del viento y del agua, para moler el trigo o extraer el agua.

Unidades de energía

A veces se utilizan, además del julio, otras unidades de energía como el kilovatio-hora, kWh, empleado sobre todo en los recibos de consumo eléctrico.

1 kWh = 3 600 000 J

EJEMPLO

Calcula la energía cinética que tiene un patinador de 60 kg cuando se desplaza a una velocidad de 36 km/h.

[1] Se expresa la velocidad en unidades del SI:

$$36 \text{ km/h} = 36 \frac{\text{km}}{\text{h}} \cdot \frac{1000 \text{ m}}{1 \text{ km}} \cdot \frac{1 \text{ h}}{3600 \text{ s}} = 10 \text{ m/s}$$

[2] Se aplica la expresión de la energía cinética:

$$E_c = \frac{1}{2} m \cdot v^2 =$$

$$= \frac{1}{2} \cdot 60 \text{ kg} \cdot (10 \text{ m/s})^2 = 3000 \text{ J}$$

Energía potencial

El efecto que produce un cuerpo al caer al suelo será mayor cuanto mayor sea su masa y la altura desde la que cae. La energía relacionada con la posición de un cuerpo se llama **energía potencial.**

> La **energía potencial,** E_p, es la que tiene un cuerpo debido a la posición que ocupa en el espacio o a la deformación que experimenta.

Veamos dos tipos de energía potencial:

ENERGÍA POTENCIAL GRAVITATORIA	ENERGÍA POTENCIAL ELÁSTICA

La energía de un cuerpo elevado a cierta altura sobre la superficie de la Tierra es la **energía potencial gravitatoria.**	La energía de un cuerpo elástico cuando se deforma se llama **energía potencial elástica.**

La energía potencial gravitatoria depende de la altura a la que se sitúa el objeto, y su expresión es:

$$E_p = m \cdot g \cdot h$$

Donde m es la masa del cuerpo expresada en kg; h la altura a la que se eleva respecto al suelo, expresada en m, y g la aceleración de la gravedad terrestre ($g = 9{,}8\ \text{m/s}^2$).

Energía mecánica

La **energía mecánica,** E_m, de un cuerpo es la debida a la velocidad que lleva y a su posición en el espacio; por tanto, es la **suma** de las energías cinética y potencial:

$$E_m = E_c + E_p$$

Energía eléctrica

La energía que consumimos en nuestras viviendas es eléctrica y se propaga a través de hilos conductores mediante el movimiento de cargas en su interior.

> La **energía eléctrica** es la que se produce por el movimiento de cargas dentro de un conductor.

La electricidad se genera en diversos tipos de centrales (térmica, nuclear, etc.), y se transporta mediante cables de alta tensión.

EJEMPLOS

1 ¿Qué energía potencial tiene una niña de 40 kg situada en lo alto de una lanzadera a 25 m de altura?

$E_p = m \cdot g \cdot h =$
$= 40\ \text{kg} \cdot 9{,}8\ \text{m/s}^2 \cdot 25\ \text{m} =$
$= 9800\ \text{J}$

2 Se deja caer un balón de 0,6 kg desde el aro de una canasta de baloncesto situada a 3 m de altura; cuando está a mitad de camino del suelo y su velocidad es de 5,42 m/s, calcula:

a. Su energía potencial.

b. Su energía cinética.

c. Su energía mecánica.

a. La energía potencial es:

$E_p = m \cdot g \cdot h =$
$= 0{,}6\ \text{kg} \cdot 9{,}8\ \text{m/s}^2 \cdot 1{,}5\ \text{m} =$
$= 8{,}82\ \text{J}$

b. La energía cinética es:

$E_c = \frac{1}{2} m \cdot v^2 = \frac{1}{2} \cdot 0{,}6\ \text{kg} \cdot$
$\cdot (5{,}42\ \text{m/s})^2 = 8{,}81\ \text{J}$

c. La energía mecánica es:

$E_m = E_c + E_p =$
$= 8{,}82 + 8{,}81 = 17{,}63\ \text{J}$

Energía electromagnética

Cuando vemos la televisión, escuchamos la radio o nos conectamos a Internet lo hacemos gracias a las aplicaciones de las radiaciones electromagnéticas.

La **energía electromagnética** es la que transportan las ondas eléctricas y magnéticas.

Por ejemplo, la luz del sol es una forma de energía electromagnética.

Las auroras boreales se forman cuando el viento solar (partículas que proceden de la capa más exterior del sol) interaccionan con el campo magnético terrestre.

Energía química

Algunos materiales como el carbón, la madera o el petróleo almacenan gran cantidad de energía química, que puede liberarse a través de una reacción química.

La **energía química** es la que se produce durante los procesos químicos.

Por ejemplo, a partir de la combustión del gas natural, se obtiene energía química en forma de calor y luz.

En una pila se transforma la energía química en energía eléctrica.

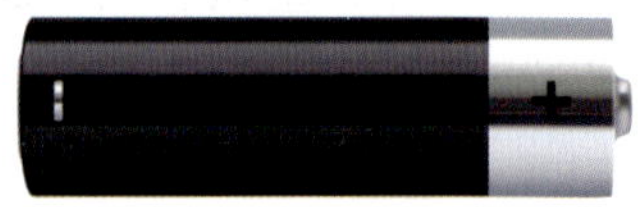

Energía nuclear

En las centrales nucleares se produce energía a partir de los núcleos de los átomos. Esta se transforma después en energía eléctrica.

La **energía nuclear** es la que se almacena en el núcleo de los átomos.

- **La energía nuclear de fisión:** proviene de reacciones que se reproducen de forma controlada en las centrales nucleares. Se rompe el núcleo de un átomo pesado para obtener dos más ligeros.
- **La energía nuclear de fusión:** se produce en las estrellas. Los científicos están investigando para repetir controladamente este proceso natural energético, sin éxito por el momento. Se unen dos núcleos de átomos ligeros para obtener uno más pesado.

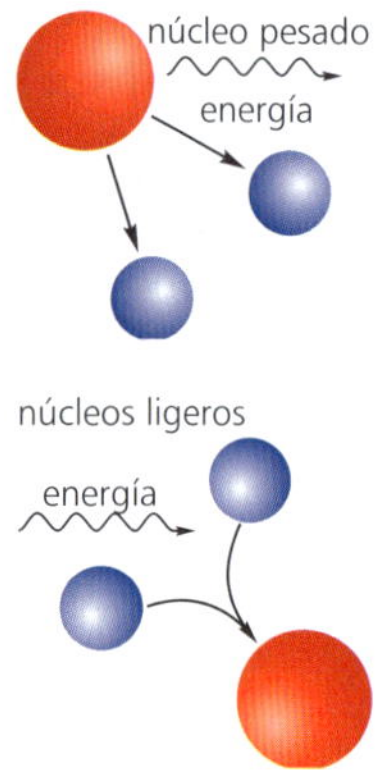

Energía interna y energía térmica

La materia está formada por muchísimas partículas en movimiento y ocupando determinadas posiciones. Cada partícula acumula energías cinética y potencial y la suma de ambas constituye la **energía interna** de la materia.

La **energía interna** de un cuerpo es la suma de las energías cinética y potencial de las partículas que lo componen.

Cuando solo se tiene en cuenta la energía cinética de las partículas y no la potencial, hablamos de **energía térmica**.

01.2 Transformación y conservación de la energía

Imagina que dejas caer una pelota desde una determinada altura. Considerando despreciable el rozamiento del aire:

1 Cuando la pelota está en el punto más alto, la altura, h_1, es máxima y su velocidad es cero. La pelota solo tiene energía potencial.

2 En un punto de la caída, la pelota está a una altura h_2 y en movimiento, es decir, su velocidad es *v*. Tiene energía potencial y energía cinética.

3 Cuando llega al suelo, la pelota tiene una altura $h = 0$ m, pero su velocidad *v* es ahora máxima. Solo tiene energía cinética.

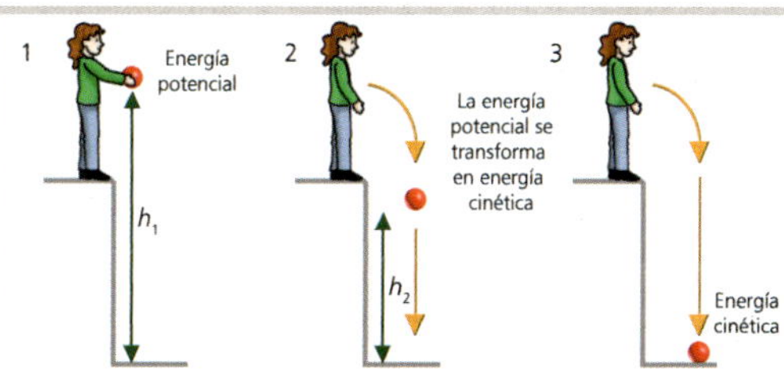

Conclusión: la energía potencial se ha transformado en energía cinética.

Se observa que la pelota alcanza cada vez menos altura en los sucesivos botes. Si se mide con un termómetro muy preciso la temperatura de la pelota y del suelo antes y después de los botes, se comprueba que la temperatura de ambos ha aumentado. Por tanto, al botar, parte de la energía mecánica de la pelota se ha transformado en calor.

La energía eléctrica puede transformarse en:

Luminosa

Térmica

Mecánica

Química

Magnética

En todos estos casos, la energía se transforma de una forma a otra pero, en conjunto, permanece constante. Este es uno de los principios que explican el comportamiento de la energía y que se llama **principio de conservación de la energía**.

> La energía ni se crea ni se destruye, únicamente se transforma.

ACTIVIDADES

1 ¿Qué tipo de energía tiene?

a. La gasolina de un fórmula 1.

b. Una paloma posada sobre en un tejado.

c. Los átomos de uranio en una central nuclear.

d. Un avión que vuela.

e. La luz ultravioleta.

2 Un hombre de 70 kg de masa camina a 1 m/s. ¿Cuál es su energía cinética?

3 Cuando tienes las manos frías y te las frotas, ¿qué transformación de energía se produce?

4 ¿Qué transformación de la energía tiene lugar cuando enciendes una vitrocerámica y calientas la comida?

02 Energía térmica

> La **energía térmica** es la que tiene un cuerpo debido al movimiento de las partículas que lo forman.

Recuerda

La teoría cinética se basa en que la materia está formada por partículas muy pequeñas en continuo movimiento.

02.1 Calor y temperatura

Cuando mezclamos dos líquidos, uno frío y otro caliente, conseguimos una mezcla templada, es decir, las temperaturas de ambos líquidos tienden a igualarse, pues parte de la energía del cuerpo más caliente pasa al frío.

> El **calor** es la transferencia de **energía térmica** de un cuerpo a otro cuando ambos cuerpos están a diferente temperatura.

Un cuerpo se calienta si aumenta su energía térmica y se enfría si esta disminuye. El calor no se puede almacenar en un cuerpo, lo que se almacena es la energía térmica.

Cuando un cuerpo se calienta, sus partículas adquieren más energía, por lo que se mueven más rápidamente. Es decir, a mayor temperatura, el movimiento de las partículas aumenta.

En un cuerpo a baja temperatura, las partículas se mueven lentamente. A alta temperatura, las partículas se mueven rápidamente.

> La **temperatura** es una magnitud que indica el grado de movimiento de las partículas de un cuerpo. Se mide mediante un **termómetro**.

Imagina que echas un cubito de hielo en un vaso de agua caliente. Al rato, el cubito se habrá fundido y el agua se habrá enfriado. Ambos habrán alcanzado la misma temperatura, es decir, habrán llegado a un **equilibrio térmico**.

> El **equilibrio térmico** es el estado que se alcanza cuando las temperaturas de dos cuerpos, que inicialmente eran distintas, se igualan. Por ello, la agitación térmica en las partículas de ambos cuerpos pasa a ser la misma.

ACTIVIDADES

5 ¿Cómo podemos enfriar una bañera con agua muy caliente sin mezclarla con agua fría? Piensa que el calor se puede transmitir también desde el agua al aire.

02.2 Medida de la temperatura

Nuestra piel es capaz de percibir la mayor o menor temperatura de un cuerpo. Sin embargo, esta percepción es subjetiva y depende de factores externos.

Para evitar esta imprecisión, se utilizan los termómetros.

Observa

Los termómetros de mercurio han sido sustituidos por los de galio, una sustancia de menor toxicidad.

> Un **termómetro** es un instrumento que sirve para medir la temperatura.

1 Los termómetros constan de un tubo muy fino, llamado **capilar**, que termina en un pequeño depósito que contiene **alcohol** o **galio**. Todo ello está recubierto por una envoltura de vidrio, con el fin de protegerlo.

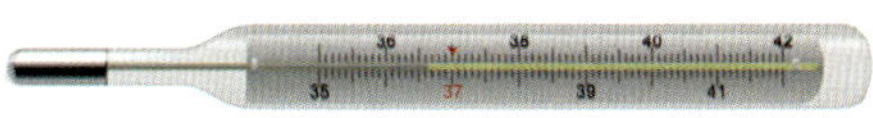

2 Al aumentar o disminuir la temperatura, el líquido del termómetro asciende o desciende, respectivamente, por el capilar. La variación de volumen se lee en una **escala graduada**.

Escala Internacional de la Temperatura

Para graduar un termómetro, se toman dos puntos: el de **fusión del hielo** y el de **ebullición del agua.** Según las unidades elegidas, se asigna un valor a cada uno de ellos.

Cómo se construye la escala de un termómetro

1 Se introduce el termómetro en hielo que esté fundiéndose y se traza una línea para marcar la altura que alcanza el líquido.

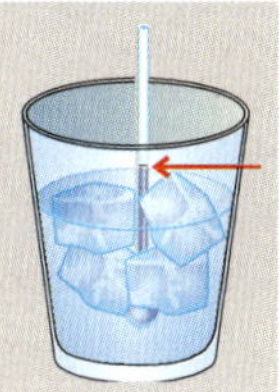

2 Se introduce el termómetro en agua hirviendo y se traza otra línea a la altura del líquido que hay en su interior.

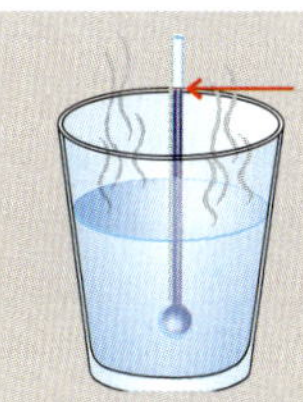

3 El espacio entre las dos líneas se divide en 100 partes iguales.

La Escala Internacional de la Temperatura admite como unidades de medida:

- **Grado Celsius, °C:** el punto de fusión del hielo tiene asignado el valor de 0 °C y el punto de ebullición del agua es de 100 °C.
- **Kelvin, K:** se asigna un valor de 273,15 K al punto de fusión del hielo y de 373,15 K al de ebullición del agua.

Relación entre grado Celsius y kelvin

$$T\,(\text{K}) = 273{,}15 + t\,(°\text{C})$$

El cero absoluto de temperatura, 0 K, es la temperatura más baja que se puede alcanzar.

ACTIVIDADES

6 Si añades una gota de café en un vaso con agua fría y viertes otra gota de café en un vaso con agua caliente, ¿en qué vaso se observará antes un color uniforme? ¿Por qué?

7 ¿Cómo será la energía térmica de un cuerpo frío?

8 Expresa en kelvin estas temperaturas:

a. 0 °C **b.** 25 °C **c.** 80 °C **d.** –20 °C

9 Expresa en grados Celsius las siguientes temperaturas:

a. 293 K **b.** 300 K **c.** 400 K **d.** 200 K

03 Efectos de la energía térmica

Cuando se comunica calor a un cuerpo, su energía interna se incrementa. Este aumento de la energía implica que pueden tener lugar tres posibles tipos de cambio: variación de la temperatura, cambios de estado y dilatación.

03.1 Variación de la temperatura

Cuando un cuerpo recibe energía térmica, su temperatura aumenta; si por el contrario, el cuerpo pierde energía térmica, se enfría. ¿De qué depende el aumento de la temperatura?

Podemos realizar algunas experiencias para averiguarlo:

¿Cómo se calienta un cuerpo?

1 Toma dos vasos iguales y llénalos de agua a igual temperatura.

- En el segundo vaso, vierte doble cantidad de agua que en el primer vaso, y comprueba que la temperatura es la misma en ambos.
- Calienta los dos en el microondas, durante el mismo tiempo y a la misma potencia.
- Mide ahora su temperatura; comprobarás que el vaso con menos agua se ha calentado más.

Conclusión: para que dos masas de agua alcancen la misma temperatura, el calor que hay que suministrar es proporcional a las masas de agua que se quieren calentar.

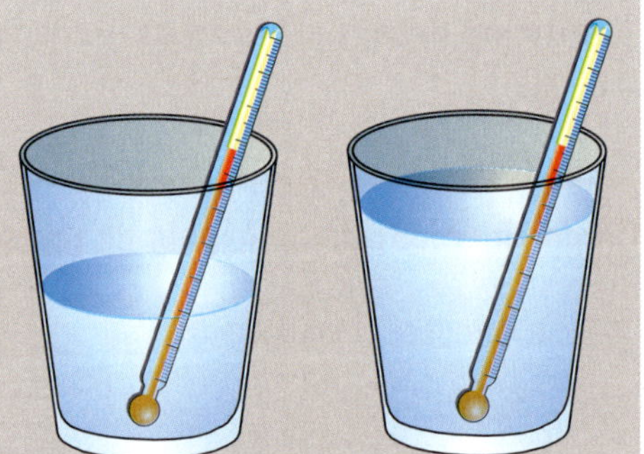

2 Toma dos vasos iguales, uno con agua y otro con aceite.

- Llénalos hasta el mismo nivel y comprueba que su temperatura es la misma.
- Caliéntalos en el microondas, durante el mismo tiempo y a la misma potencia.
- Mide ahora su temperatura; comprobarás que el aceite se ha calentado más.

Conclusión: para que dos líquidos distintos alcancen la misma temperatura, el calor que hay que suministrar depende del tipo de sustancia que se quiere calentar.

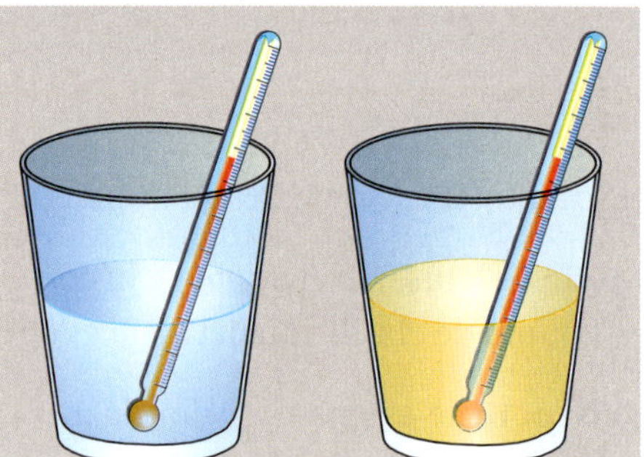

03.2 Cambios de estado

La energía térmica necesaria para provocar un cambio de estado se llama **calor latente.** Existen dos tipos de calores latentes, según el cambio de estado que se produzca. El calor latente de fusión, L_f, es el necesario para que un sólido pase a estado líquido, y el calor latente de vaporización, L_v, es el necesario para que un líquido pase a estado gaseoso. Cada sustancia presenta unos calores latentes distintos a los de las demás sustancias.

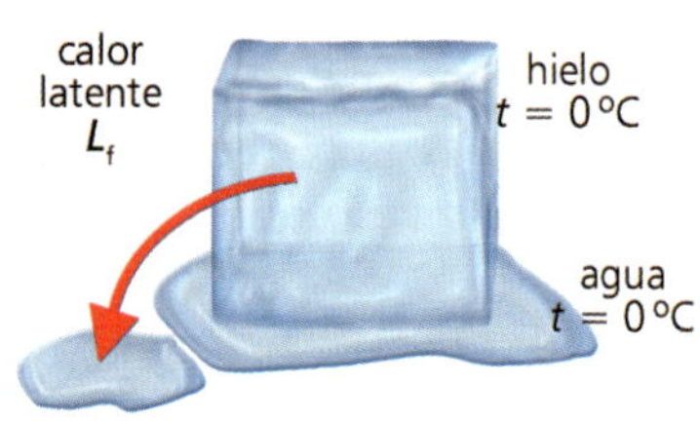

03.3 Dilatación

Un cuerpo se dilata si, al calentarlo, aumenta de tamaño. En cambio se contrae si, al enfriarse, su tamaño disminuye.

> La **dilatación** es el aumento de las dimensiones de un cuerpo por efecto del calor.

La dilatación y la contracción afectan a la materia sea cual sea su estado, aunque no de igual manera.

El raro comportamiento del agua

El agua se dilata de forma anómala: a partir de 4 °C en adelante el agua se dilata de forma normal, pero entre 0° y 4 °C, en vez de dilatarse se contrae. Este raro comportamiento es esencial para proteger la vida en los casquetes polares. También permite que el hielo pueda flotar sobre el agua y cobijar a animales como los osos polares o permitir la presencia de agua líquida bajo el hielo en latitudes extremas y así hacer que se mantenga la vida en ese medio.

Dilatación de los gases

Los gases se dilatan con diferencia, más que líquidos y sólidos.

Dilatación de un globo

Llenamos un recipiente con un poco de agua y colocamos un globo enganchado en su boca. Al calentar el recipiente, el aire se dilata e hincha el globo.

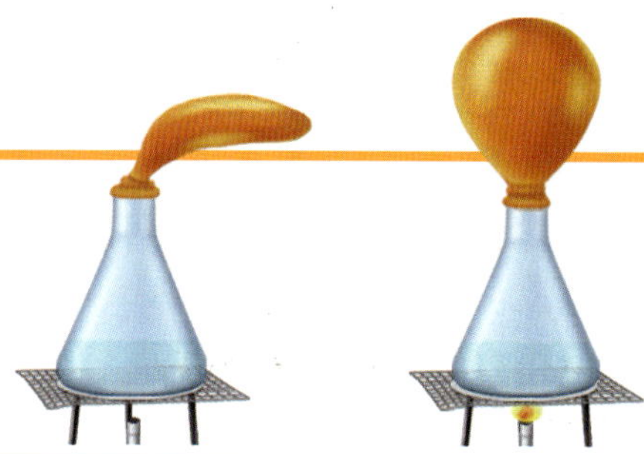

La dilatación de los gases es la más evidente, pues las fuerzas de cohesión entre sus partículas son muy débiles y, por ello, estas se separan más al aumentar la temperatura.

Dilatación de los líquidos

Los líquidos se dilatan menos que los gases y más que los sólidos. Sin embargo, su dilatación es más difícil de medir porque también se dilata el recipiente que los contiene. La dilatación de los líquidos resulta indispensable para la fabricación de termómetros.

Dilatación de los sólidos

Truco para abrir un bote

Imagina que tenemos un tarro de tapa metálica que no podemos abrir. Como la tapa metálica se dilata más que el vidrio, bastaría con poner la tapa bajo el chorro del agua caliente para conseguir abrirlo.

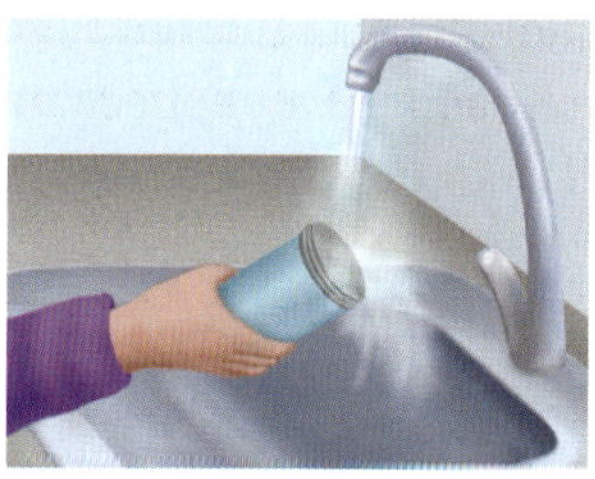

La dilatación se produce porque, al aumentar la temperatura, las partículas del sólido vibran más y se separan, ocupando un mayor volumen.

La dilatación de los sólidos tiene lugar en sus tres dimensiones, aunque se dilata más aquella dimensión que predomina sobre las otras.

Dilatación en sólidos

- En un cuerpo largo, se produce fundamentalmente un aumento de la longitud: es la **dilatación lineal.**
- En un cuerpo muy plano se dilata principalmente la superficie: es la **dilatación superficial.**
- En un cuerpo que se dilata en volumen se produce una **dilatación cúbica.**

ACTIVIDADES

10 Las vías del tren tienen separaciones entre sus distintos tramos. ¿Para qué crees que sirven?

11 ¿Por qué flotan en el aire los globos aerostáticos?

04 Propagación del calor

El calor se propaga cuando pasa de un cuerpo caliente a otro cuerpo frío. Este proceso puede producirse de tres maneras: por conducción, por convección o por radiación.

04.1 Conducción

Si estamos cocinando y removemos con una cuchara de acero el agua hirviendo, notaremos enseguida que la cuchara quema, pues el calor se ha propagado a través del acero. En cambio, si la cuchara es de madera, esto no sucede, pues el calor no se propaga por este material. El acero es un conductor, mientras que la madera es un material aislante.

La teoría cinética explica por qué se transmite el calor por conducción entre un cuerpo caliente y un material conductor en contacto con él.

Las partículas del cuerpo caliente, con mayor energía cinética, transmiten parte de su agitación térmica a las partículas de la sustancia conductora con la que están en contacto. Esta agitación, pasa de unas partículas a las vecinas hasta afectar a todo el cuerpo conductor. La velocidad de este proceso será mayor cuanto mayor sea la diferencia de temperaturas entre ambos cuerpos.

* La **conducción** es la forma en que se propaga el calor entre dos puntos de un cuerpo, generalmente sólido, que están a distinta temperatura sin que se produzca un transporte de materia.

TIPOS DE CONDUCTORES	
Conductores térmicos	Permiten que el calor se propague a través de ellos. Son buenos conductores del calor los metales, y sobre todo, la plata.
Aislantes	No permiten que el calor los atraviese. Son malos conductores térmicos: la madera, el corcho, la lana, la nieve, el aire y el agua, entre otros.

04.2 Convección

El agua y el aire son malos conductores del calor. Entonces, ¿por qué se calienta toda el agua de un recipiente si solo recibe calor su parte inferior? ¿Por qué se calienta toda una habitación con un solo radiador? La explicación a estos hechos la encontramos en la propagación del calor por convección.

Se vierte aceite en un recipiente de vidrio resistente al fuego. Se añaden luego unas gotas de agua previamente coloreada con tinta o con colorante alimentario.

Se calienta el recipiente al fuego y se observa que las gotas de agua coloreada ascienden para después volver a bajar, formando una especie de círculos.

En una cazuela, las capas de líquido de la parte cercana al fuego se calientan y aumentan su volumen, con lo que disminuye la densidad de esa zona del líquido. Por ello, dicha zona del líquido asciende, desplazando el líquido frío hacia abajo.

Ese líquido frío queda ahora en contacto con el fuego, donde se calienta más que el resto y asciende, repitiéndose el proceso.

La **convección** es la forma en que se propaga el calor en los fluidos (líquidos y gases). En ellos, el calor se propaga en forma de corrientes, que reciben el nombre de **corrientes de convección**, que se producen hasta que se iguala la temperatura en todo el fluido.

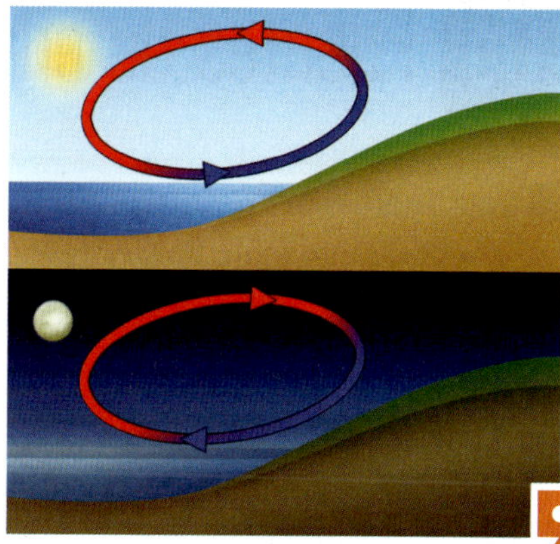

Durante el día, la tierra está a mayor temperatura que el agua, y se calienta el aire, que asciende sobre la tierra y se desplaza hacia el mar. El aire procedente del mar, más frío, ocupa su lugar sobre la tierra: es la brisa.

Durante la noche, la tierra se enfría antes que el mar, así que el aire situado sobre el mar está más caliente, asciende y se desplaza hacia la tierra: las corrientes nocturnas de aire tienen sentido contrario a las del día.

En las zonas costeras, la brisa marina suaviza las temperaturas gracias a las corrientes de convección, así, en el verano se produce el proceso representado en la figura del margen.

04.3 Radiación

A diferencia de las estudiadas antes, existe una forma de transmisión del calor que no precisa de un soporte material y que se puede realizar a través del vacío. El calor del sol, por ejemplo, se propaga de esta forma. Esta transmisión de energía la realizan las ondas electromagnéticas, cuya energía se llama **energía radiante**.

La **radiación** es una forma de transmisión de energía que se produce desde la superficie de los cuerpos a través del vacío o de un medio material en forma de ondas electromagnéticas.

La radiación no es exclusiva del Sol, cualquier cuerpo puede radiar energía. Dicha radiación será mayor cuanto mayores sean la superficie del cuerpo que la emite y su temperatura.

Los cuerpos que mejor emiten y absorben la energía radiante son aquellos cuerpos oscuros y rugosos, como el asfalto, que se calienta fácilmente. Los que peor emiten y absorben radiación son los cuerpos blancos y pulidos, como las fachadas de algunas construcciones.

El calor del Sol llega a la Tierra aunque entre ambos cuerpos celestes solo existe el vacío.

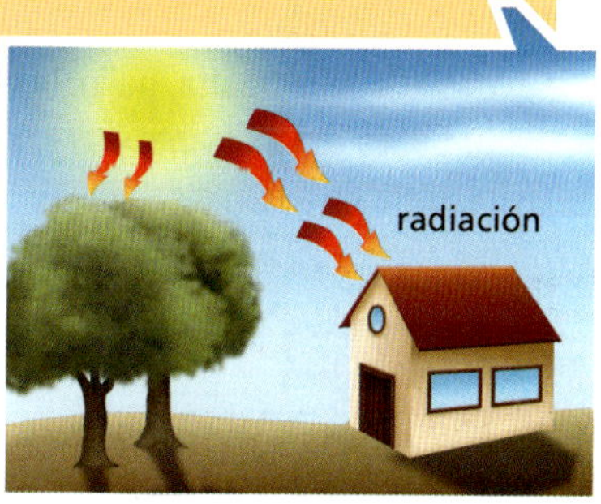

ACTIVIDADES

12 ¿Qué tipo de material es el de una manta, un conductor del calor o un aislante?

13 ¿Por qué crees que los esquimales viven relativamente confortables dentro de sus iglúes?

14 Explica por qué un abrigo de lana nos protege del frío. Si el abrigo fuese de un color oscuro, ¿abrigaría más o menos que uno de color claro?

15 ¿Por qué, durante el verano, se calienta antes la tierra que el mar?

16 ¿Por qué es aconsejable vestirse de blanco durante los días calurosos del verano?

17 ¿En cuál o cuáles de las formas de propagación del calor existe un desplazamiento de la masa de la sustancia que se calienta?

05 Fuentes de energía

Una **fuente de energía** es todo aquello que permite producir energía directamente o mediante algún tipo de transformación.

Atendiendo a la posibilidad de agotamiento, las fuentes de energía se clasifican en no renovables y renovables.

05.1 Fuentes de energía no renovables

Las **fuentes de energía no renovables** se encuentran de forma limitada en el planeta y sus reservas disminuyen con el consumo.

Carbón

Combustible fósil sólido con un elevado contenido en carbono. Se utiliza, sobre todo, para la industria siderúrgica. Según su poder calorífico, el carbón se clasifica en **antracita, hulla, lignito** y **turba.** Es contaminante y su extracción requiere un alto coste.

Petróleo

Combustible fósil líquido formado por la descomposición de materia orgánica. Suministra gran cantidad de materias primas para fabricar numerosos productos. Su obtención depende de la política de los países productores.

Gas natural

Combustible fósil gaseoso con alto contenido en metano. Se usa en procesos industriales, y como combustible doméstico y de vehículos. Se transporta fácilmente mediante gaseoductos.

Uranio

Elemento químico radiactivo cuya fisión, que se lleva a cabo en centrales nucleares, libera grandes cantidades de energía. Este proceso es peligroso por las posibles fugas radiactivas y por los residuos que genera.

FUENTES DE ENERGÍA

- No renovables: existen en una cantidad limitada en la naturaleza
  - Petróleo
  - Carbón
  - Gas
  - Nuclear
- Renovables: existen en una cantidad ilimitada en la naturaleza
  - Geotérmica
  - Solar
  - Eólica
  - Biomasa
  - Hidráulica

ACTIVIDADES

18 ¿Qué inconvenientes presenta el empleo del carbón como fuente de energía?

19 Menciona el combustible que más se utiliza en el ámbito doméstico.

05.2 Fuentes de energía renovables

Las **fuentes de energía renovables** son inagotables y su contenido energético no se concentra en un lugar específico. Su principal inconveniente es la dificultad para el almacenamiento y la transformación de la energía.

Hidráulica

Es la energía potencial del agua. Es limpia, no deja residuos y el agua embalsada se utiliza para abastecer a la población. Las instalaciones deben situarse a orillas de grandes ríos y a gran altura.

Eólica

Es la energía cinética del viento. Se trata de una energía limpia e inagotable; intermitente y difusa. Sus instalaciones han de ubicarse en lugares con viento constante.

Solar

Es la radiación procedente del Sol. Es limpia, inagotable, de gran calidad y difusa. Precisa grandes superficies para la instalación de paneles solares para ser captada.

Mareomotriz

Es una fuente de energía todavía muy poco utilizada que aprovecha la energía de las olas y de las mareas. Presenta problemas de construcción y mantenimiento.

Geotérmica

Es una fuente de energía que se almacena en el interior de la Tierra en forma de calor. Está ligada a volcanes, aguas termales, fumarolas y géiseres. Se localiza en lugares concretos de la Tierra.

Biomasa

Aprovecha la energía de los residuos que proceden de las actividades agrícolas, ganaderas y forestales, así como los subproductos de las industrias agroalimentarias y de transformación de la madera.

ACTIVIDADES

20 ¿Cuál es el tipo de fuente de energía más contaminante? ¿Por qué?

21 Describe las ventajas y los inconvenientes de las energías solar y eólica.

22 Investiga qué son los biocombustibles. ¿Tienen alguna relación con la biomasa?

23 Explica a qué se debe el hecho de que en la actualidad el consumo de energías no renovables sea muy superior al de las energías renovables, a pesar de que son más contaminantes.

24 Busca información sobre las fuentes de energía más usadas en Aragón.

06 Producción de energía eléctrica

En la actualidad, la demanda energética es muy alta, tanto en la industria como en nuestros hogares. Para satisfacerla, las centrales eléctricas producen electricidad a gran escala.

En las centrales eléctricas se transforma un tipo de energía (cinética, fósil, solar, química, etc.) en energía eléctrica. Para hacerlo, las fuentes de energía primarias se convierten en energía mecánica al hacer girar una turbina que, unida a un generador, produce energía eléctrica.

Atendiendo a la fuente de energía que se emplee, las centrales pueden ser: **térmicas** (combustibles fósiles y nucleares), **hidroeléctricas** (agua), **eólicas** (viento) y **solares** (radiación electromagnética).

DIFERENTES FUENTES DE ENERGÍA PRIMARIA

↓

Energía mecánica en la turbina

↓

Energía eléctrica en el generador

Centrales térmicas

Una **central térmica** es una instalación en la que se produce energía eléctrica al quemar un combustible.

El combustible se quema en una caldera y genera calor. Este calor hace hervir agua y produce vapor, el cual empuja a una turbina conectada a un generador. El movimiento de la turbina pone en marcha el generador, que produce energía eléctrica. Posteriormente, el vapor se refrigera para volver a empezar de nuevo el ciclo.

Centrales térmicas convencionales

Estas centrales pueden emplear fuentes de energía no renovables —como el carbón, el petróleo y el gas— o fuentes de energía renovables —como la biomasa—. Las centrales que usan combustibles fósiles generan mucha energía en un espacio reducido, pero pueden agotar los yacimientos y emiten gases muy contaminantes. En cuanto a las que emplean biomasa, su consumo no puede superar a su capacidad de regeneración, pues, en ese caso, se llegaría a una deforestación.

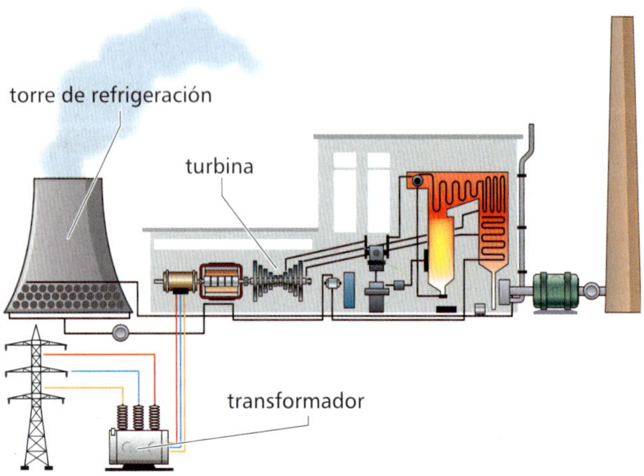

Centrales térmicas nucleares

Estas centrales emplean como fuente energética elementos radiactivos. En un reactor se produce la fisión de los átomos de uranio o de plutonio, mediante una reacción en cadena controlada. Así, se crea una gran cantidad de energía, que vaporiza el agua que mueve la turbina conectada al generador. Son rentables, pero los residuos radiactivos a los que da lugar duran miles de años, y tanto su almacenamiento como su eliminación son extremadamente difíciles.

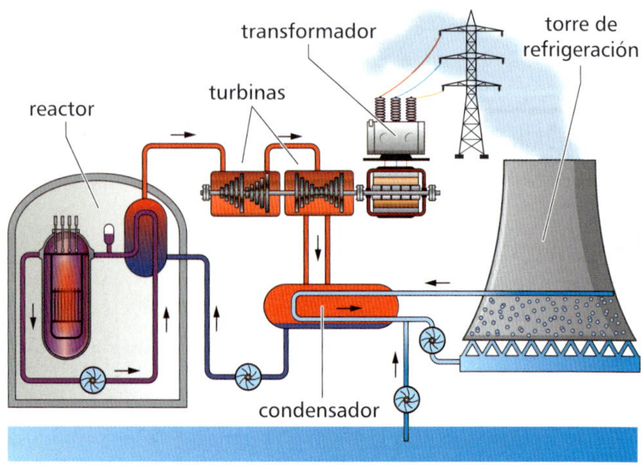

Centrales hidroeléctricas

Una **central hidroeléctrica** es una instalación en la que se transforma la energía mecánica del agua, almacenada en una presa, en energía eléctrica.

En la presa, el agua que pasa por el canal hace girar las palas (álabes) de una turbina que, mediante un eje, se conecta a un generador en el que se obtiene la energía eléctrica. El agua, una vez utilizada, se incorpora al cauce de los ríos o se devuelve de nuevo a la presa. Cuanto más alto sea el nivel del agua, mayor será la velocidad de la turbina y más electricidad se generará.

La energía que se crea en estas centrales es limpia y renovable. Sin embargo, su impacto medioambiental es elevado, y precisa grandes desniveles y un gran volumen de agua almacenada.

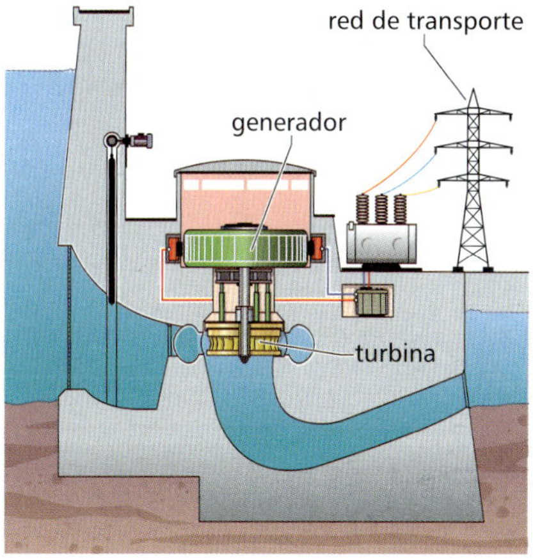

Centrales eólicas

Una **central eólica** es una instalación en la que se transforma la energía cinética del viento en energía eléctrica. Esto sucede en los aerogeneradores.

En España, cerca del 10 % de la energía eléctrica procede de la energía eólica.

Centrales solares

Una **central solar** es una instalación en la que se utiliza la energía del Sol como fuente de energía.

La energía solar es renovable y de elevada calidad energética, pero llega a la Tierra de forma dispersa y aleatoria, y no se puede almacenar directamente, sino que se debe transformar en calor o electricidad, por lo que requiere un alto coste económico.

Según el modo en que se capta la energía solar, se distinguen dos tipos:

Centrales solares térmicas

La energía radiante del Sol se transforma en calor. La radiación incide en un campo de heliostatos, grandes espejos cóncavos que concentran la radiación solar en un receptor situado en una torre.

Centrales solarcs fotovoltaicas

La energía radiante del Sol se convierte en energía eléctrica en las células fotovoltaicas, que son dispositivos que se fabrican con materiales semiconductores, como el silicio.

ACTIVIDADES

25 ¿Cuál es la parte más importante de una central eléctrica?

26 ¿Qué ventajas tiene el empleo de fuentes de energía renovables respecto al uso de fuentes no renovables?

27 La energía eléctrica que se obtiene en las centrales hidroeléctricas fluctúa entre el 15 % y el 20 % del total de la energía consumida en España, según el año que se considere. ¿A qué se debe esta variación?

07 Distribución geográfica de los recursos energéticos

La mayor parte de la energía que consumimos se sirve de fuentes de energía no renovables. Sin embargo, su uso presenta inconvenientes, ya que contaminan y se pueden agotar.

Las reservas de fuentes de energía no renovables están repartidas de forma variable y desigual en nuestro planeta.

Petróleo

Las reservas de petróleo superan el billón de barriles. Estas reservas se concentran sobre todo en cinco países, que controlan el 60 % del petróleo mundial. Venezuela solo produce el 3,4 % del petróleo existente y Arabia Saudita es el mayor productor del mundo.

1	Venezuela
2	Arabia Saudita
3	Canadá
4	Irán
5	Irak
6	Kuwait
7	Emiratos Árabes Unidos
8	Rusia

Carbón

Las reservas de carbón son elevadas, ya que superan el billón de toneladas. Esta cantidad podría cubrir la producción de más de dos siglos y medio. Los yacimientos de carbón se distribuyen en más de cien países, si bien las principales reservas se encuentran en estos ocho países.

1	Estados Unidos
2	Rusia
3	China
4	India
5	Australia
6	Sudáfrica
7	Ucrania
8	Kazajistán

Gas natural

Las reservas de gas natural en la Tierra son de 182 billones de m³, que se distribuyen de forma desigual. El 80 % se encuentra en nueve países, aunque Rusia es el país que más gas natural acumula, sobre todo, en Siberia.

1	Irán
2	Rusia
3	Catar
4	Turkmenistán
5	Estados Unidos
6	Arabia Saudita
7	Venezuela
8	Nigeria
9	Argelia

Uranio

Las reservas estimadas de uranio en el mundo son de 2,6 millones de toneladas. Sin embargo, desde el punto de vista geográfico, están desigualmente distribuidas, pues se concentran en estos cinco países.

1	Australia
2	Kazajistán
3	Rusia
4	Canadá
5	Níger

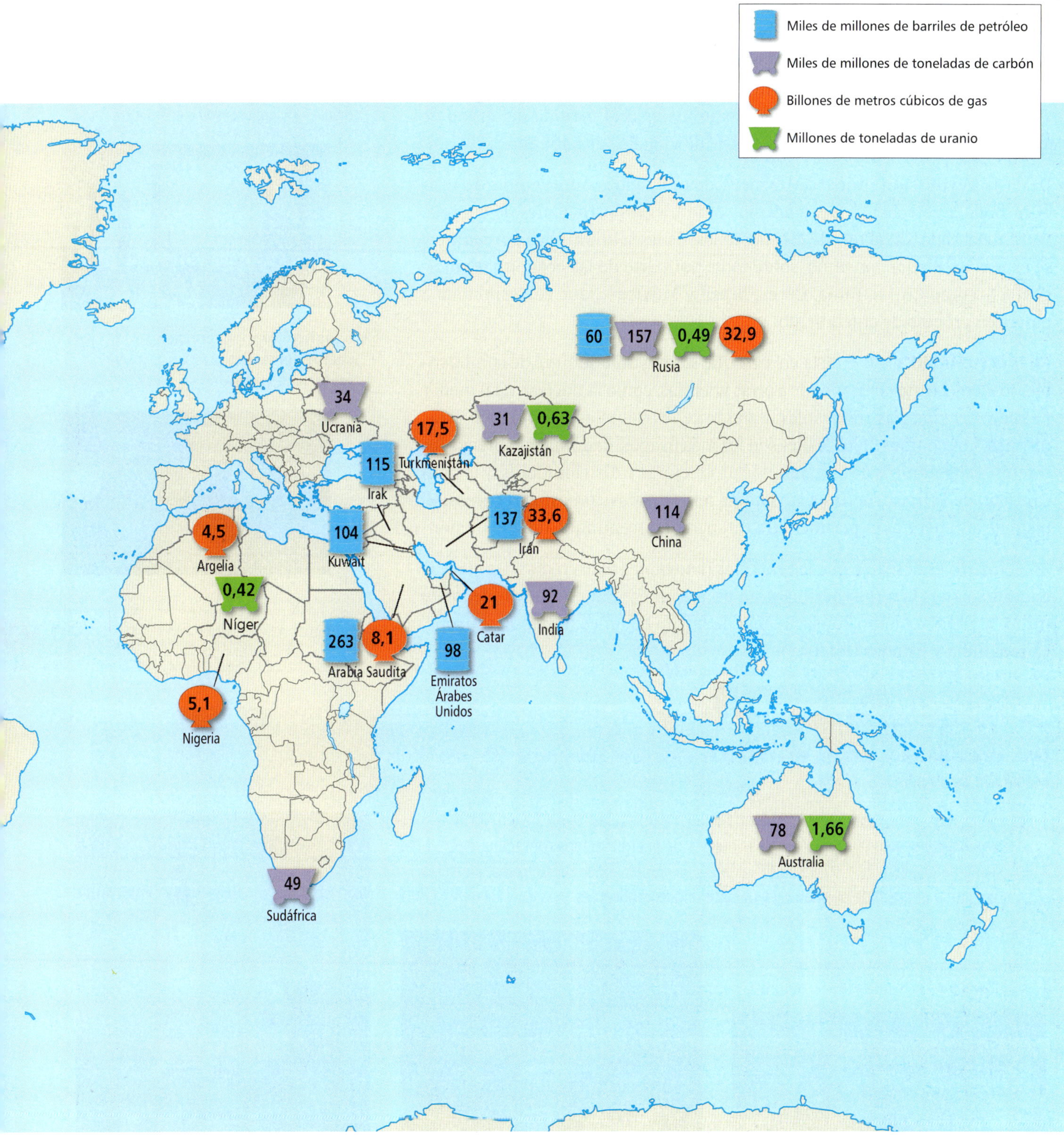

ACTIVIDADES

28 Explica la diferencia que existe entre recurso y producción de energía.

29 ¿Los países con más recursos de energía son también los principales productores?

08 El consumo mundial de energía

La energía es necesaria para todas las actividades humanas; se utiliza en los procesos industriales, en la agricultura, en el transporte, en los servicios y en los hogares. La cantidad de energía consumida es una medida del grado de desarrollo económico de un país y del nivel de vida de sus habitantes.

- Desde la **Revolución Industrial**, a mediados del siglo XVIII, se empezó a usar el carbón, el petróleo, el gas y uranio como fuentes principales de energía. Durante el siglo XX, el uso de combustibles fósiles se multiplicó por veinte y se espera un mayor consumo, sobre todo, por parte de las economías emergentes —como China, India, Corea, Brasil y México—, que corresponden a países en proceso de crecimiento.
- En la **actualidad**, el 88 % de la energía que se consume se sirve de combustibles fósiles; el resto corresponde a otras energías, como la nuclear y, en menor medida, las energías renovables, a pesar de las ventajas que ofrecen estas últimas. Los combustibles fósiles son los más usados, dado su bajo precio, los intereses económicos de las empresas productoras y distribuidoras, y la gran cantidad de infraestructuras existentes relacionadas con estos recursos. El resto de las energías experimentará un incremento, aunque mucho menor.
- En el **futuro** es deseable que las energías renovables se usen más. De ellas, la energía solar es la que experimentará un mayor crecimiento —alrededor de un 35 % anual—, como consecuencia de las inversiones de Japón, Europa, China, India y Estados Unidos.

Energía consumida por sectores

- El **sector industrial** y del **transporte** requiere un gran consumo energético.

- La **agricultura,** los **servicios** y el **sector doméstico** precisan un menor consumo de energía.

Distribución geográfica del consumo energético

El tipo de energía que se consume está directamente relacionado con el desarrollo económico de los países.

- Los países más desarrollados utilizan todo tipo de energías, las fuentes energéticas se diversifican y se tiende al empleo de las fuentes de energía menos contaminantes. En España ha disminuido el consumo de carbón y de los derivados del petróleo; a cambio, ha aumentado el gasto de gas natural y de las energías renovables.
- Los países menos desarrollados, con un menor progreso tecnológico, están supeditados a los recursos de su entorno.

China e India utilizan, preferentemente, carbón.

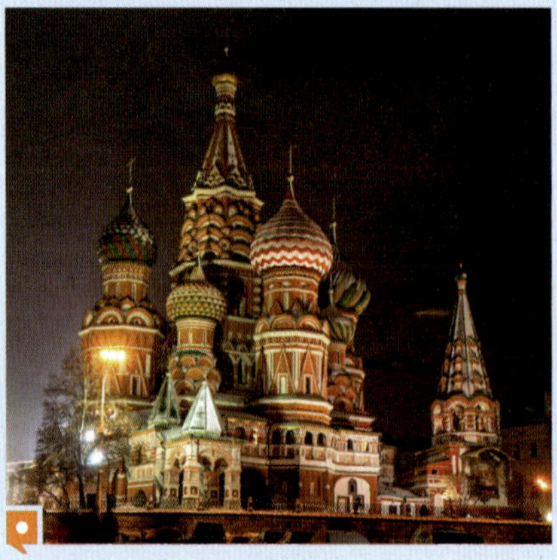

Rusia y los Emiratos Árabes emplean, sobre todo, gas natural.

En el resto del mundo se usa, en especial, petróleo.

Efectos medioambientales del consumo energético

La producción de energía da lugar a sustancias contaminantes. El efecto de estas sustancias depende de la fuente de energía y de la tecnología empleadas.

- Entre los **combustibles fósiles,** el **carbón** es el más usado para la producción mundial de electricidad. Al quemarse, produce dióxido de carbono, un gas que se disuelve en la atmósfera y contribuye al aumento del efecto invernadero y al calentamiento global del planeta. Los **hidrocarburos líquidos** (gasolina y gasoil) emiten gases contaminantes, como óxidos de azufre y de nitrógeno, que provocan la lluvia ácida. El **gas natural** es el combustible fósil menos contaminante, aunque también emite gases, como el dióxido de carbono.
- Las **centrales nucleares** dejan residuos radiactivos que perduran durante mucho tiempo y son muy peligrosos para los seres vivos.
- Las **centrales que utilizan energías renovables** generan residuos una vez que han finalizado su ciclo de vida y alteran los ecosistemas a los que afectan.

Las centrales térmicas emiten vapor de agua, pero también gases contaminantes.

Ahorro energético

Se debe realizar un consumo energético moderado, pues los recursos energéticos son limitados y afectan de forma negativa al medioambiente. El ahorro de energía se debe llevar a cabo desde el inicio del ciclo energético, evitando pérdidas en la extracción, la manipulación, el transporte y el consumo de energía. De igual modo, hay que usar técnicas y máquinas eficientes.

Nosotros, como consumidores, podemos adoptar algunas medidas:

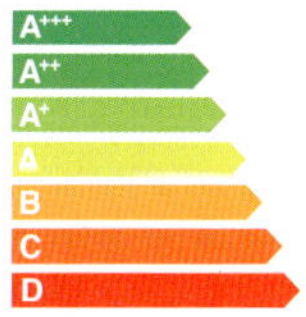

Utilizar electrodomésticos de máxima eficiencia.

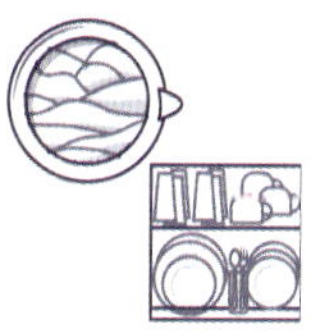
Usar la lavadora y el lavaplatos cuando estén llenos.

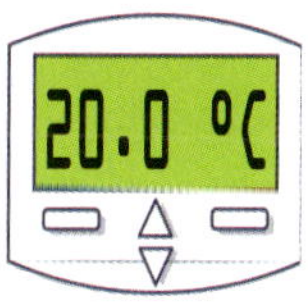

Poner la calefacción y el aire acondicionado a una temperatura moderada.

Emplear bombillas de bajo consumo, como led y halógenos.

Utilizar al máximo la luz natural cuando sea posible.

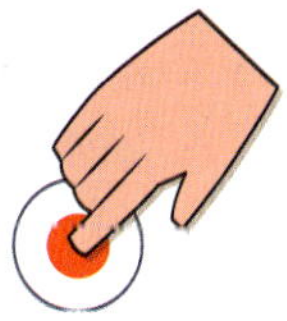
Apagar los aparatos electrónicos si no se usan.

ACTIVIDADES

30 ¿Por qué se siguen utilizando las energías no renovables, a pesar de las ventajas que ofrecen las energías renovables?

31 ¿Las energías renovables no contaminan? ¿Las centrales que emplean energía renovable producen impacto ambiental?

32 ¿Por qué Pekín es una de las ciudades más contaminadas del planeta? ¿Afecta la contaminación de Pekín al resto del mundo?

33 ¿Es conveniente utilizar tubos fluorescentes para iluminar una habitación?

TÉCNICA DE TRABAJO

Una pila de monedas

Planteamiento

Las baterías pequeñas se llaman pilas porque la primera que se inventó, obra de Alessandro Volta, se componía de una pila de discos de metal y de papel empapado en agua salada. Aquí reproduciremos su montaje, que nos permitirá transformar energía química en eléctrica.

Experimento

1 Prepara los componentes de la pila

- Coloca una moneda encima del cartón y dibuja su contorno. Recórtalo y repite el procedimiento hasta obtener cinco discos de cartón.
- Llena la mitad del cuenco con agua. Agrega sal y remueve hasta que no se disuelva más y comience a depositarse en el fondo.
- Sumerge los discos de cartón en el cuenco durante unos minutos. Antes de utilizarlos, comprueba que están empapados, pero que no gotean.
- Recorta en el papel de aluminio cinco discos del mismo tamaño que las monedas.
- Si las monedas están sucias, sumérgelas durante unos minutos en vinagre para limpiarlas.

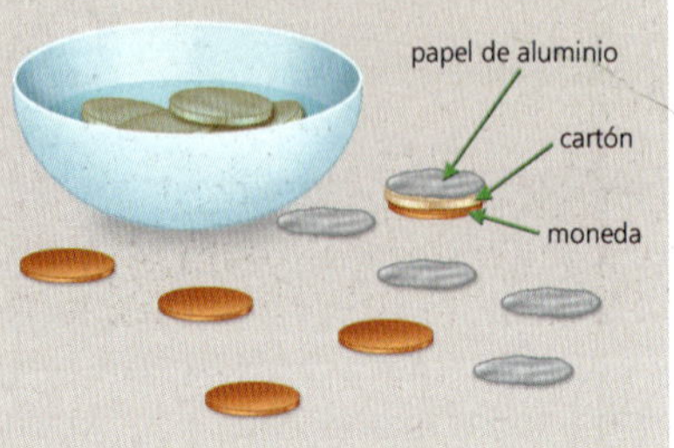

2 Monta la pila

- Apila los discos en el siguiente orden: primero, una moneda; después, un disco de cartón; a continuación, un disco de papel de aluminio. Repite la misma disposición hasta colocarlos todos.

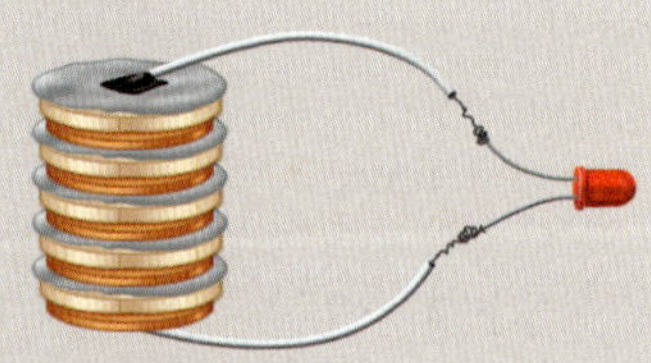

- Asegúrate de que las monedas no se tocan entre sí y de que tampoco lo hacen los discos de cartón ni los discos de papel de aluminio.
- Conecta el led a la pila. Si las patas del diodo tienen suficiente longitud, dóblalas de manera que una toque la moneda de la base y la otra, el disco de aluminio que remata la pila. Si las patas son demasiado cortas, utiliza dos trozos de cable para llevar a cabo la conexión.
- El diodo emitirá luz. Fija la posición de las patas (o de los cables) con cinta aislante.

¡Observa un vídeo del experimento!

Materiales

- Cinco monedas de 5 céntimos de euro.
- Papel de aluminio y cartón grueso.
- Agua y sal.
- Dos trozos de cable.
- Un cuenco, un lápiz, cinta aislante y tijeras.
- Un diodo led rojo.

Recomendaciones

- Si el led no se ilumina, añade a la pila nuevos bloques de tres discos hasta que se encienda.

PRACTICA TÚ

1. ¿Durante cuánto tiempo suministra corriente la pila antes de agotarse?
2. ¿Qué sucede si no añades sal en el agua del cuenco?
3. Busca información sobre el proceso de transformación de energía que ocurre en la pila.

FÍSICA Y QUÍMICA Y...

Cine

Thomas Anderson, el protagonista de la película *Matrix*, hace un terrible descubrimiento: el mundo, tal como lo percibe, es una ilusión. En realidad, la humanidad ha sido dominada por máquinas inteligentes, que explotan el calor y la electricidad que genera nuestro organismo como fuente de energía. El entorno virtual en el que viven inmersas las personas sirve para controlarlas e impedir que conozcan la verdad.

Al principio, Anderson no da crédito a semejante revelación. Razones físicas no le faltan. Producir la comida necesaria para alimentar a la humanidad dormida consumiría ingentes cantidades de energía, igual que mantener sus cuerpos a una temperatura adecuada o suministrar electricidad a los ordenadores que fabrican la realidad virtual.

El único modo de justificar tanto gasto sería que el cuerpo humano lo compensara con creces. Y ocurre precisamente lo contrario: gasta más energía de la que produce. Sin ir más lejos, nuestro cerebro consume unos 12 W, la quinta parte que una bombilla estándar. Las máquinas extraerían más energía quemando alimentos que utilizándolos para cebar a sus ineficientes pilas humanas.

Los actores protagonistas de Matrix: Laurence Fishburne, Keanu Reeves y Carrie-Anne Moss.

RAZONA

1. Señala tres actividades en las que un organismo en reposo invierta la energía que obtiene al procesar los alimentos.
2. El organismo de una persona media gasta unos 5 400 kJ al día para mantener sus funciones vitales. Sabiendo que el cerebro utiliza un 20 % de esa energía, calcula la potencia que consume en vatios (1 W = 1 J/s).

Música

Muchas personas sienten que reciben una descarga de energía cuando escuchan música. Se trata de un efecto psicológico, pero también físico. El sonido se propaga como una onda de presión: la densidad del aire se comprime y relaja por efecto de colisiones entre sus moléculas. Cuando estas golpean el cuerpo, le comunican parte de su energía.

Esta circunstancia ha inspirado el diseño de armas acústicas, capaces de aturdir, producir náuseas, visión borrosa o un dolor agudo en los tímpanos.

Tampoco hace falta que nos ataque ningún enemigo. Se sospecha que algunos casos de colapso pulmonar ocurren cuando una persona se acerca demasiado a un altavoz potente que está emitiendo ondas de baja frecuencia a un volumen elevado. El sonido se transmite a distinta velocidad en el aire encerrado dentro del pulmón que en los tejidos que lo envuelven. La diferencia podría provocar en ellos un desgarro.

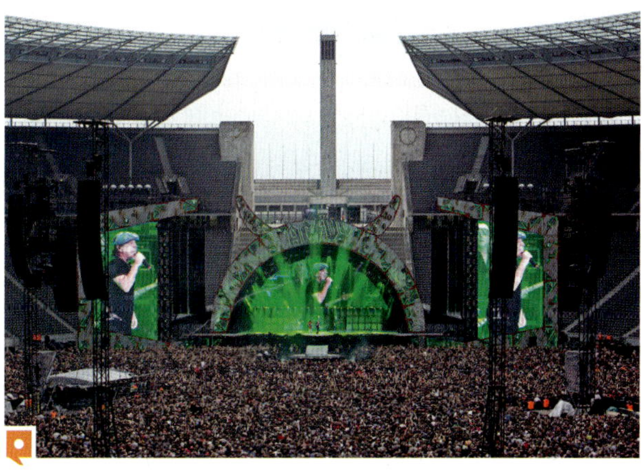
En los conciertos de música, las moléculas del aire sacuden sin descanso al público.

APRENDE A APRENDER

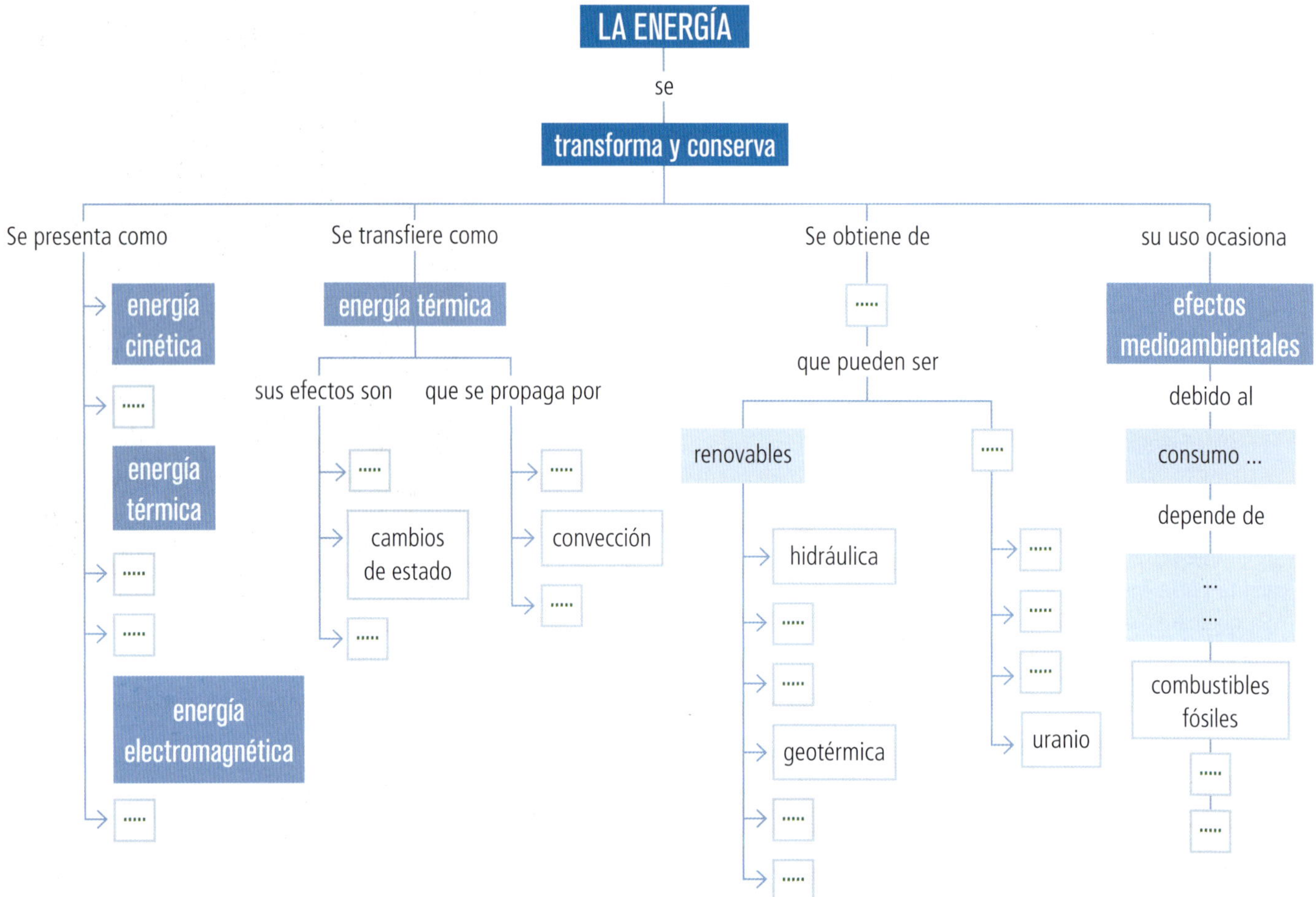

ACTIVIDADES

Formad grupos con vuestros compañeros de clase para resolver las siguientes actividades:

1 Copiad y completad en el cuaderno el esquema de la unidad.

2 Elaborad una presentación digital para exponer los principales contenidos de la unidad ante el resto de la clase.

3 Preparad un mural sobre las distintas fuentes de energía renovables y no renovables, a partir de fotografías o recortes de revistas y periódicos.

4 Elaborad un glosario que incluya, al menos, los siguientes conceptos:

- Energía.
- Energía mecánica.
- Energía cinética.
- Energía potencial.
- Energía química.
- Energía térmica.

- Principio de conservación de la energía.
- Centrales eléctricas.
- Ahorro energético
- Calor.
- Temperatura.
- Dilatación.
- Conducción.
- Convección.
- Radiación.
- Cambio de estado.
- Fuente de energía
- Centrales eléctricas.
- Ahorro energético.

REPASO FINAL

1 ¿Qué tipo de energía almacena…?

a. El gas natural.
b. Una bombilla.
c. El viento.
d. Un caballo en una carrera.
e. Una estufa eléctrica.
f. Una mosca posada en el techo.

2 Un caracol de 30 g de masa se mueve a una velocidad de 0,01 m/s. Calcula su energía cinética.

3 ¿Qué transformación de energía se produce en el salto de agua de un embalse?

4 Un ciclista de 70 kg de masa está parado sobre su bicicleta de 8 kg, arranca y alcanza una velocidad de 50 km/h.

a. ¿Qué tipo de energía ha adquirido?
b. ¿Qué valor tiene dicha energía?

5 Un gorrión de 30 g de masa está posado sobre la rama de un árbol situada a 3 m de altura sobre el suelo. Sabiendo que $g = 9{,}8\ m/s^2$, determina su energía potencial y su energía mecánica.

6 Un tiesto de 1 kg se encuentra en una jardinera elevada en un alféizar a 6 m de altura.

a. ¿Qué energía potencial tiene?
b. ¿En qué se transforma esa energía si el tiesto cae al suelo?
c. ¿Cuánta energía cinética podrá obtener al final de la caída? $g = 9{,}8\ m/s^2$

7 Expresa en kelvin las siguientes temperaturas:
a. 10 °C b. 27 °C c. 125 °C d. –50 °C

8 Expresa en grados Celsius estas temperaturas:
a. 285 K b. 350 K c. 425 K d. 0 K

9 ¿Sería correcto decir que un cuerpo está a –5 K? ¿Por qué?

10 La temperatura de ebullición del oxígeno es –183 °C, ¿a qué temperatura equivale en kelvin?

11 Se dispone de dos vasos con agua a 20 °C y queremos calentarlos hasta alcanzar 50 °C. Si el primero contiene 0,5 L y el segundo 750 mL, ¿cuál de ellos requerirá más cantidad de calor para alcanzar la temperatura deseada?

12 Relaciona en tu cuaderno cada imagen con la transformación de energía correspondiente:

a.

b.

c.

d.

1. Nuclear en térmica
2. Eléctrica en térmica
3. Química en cinética
4. Potencial en cinética

13 En una cocina, ponemos al fuego dos sartenes, una con agua y otra con aceite, y a la misma temperatura inicial e igual cantidad de líquido. Pasados cinco minutos, ¿crees que habrán alcanzado ambas la misma temperatura? Justifica tu respuesta.

14 Habrás observado muchas veces que el hielo flota en el agua.

a. ¿Puedes explicar este fenómeno?
b. Si esto no pasara, ¿podría existir la fauna en el Ártico?

REPASO FINAL

15 ¿Es verdadero o falso el siguiente enunciado?

«Disponemos de un cubito de hielo que alcanza los 0 °C y se funde, con lo que pasa a ser agua líquida, también a 0 °C. Como la temperatura del hielo y del agua es la misma, no habrá hecho falta aportar nada de energía para este cambio».

16 Para aislar las viviendas del frío, se utilizan ventanas con dos cristales separados. ¿Por qué estas ventanas aíslan mejor que si llevaran los dos cristales juntos?

17 ¿Cómo se propaga el aire acondicionado, por conducción, por convección o por radiación?

18 El agua de un estanque se enfría durante la noche. ¿Qué tipo de transmisión de calor hace que eso suceda?

19 ¿Qué tipo de propagación del calor ocurre en cada caso?

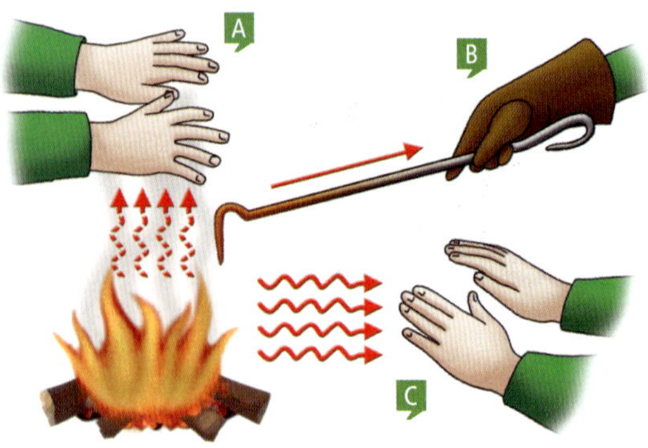

20 ¿Cuáles son las ventajas y los inconvenientes del uso del carbón como fuente de energía?

21 ¿Qué tipo de fuente de energía no renovable es la más empleada en la actualidad?

22 ¿Qué tipo de fuente de energía renovable se utiliza con mayor frecuencia?

23 Relaciona en tu cuaderno cada energía con su característica:

a. Energía eólica.	1. Solo se localiza en algunos lugares del planeta.
b. Energía hidráulica.	2. Requiere grandes superficies para ser almacenada.
c. Energía solar.	3. Debe situarse al lado de un río.
d. Energía geotérmica.	4. Es una energía intermitente.

24 Cita dos inconvenientes de las fuentes de energía renovables frente a las no renovables.

25 ¿Cuáles son las ventajas y los inconvenientes que presenta la energía geotérmica?

26 Investiga en qué consisten la energía solar fotovoltaica y la energía solar térmica.

27 Confecciona un esquema sobre las ventajas y los inconvenientes de la utilización de la energía que producen las centrales hidroeléctricas.

28 Clasifica las centrales según utilicen energías renovables o no renovables.

29 Investiga sobre las ventajas y los inconvenientes de las centrales en las que se utiliza la energía de las mareas marinas.

30 ¿Qué tipo de combustible fósil utilizan, predominantemente, cada uno de estos países?

a. Rusia.
b. China.
c. Estados Unidos.
d. Emiratos Árabes Unidos.
e. Noruega.
f. Australia.

31 Menciona los grandes problemas que implica el consumo indiscriminado de energía.

32 ¿Qué fuente de energía no renovable produce una mayor contaminación atmosférica? ¿Qué efecto medioambiental desencadena?

EVALUACIÓN

1 ¿Qué tipo de transformación o transformaciones de energía se producen en la escena de la figura?

a. Cinética en potencial.
c. Potencial en cinética.
b. Potencial en térmica.
d. Cinética en rozamiento.

2 La energía eléctrica se puede transformar en varios tipos de energía. ¿En cuáles de estas formas de energía es incapaz de transformarse?

a. Energía térmica.
c. Energía magnética.
b. Energía química.
d. Energía nuclear.

3 ¿Qué indica la temperatura de un cuerpo?

a. El calor que tiene.
b. La energía térmica que transfiere.
c. El estado de agitación de sus partículas. ✓
d. La facilidad para que se funda.

4 ¿Qué energía potencial presenta una pelota de 600 g cuando llega a una canasta situada a 2,5 m de altura?

a. 14,7 J b. 6,13 J c. 153 J d. 765 J

5 Con sus 180 kg de masa, el avestruz es el ave más grande del planeta. Puede llegar a correr a velocidades de 90 km/h. ¿Cuál será su energía cinética en ese caso?

a. 729 000 J b. 16 200 J c. 112 500 J d. 56 250 J

6 El hierro funde a la temperatura de 1 536 °C, en kelvin son:

a. 1 263 K b. 1 809 K c. 1 463 K d. 2 000 K

7 Se dispone de dos recipientes iguales con agua a la misma temperatura: el recipiente A contiene 1 L y el B contiene 2 L. Si se pretende aumentar en 10 °C la temperatura del agua de ambos, ¿qué opción es la correcta?

a. El recipiente B necesitará un 50 % más de calor que el A.
b. El recipiente B necesitará el doble de calor que el A.
c. Necesitarán la misma cantidad de calor, porque se trata de la misma sustancia.
d. El recipiente A necesitará el doble de calor que el B.

8 La temperatura de un cuerpo es de 253 K. ¿Cuál es su temperatura expresada en grados Celsius?

a. 273 °C b. 526 °C c. −20 °C d. −10 °C

9 Cuando una cantidad de agua hierve al llegar a 100 °C, ¿qué le sucede?

a. Absorbe calor y se calienta.
b. Ni absorbe ni cede calor, porque hierve a 100 °C.
c. Se calienta, pero no absorbe calor.
d. Absorbe calor y mantiene su temperatura a 100 °C.

10 ¿Cómo se transmite el calor al descongelar el pan en el microondas?

a. Por conducción.
b. Por convección.
c. Por radiación.
d. Por intercambio de calor.

11 ¿Cuál de las siguientes fuentes de energía es más respetuosa con el medioambiente?

a. Gas natural. b. Nuclear. c. Hidráulica. d. Biomasa.

12 En el proceso de obtención de energía se desprenden gases. ¿Cuál de estos no produce contaminación medioambiental?

a. Ozono (O_3).
b. Dióxido de carbono (CO_2).
c. Vapor de agua (H_2O).
d. Metano (CH_4).

13 ¿Qué sistema de iluminación es menos respetuoso con el medioambiente?

a. Tubo fluorescente.
b. Bombilla led.
c. Bombilla de bajo consumo.
d. Bombilla de halógeno.

DIARIO DE APRENDIZAJE

¿Se ha correspondido lo que pensaba que iba a estudiar en la unidad con el contenido que he estudiado en ella?

05 La corriente eléctrica

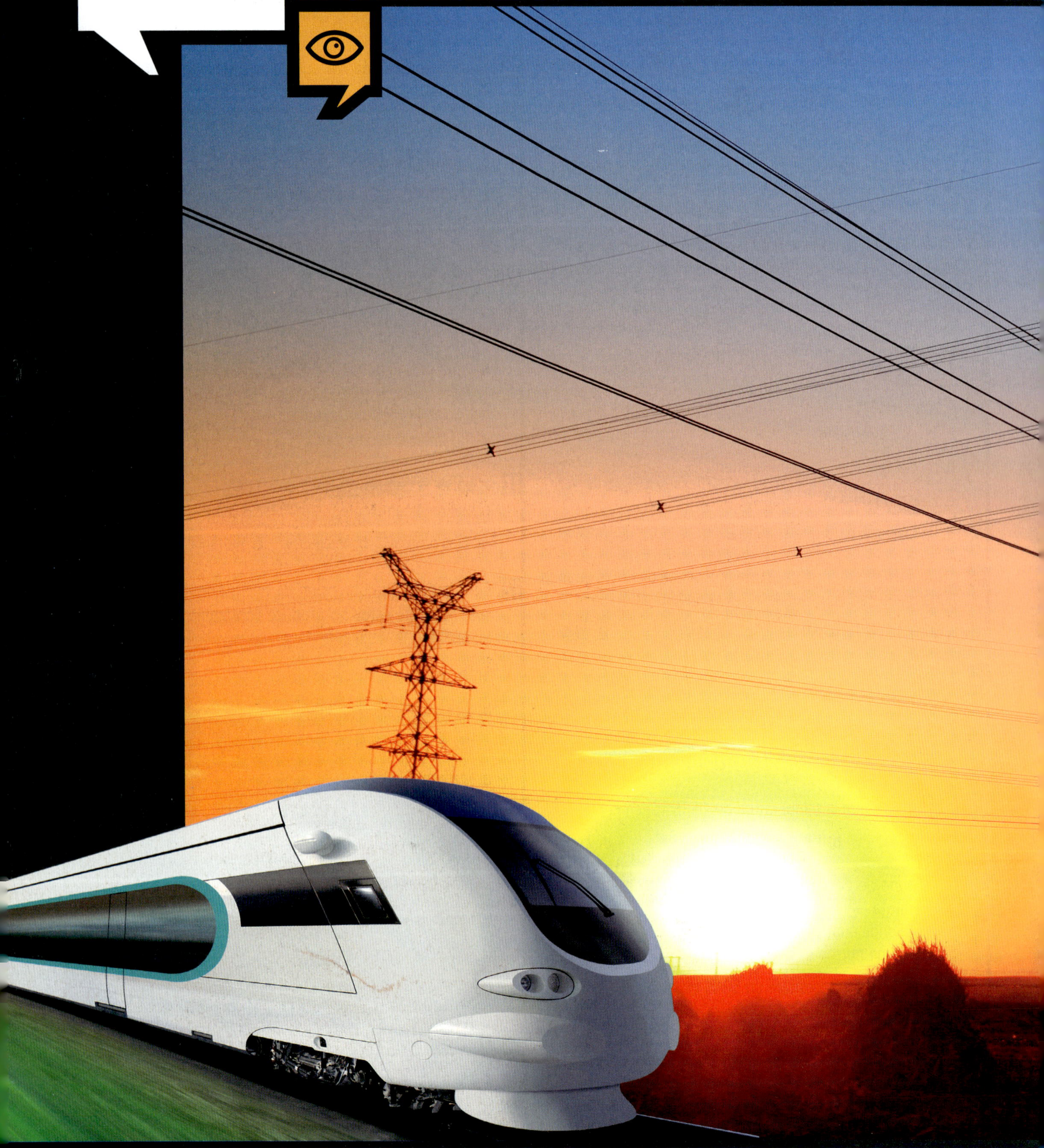

¿Puedo establecer alguna relación entre esta unidad y alguna anterior?

Debatid en grupo sobre los trenes de alta velocidad.

1 ¿Cómo funcionan?

2 ¿Qué ventajas e inconvenientes presentan?

3 ¿Qué países cuentan con trenes de alta velocidad? ¿Qué lugar ocupa España?

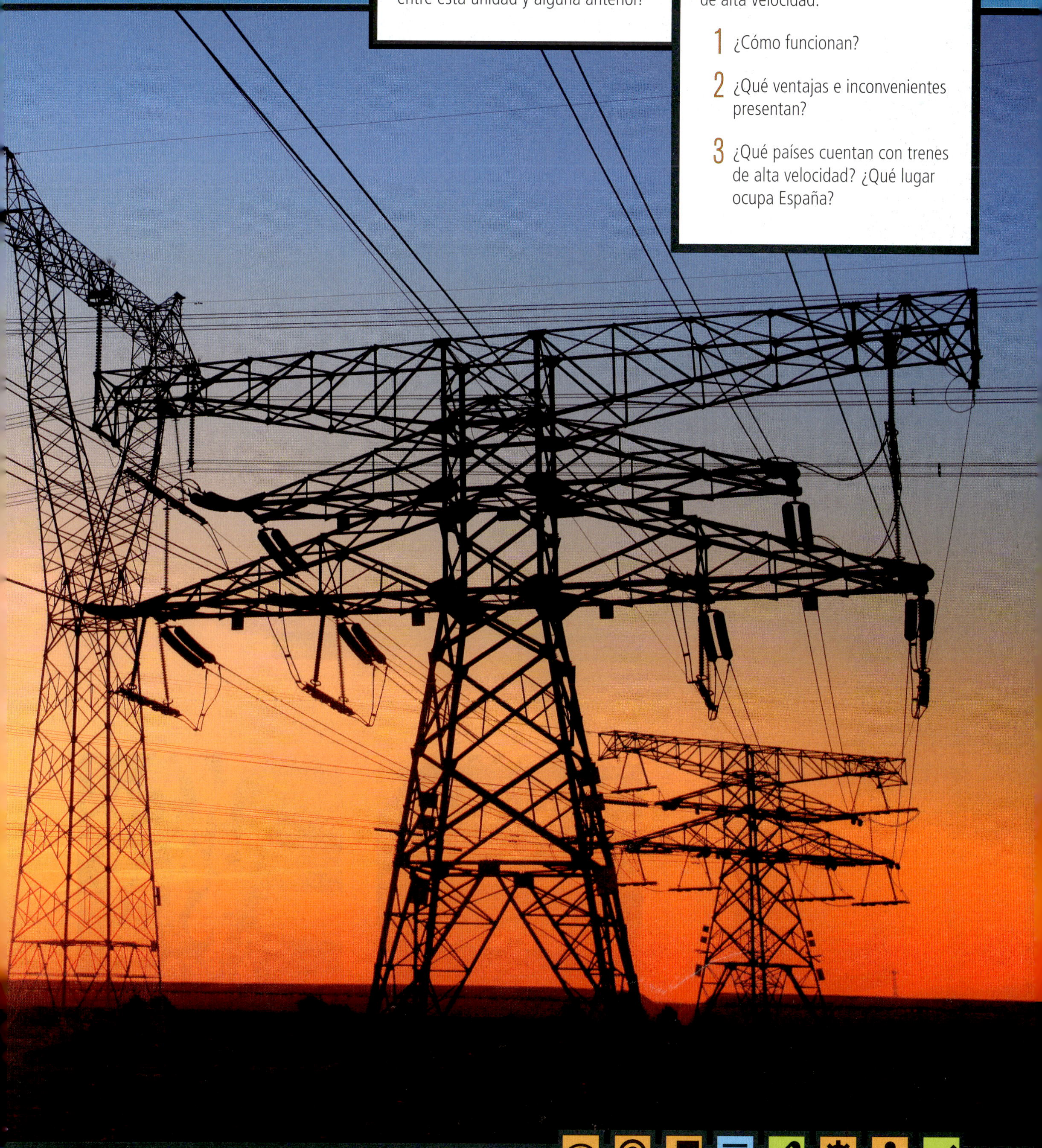

01 Conducción eléctrica

La **conducción eléctrica** es el movimiento de partículas cargadas dentro de un medio material. Este medio puede ser gaseoso, líquido o sólido.

Gases

Los gases solo conducen cuando se encuentran ionizados, lo que se consigue mediante una descarga o una chispa.

Líquidos

Los líquidos conducen cuando contienen en disolución una sustancia que puede ceder iones, como una sal, un ácido o una base.

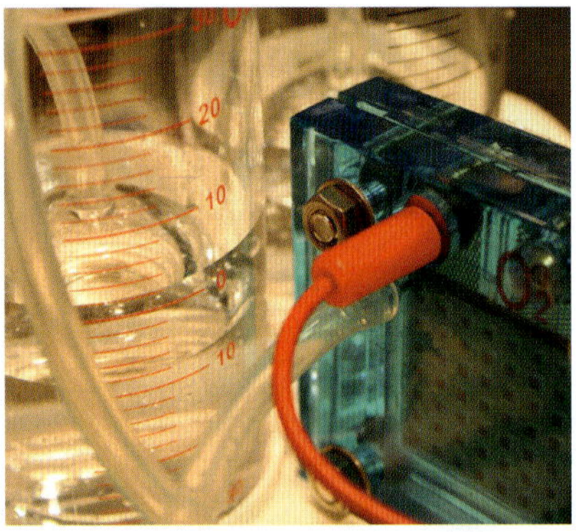

Sólidos

Los sólidos conductores son los metales y algunos no metales, como el carbono grafito. Esta propiedad depende de su estructura interna.

Atendiendo a si dejan o no que las cargas los atraviesen, se diferencian tres tipos de materiales: conductores, semiconductores y aislantes.

Conductores

Son sustancias que permiten el movimiento de los electrones en su interior.

Hay que buscar la naturaleza de los conductores en su estructura. Deben tener electrones libres o casi libres que se puedan desplazar a lo largo del conductor. Son conductores los metales.

Semiconductores

Son sustancias que solo permiten el movimiento de los electrones en determinadas condiciones.

Solo permiten el movimiento de los electrones en un sentido. Además, no conducen a bajas temperaturas, aunque sí lo hacen si elevamos la temperatura varios grados. Son ejemplos el germanio y el silicio.

Aislantes

Son sustancias que no permiten el movimiento de los electrones en su interior.

En los aislantes, llamados también dieléctricos, los electrones están fijos en los átomos y no se pueden desplazar. Son aislantes el plástico, la madera, el vidrio y el caucho.

02 Corriente eléctrica

Si se conecta un hilo conductor a dos puntos con una diferencia de potencial (una pila o la red eléctrica), sus electrones se mueven hacia el polo positivo de la pila; es decir, se establece un flujo de electrones que se denomina corriente eléctrica.

Las pilas son generadores de corriente, es decir, producen movimiento de electrones en el interior de un conductor.

> La **corriente eléctrica** es el desplazamiento neto de electrones dentro de un conductor.

La corriente eléctrica puede ser de dos tipos:

Corriente continua

Es aquella que se produce por un flujo continuo de cargas. Los electrones se desplazan siempre en el mismo sentido.

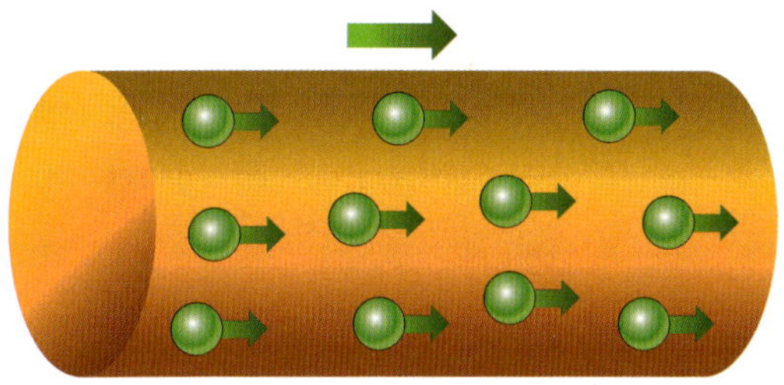

Corriente alterna

En ella existe un flujo variable de cargas. Los electrones cambian de sentido alternadamente.

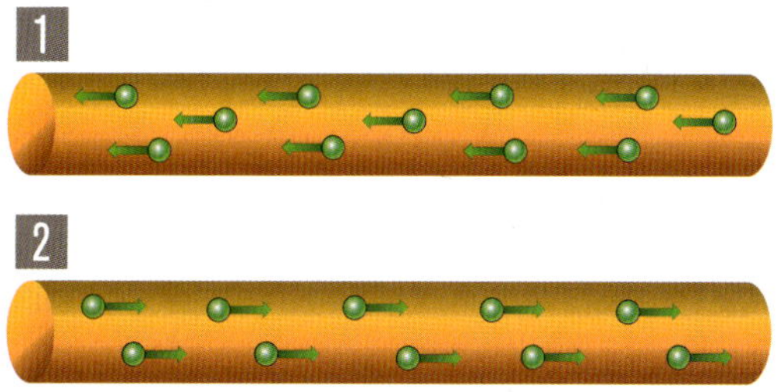

ACTIVIDADES

1 Lee el texto que sigue y responde a las preguntas.

En las nubes de tormenta, llamadas cumulonimbos, se producen corrientes de aire en su interior, que desplazan los cristalitos de hielo más pequeños y los hacen ascender a la parte superior de la nube. En ella, se cargan positivamente, mientras que los que quedan en la parte inferior se cargan negativamente. Estas cargas negativas inducen cargas positivas en la superficie terrestre.

¿Qué sucede cuando las cargas son bastante grandes? ¿Qué se produce? ¿Cómo se comporta el aire húmedo?

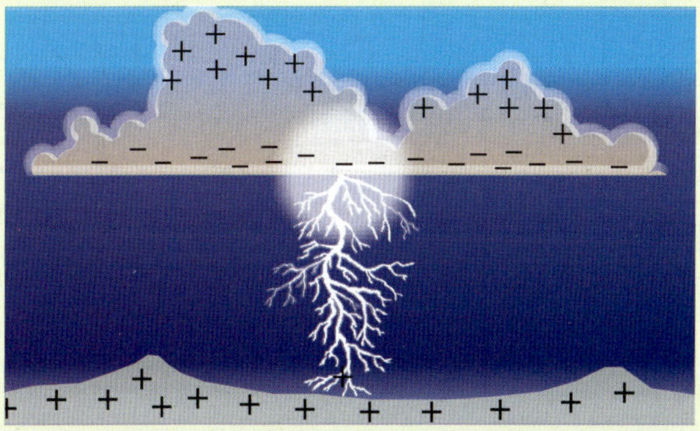

2 Clasifica en conductores o aislantes las siguientes sustancias: hierro, madera, cobre, agua con sal, plástico, plata, vidrio, papel, grafito y zumo de limón.

3 Señala la respuesta correcta. Cuando se establece un flujo de cargas en un metal, se mueven…

a. ..... los átomos del metal.

b. ..... los cationes del metal.

c. ..... todos los electrones.

d. ..... algunos de los electrones.

4 Explica qué sucederá si se conectan dos placas cargadas, una positivamente y la otra negativamente, mediante un hilo de cobre.

5 ¿Cómo es la corriente que hay en tu casa, continua o alterna? Razona tu respuesta.

03 Campo eléctrico

Un cuerpo cargado puede atraer o repeler a otro que se encuentre en su entorno, es decir, ejerce una fuerza sobre él. Esta fuerza se manifiesta en el espacio circundante al cuerpo cargado, por lo que no es necesario que ambos cuerpos estén en contacto físico. Se trata de una **fuerza a distancia.**

Para explicar las fuerzas a distancia, se debe aceptar que existe una zona del espacio en la que una carga ejerce una influencia, esto es, una carga perturba el espacio que la rodea y ese espacio perturbado se llama **campo eléctrico,** de tal forma que otra carga situada en ese espacio estará sometida a una fuerza.

> El **campo eléctrico** es la región del espacio en la que una carga eléctrica está sometida a una fuerza ejercida por otra carga.

Un campo eléctrico se representa mediante **líneas de campo** o **líneas de fuerza,** que son el conjunto de trayectorias que sigue una carga positiva —llamada carga de prueba—, colocada en un campo eléctrico creado por otra carga eléctrica.

Líneas de campo que genera una carga positiva

Si el campo eléctrico está creado por una carga positiva, la carga de prueba positiva tiende a alejarse de la carga que crea el campo y las líneas de campo salen de ella en dirección radial.

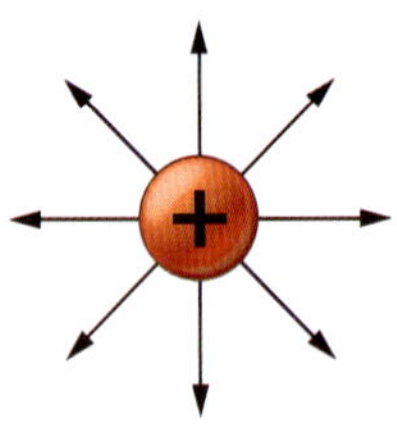

Líneas de campo que genera una carga negativa

Si el campo eléctrico está creado por una carga negativa, la carga de prueba positiva tiende a acercarse a la carga que crea el campo y las líneas de campo se dirigen a ella en dirección radial.

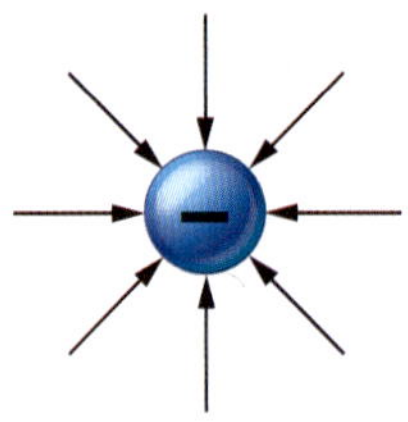

Es posible representar las líneas de campo creadas por dos cargas, de manera que las líneas de campo siempre salen de las cargas positivas y se dirigen hacia el infinito o hacia las cargas negativas. Sin embargo, estas líneas siempre se dirigen hacia las cargas negativas procedentes del infinito o de las cargas positivas.

Líneas de campo de dos cargas positivas

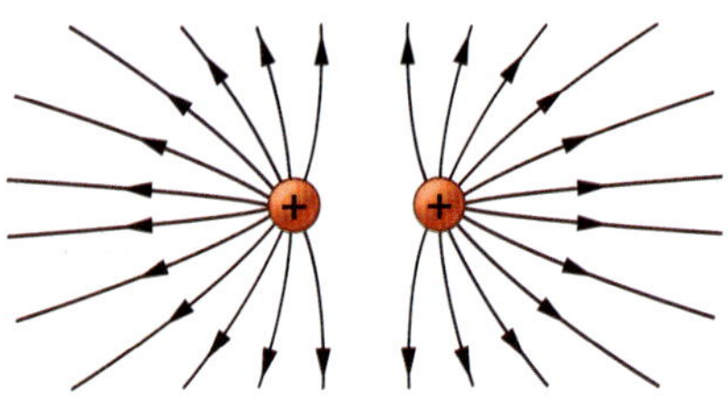

Líneas de campo de una carga positiva y otra negativa

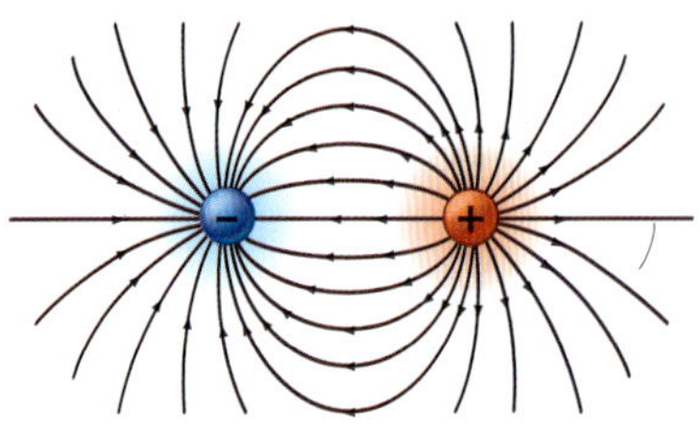

Líneas de campo de dos cargas negativas

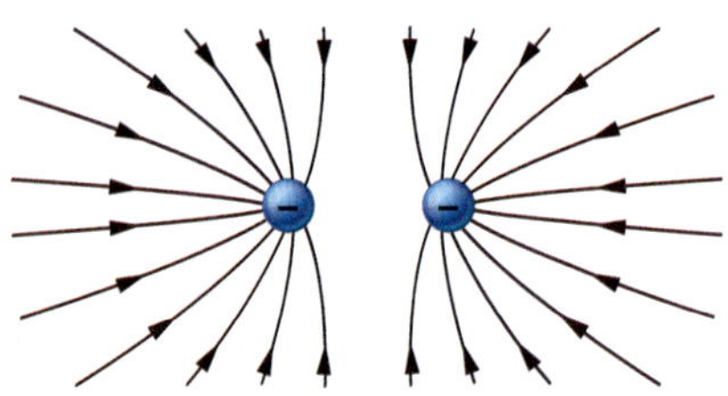

Otros campos

Además de los campos eléctricos, también existen campos gravitatorios (como el que ejerce la Tierra sobre los cuerpos situados cerca de ella) y campos magnéticos (como los que produce un imán sobre otro imán o sobre objetos de hierro que se encuentran en sus proximidades).

Representación del campo eléctrico

Supongamos que la carga que produce el campo es $+q$ y que colocamos en sus proximidades otras cargas $-q'$ y $+q'$, respectivamente. Las trayectorias corresponderían a una atracción, en el primer caso, y a una repulsión, en el segundo.

04 Potencial eléctrico

Dos cargas del mismo signo se repelen, por lo que, si queremos acercarlas, debemos realizar un trabajo.

Movimiento de cargas

Consideremos una carga $+q$ que produce un campo eléctrico alrededor. Este campo será más intenso cuanto más cerca de la carga nos encontremos.

Supongamos una carga $+q'$, denominada carga de prueba, que está lo suficientemente lejos de la carga $+q$ para que no sufra repulsión, es decir, está fuera del campo eléctrico. En estas condiciones, se dice que la carga $+q'$ está en el infinito.

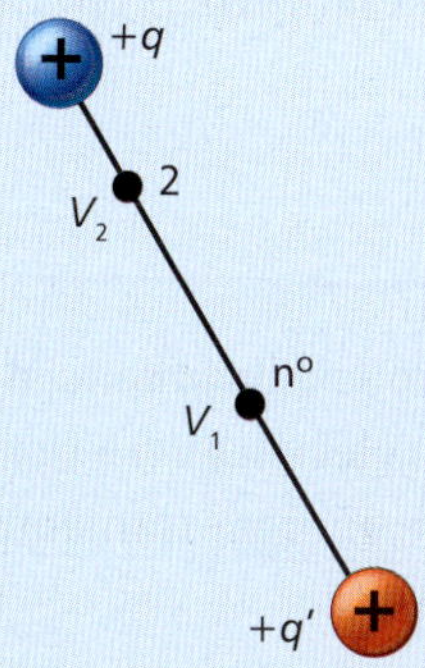

Si queremos colocar esa carga de prueba dentro del campo, en el punto 1, tenemos que realizar un trabajo para vencer la fuerza de repulsión entre ambas cargas. Este trabajo es el potencial en el punto 1, V_1.

Si ahora queremos colocarla en el punto 2, el trabajo para hacerlo será el potencial en el punto 2, V_2. El potencial en el punto 2 será mayor que en el punto 1, porque la fuerza que hay que vencer es mayor.

El **potencial eléctrico**, *V*, en un punto de un campo eléctrico, es el trabajo que hay que realizar para trasladar la carga de prueba desde el infinito hasta ese punto.

Diferencia de potencial

Si lo que se pretende es trasladar la carga de prueba desde el punto 1 al punto 2, debemos realizar un trabajo que corresponde a la diferencia entre ambos puntos y, por tanto, a la diferencia de potencial entre ellos.

La **diferencia de potencial, voltaje** o **tensión**, *V*, entre dos puntos, 1 y 2, es el trabajo necesario para transportar la carga de prueba entre los dos puntos.

$$V_{1,2} = V_2 - V_1$$

ACTIVIDADES

6 Representa las líneas de campo de dos cargas de 5 μC, una positiva y otra negativa.

7 ¿Dónde es más intenso un campo eléctrico, cerca o lejos de la carga que lo produce? Razona tu respuesta.

8 ¿Tiene alguna relación el valor de la carga que genera un campo eléctrico con el número de líneas de campo?

9 ¿Por qué las líneas del campo creado por una carga positiva van hacia fuera?

10 Se dispone de una carga positiva que crea un campo a su alrededor. ¿Qué hará otra carga positiva abandonada dentro del campo? ¿Y si la carga abandonada en el campo anterior fuera negativa?

11 Se dispone de una carga eléctrica q_1 que se deja libre en un campo creado por una carga positiva y se observa que se desplaza espontáneamente hacia valores de potencial cada vez mayores. ¿Qué signo tendrá la carga? Y si el campo lo crea una carga negativa, ¿hacia qué valores de potencial se desplazará?

05 Producción de corriente eléctrica

Para que las cargas se muevan a través de un conductor, han de estar sometidas a una fuerza cuyo origen es una diferencia de potencial entre los extremos del conductor. Esa diferencia de potencial impulsa a las cargas eléctricas por el conductor y, cuando esta desaparece, la corriente cesa. Pero, ¿cuál es la causa de esa diferencia de potencial?

05.1 Generador

Un **generador** es un aparato que produce una diferencia de potencial entre los extremos de un conductor y transforma en energía eléctrica otro tipo de energía. Los generadores se clasifican, según el tipo de energía transformada, en electroquímicos, solares y electromagnéticos.

Corriente eléctrica producida por una pila

La corriente eléctrica aparece cuando los electrones pasan del polo negativo al polo positivo, a través de un conductor exterior.

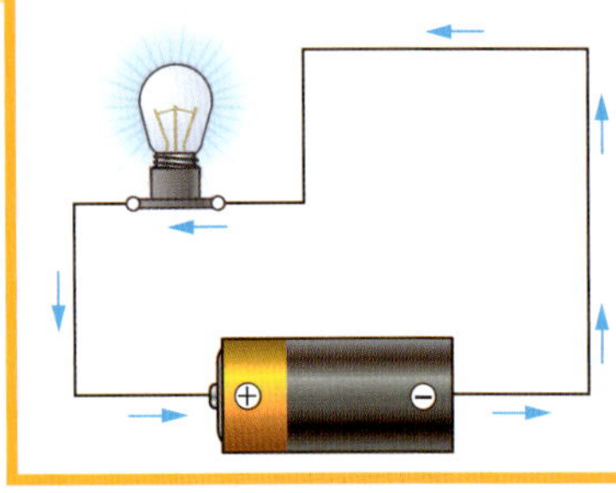

Generador electroquímico

Un **generador electroquímico** transforma la energía química en energía eléctrica. Consta de dos terminales o bornes en cuyo interior se produce una reacción química. En uno de los bornes la reacción genera electrones: es el ánodo o polo negativo. En el otro se produce un déficit de electrones: es el cátodo o polo positivo.

Los generadores electroquímicos producen corriente continua y pueden ser de dos tipos: pilas y baterías o acumuladores.

Pila

Es un generador no recargable, debido a que, a medida que trascurre el tiempo, las sustancias van reaccionando, hasta que queda tan poca cantidad de ellas, que la pila deja de funcionar y, por tanto, deja de suministrar energía.

Pilas de mercurio.

Pilas secas.

Batería o acumulador

Es un generador recargable, ya que, cuando una de las sustancias se agota, se puede producir la reacción química inversa mediante el consumo de energía eléctrica. Así, se recuperan las sustancias iniciales y el acumulador vuelve a funcionar.

Pilas recargables.

Batería de coche.

Generador solar

Un **generador solar** transforma la energía procedente del sol en energía eléctrica. Es el caso de las células fotovoltaicas. El silicio que recubre la célula emite electrones cuando la luz del sol incide sobre él y el movimiento de estos electrones genera la corriente eléctrica.

Generador electromagnético

Un **generador electromagnético** transforma la energía mecánica en energía eléctrica. Está basado en las corrientes inducidas que se producen en un conductor que se mueve en un campo magnético (experiencias de Faraday). Pueden ser alternador o dinamo.

Alternador

Produce corriente alterna y está formado por un imán fijo y una bobina (conjunto de espiras) que gira entre los dos polos del imán.

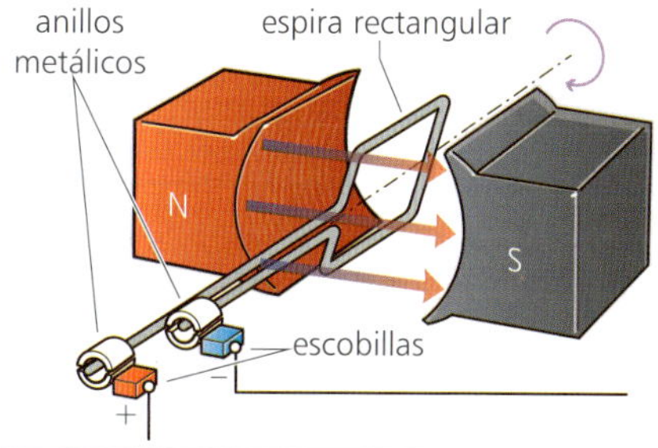

Dinamo

Produce corriente continua y su funcionamiento es similar al del alternador.

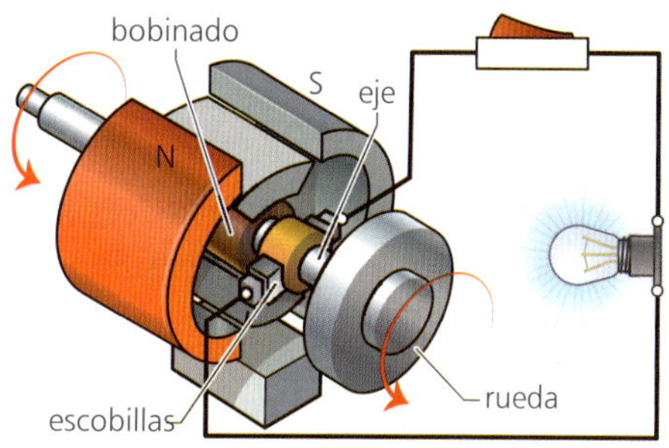

05.2 Fuerza electromotriz de un generador

Para que los electrones circulen por un conductor, es necesario que transporten energía. El generador suministra a los electrones la energía necesaria para que se muevan por el conductor.

> La **fuerza electromotriz**, fem o ε, es la energía que un generador suministra a la unidad de carga que circula por el conductor. Su unidad es el voltio, V.

Cada generador suministra una fuerza electromotriz que corresponde a su voltaje máximo y que viene indicada en su carcasa. El voltaje se mide con un aparato llamado **voltímetro.**

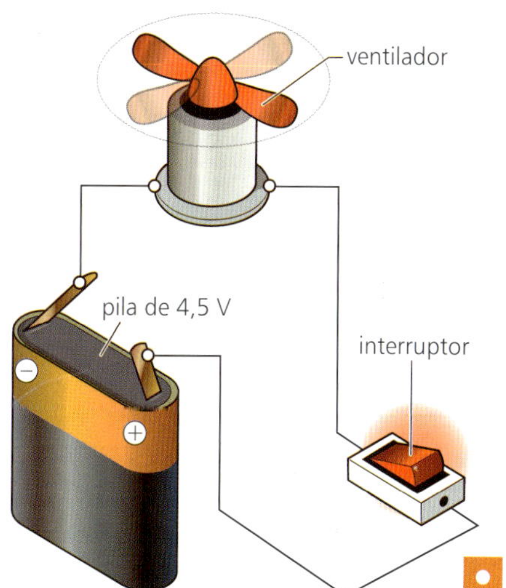

La energía eléctrica que llega al ventilador se transforma en energía mecánica.

Sentido de la corriente eléctrica

Real

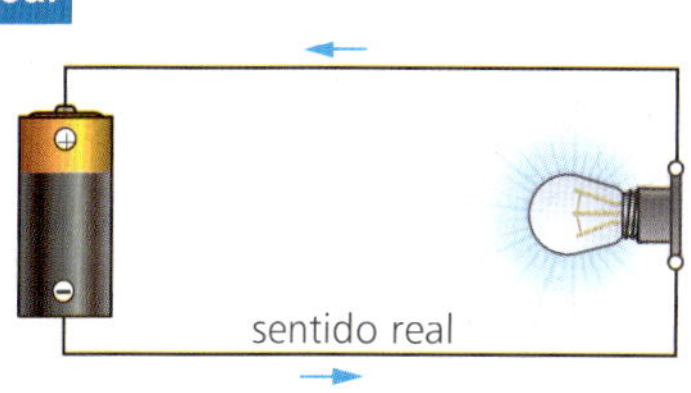

Convencional

06 Circuitos eléctricos

Los electrones parten del polo negativo del generador y, a través de un conductor exterior, regresan al polo positivo. En el camino que recorren pasan por una serie de dispositivos o aparatos conectados entre sí mediante hilos conductores. Este conjunto constituye un **circuito eléctrico**, que es el camino por el que circulan las cargas eléctricas.

El circuito eléctrico más sencillo debe constar de estos componentes:

- Un **generador**, que produce la energía eléctrica necesaria.
- Unos **hilos conductores**, que son filamentos metálicos que unen los bornes del generador al resto de los componentes. Por ellos pasa la corriente eléctrica.
- Un **receptor**, que es un dispositivo que transforma la energía eléctrica en otro tipo de energía, como energía mecánica (motor), energía luminosa (bombilla) y energía calorífica (resistencia).

Además de estos elementos básicos, un circuito puede llevar:

- Un **elemento de control**, que permite controlar voluntariamente el paso de la corriente por el circuito. El más sencillo es el **interruptor** que, cuando está cerrado, hace que la corriente circule y cuando está abierto, no lo permite.
- Un **aparato de medida**, como un **voltímetro**, que mide la diferencia de potencial entre dos puntos de un circuito, y un **amperímetro**, que mide la cantidad de carga que circula en cada segundo (intensidad de corriente).

Para representar los componentes de un circuito se emplean estos símbolos.

	COMPONENTES			SÍMBOLOS		
Generadores	 Pila	 Batería	 Alternador	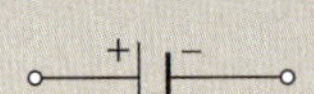 Pila	 Batería	 Alternador
Hilos conductores	 Conductor			 Conductor		
Receptores	 Bombilla	 Resistencia	 Motor	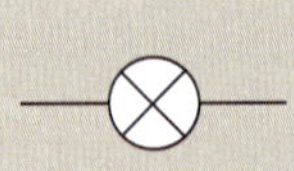 Bombilla	 Resistencia	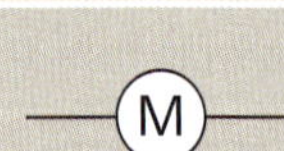 Motor
Elementos de control	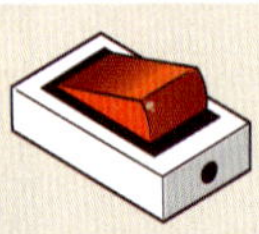 Interruptor			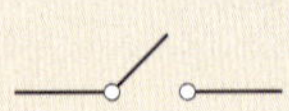 Abierto	Cerrado	
Aparatos de medida	 Voltímetro	 Amperímetro		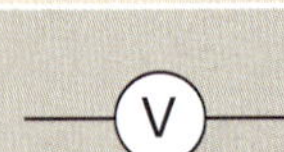 Voltímetro	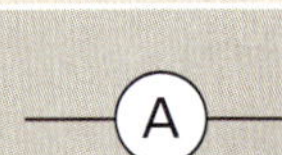 Amperímetro	

Otros elementos del circuito eléctrico

Los pulsadores y los conmutadores también son elementos que controlan el paso de la corriente.

ACTIVIDADES

12 ¿Qué misión tiene un generador en un circuito? Señala las respuestas correctas:

a. Ofrecer una resistencia para que los electrones salgan por el borne positivo.

b. Establecer una diferencia de potencial entre sus extremos.

c. Transformar en energía eléctrica una energía de otro tipo.

d. Impulsar a los electrones para que salgan por el borne negativo.

13 ¿Qué otros nombres recibe la diferencia de potencial?

14 ¿Qué aparato se utiliza para medir la diferencia de potencial entre dos puntos de un circuito?

15 Cita algunos generadores que transformen la energía química de una reacción en energía eléctrica.

16 Nombra algunos generadores que transformen la energía mecánica en energía eléctrica.

17 ¿Qué tipo de generador produce la corriente eléctrica de tu casa?

18 ¿Qué es la fuerza electromotriz de un generador? ¿En qué unidades se mide?

19 Un electricista afirma lo siguiente: «En un circuito, la corriente eléctrica sale del polo positivo de una pila y regresa por el polo negativo». ¿A qué sentido de la corriente se refiere, al real o al convencional?

20 ¿Se encenderá la bombilla en este circuito? ¿Por qué?

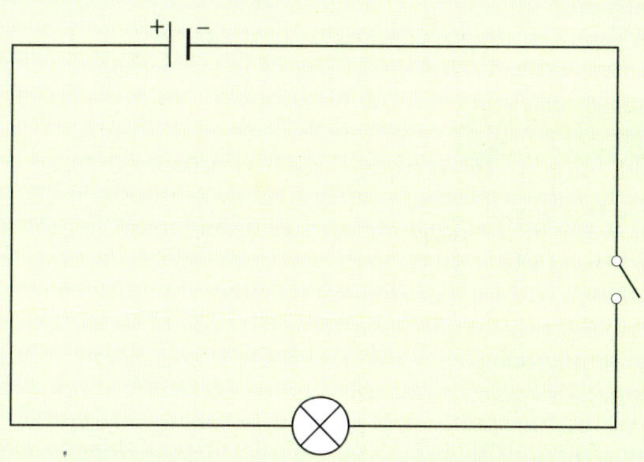

21 Indica cuáles de los siguientes materiales permiten el paso de la corriente eléctrica: hilo de cobre, hilo de seda, alambre de hierro, pelo y tubo muy fino con agua de mar.

22 ¿Por qué los hilos conductores de un circuito han de ser de metal?

23 Cita cuatro receptores que se utilicen frecuentemente en algún circuito de tu vivienda.

24 Dibuja el esquema que corresponde a este circuito:

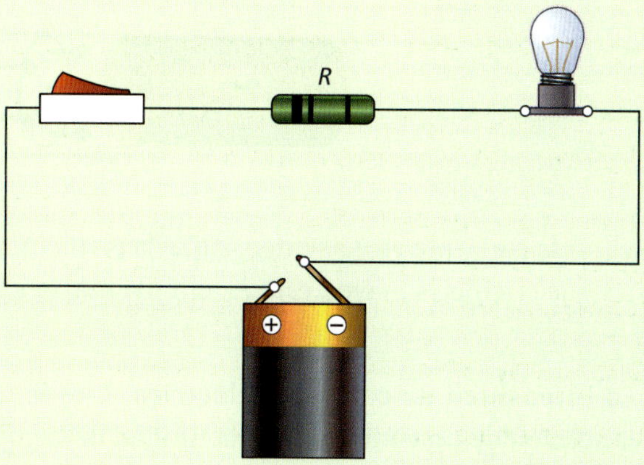

25 Nombra cada uno de los elementos que componen los siguientes circuitos:

A

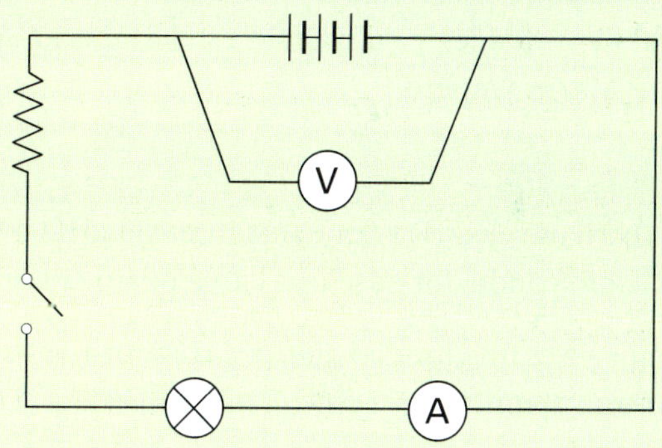

B

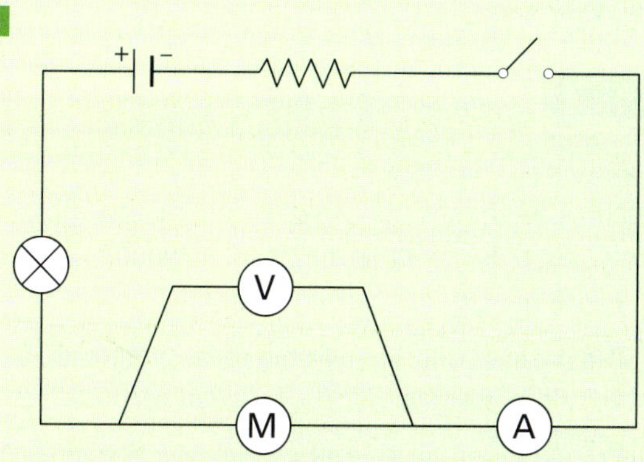

26 Busca en la bibliografía adecuada qué nombre recibe un aparato que sirve a la vez como voltímetro y como amperímetro.

07 Intensidad de corriente

Para que exista corriente eléctrica, los electrones se deben mover en el interior de un conductor pero, ¿cuántos electrones se desplazan en cada unidad de tiempo?

Supongamos que tenemos una sección de un conductor, es decir, imaginemos un corte transversal en un hilo conductor y contemos los electrones que atraviesan ese corte en un segundo.

Cinco electrones atraviesan la sección del conductor en un segundo.

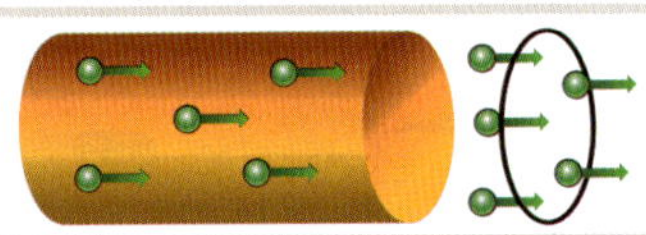

Doce electrones atraviesan la sección del conductor en un segundo.

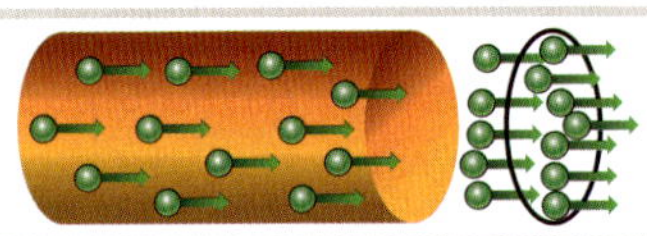

La segunda corriente es más intensa que la primera, ya que el número de electrones que circula es mayor, esto es, circula mayor carga eléctrica.

La **intensidad de corriente eléctrica**, *I*, es la carga, *q*, que atraviesa la sección de un conductor en la unidad de tiempo.

$$I = \frac{q}{t}$$

La intensidad de corriente es una magnitud fundamental del Sistema Internacional de unidades y su unidad es el amperio, A, en honor al físico francés André-Marie Ampère.

$$1\,\text{A} = \frac{1\,\text{C}}{1\,\text{s}}$$

Una corriente eléctrica tiene una intensidad de un amperio cuando por la sección de un conductor pasa una carga de un culombio en un segundo.

El amperio es una unidad que, en la práctica, resulta muy grande, por lo que se emplean submúltiplos, como el miliamperio y el microamperio.

$$1\text{ mA} = 10^{-3}\text{ A} \qquad 1\ \mu\text{A} = 10^{-6}\text{ A}$$

EJEMPLO

¿Cuántos electrones por segundo tendrán que pasar por un conductor, para que la intensidad de corriente sea de un amperio? ¿Y para que sea de dos amperios?

Si recordamos que un culombio es la carga de $6{,}25 \cdot 10^{18}$ electrones, un amperio equivale al paso, por la sección de un conductor, de $6{,}25 \cdot 10^{18}$ electrones en un segundo.

Para que la corriente sea de 2 A, deberá pasar el doble de electrones en 1 s:

$$n^o\ e^- = 1{,}25 \cdot 10^{19}\ e^-$$

Amperímetro

Un **amperímetro** es un aparato que sirve para medir la intensidad de corriente. Consta de una escala, graduada en amperios o en alguno de sus submúltiplos y dos terminales que se conectan al circuito cuya intensidad se desea conocer.

Es importante elegir adecuadamente la escala que se debe utilizar y que esté relacionada con la magnitud de la intensidad que se desea medir. Se debe comenzar con la escala mayor, para ir disminuyéndola a medida que sea necesario.

Si se quiere medir una intensidad de 100 mA y la escala está graduada en amperios, la medida no se verá con precisión y se deberá disminuir la escala. Si, por el contrario, se desea medir una intensidad de corriente mayor que la que marca la escala, no se debe utilizar el aparato, pues se dañaría, ya que pasaría más corriente de la que puede soportar.

Polímetros

En la actualidad, se usan más los polímetros o multímetros digitales, que permiten medir varias magnitudes eléctricas.

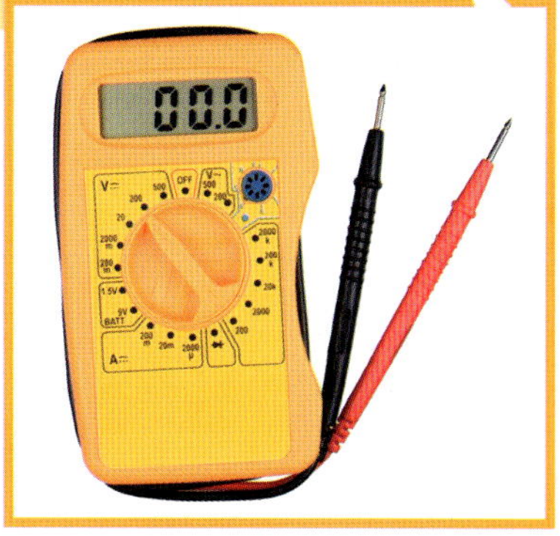

El amperímetro se debe intercalar en el circuito de forma que toda la corriente que se quiere medir lo atraviese; en este caso, diremos que se ha conectado en serie.

EJEMPLO

Calcula el número de electrones que atraviesan la sección de un conductor en un minuto, si la intensidad de corriente que circula por él es de 5 mA.

Un amperio corresponde al paso de $6{,}25 \cdot 10^{18}$ electrones en un segundo. Si la corriente es de 5 mA, tenemos:

$$n^o\ e^- = 6{,}25 \cdot 10^{18} \cdot 5 \cdot 10^{-3} = 3{,}12 \cdot 10^{16}\ e^-/s$$

El número de electrones que pasan en un minuto será:

$$n^o\ e^- = 3{,}12 \cdot 10^{16}\ \frac{e^-}{s} \cdot 60\ \frac{s}{min} = 1{,}88 \cdot 10^{18}\ e^-/min$$

ACTIVIDADES

27 Expresa en el Sistema Internacional de unidades y en notación científica las siguientes intensidades de corriente:

- **a.** 3 mA
- **b.** 0,5 μA
- **c.** 12 nA
- **d.** 4 cA
- **e.** 8 dA
- **f.** 20 daA

28 ¿Cuál es la intensidad de una corriente eléctrica, si por una sección del conductor pasan 3 C en una hora? Expresa el resultado en amperios y en miliamperios.

29 Si por una plancha pasa una corriente cuya intensidad es 500 mA, ¿qué carga atravesará la sección del hilo conductor de la plancha en media hora?

30 Por el filamento de una bombilla pasa una corriente cuya intensidad es de 180 mA. Calcula el número de electrones que pasan por una sección del filamento en 1 s.

31 Calcula durante cuánto tiempo tendría que pasar una corriente eléctrica de 10 μA para transportar una carga de 5 C.

32 Se quiere medir la corriente eléctrica que circula por un electrodoméstico por cuyos cables pasan 18 C cada media hora. Si se dispone de tres amperímetros de escalas graduadas, el primero en A, el segundo en mA y el tercero en μA, ¿qué amperímetro hay que usar?

08 Resistencia de un conductor

Cuando circula la corriente eléctrica por un hilo conductor, los electrones libres se desplazan a través de la estructura del metal, que está formada por sus cationes. En este desplazamiento, los electrones chocan con ellos mismos y, además, tienen que esquivar a los cationes, con los que se producen choques que dificultan su movimiento, es decir, existe una resistencia a que se trasladen.

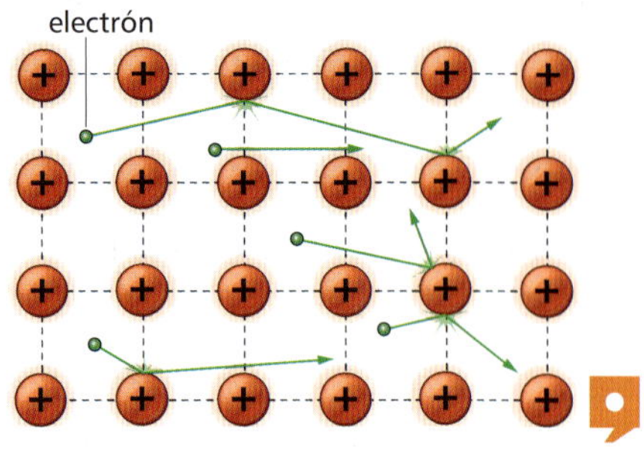

Al elevar la temperatura de un conductor, el número de choques será mayor, ya que hay más agitación térmica y, por ello, la resistencia se incrementará.

La **resistencia eléctrica**, *R*, es la oposición que presenta un conductor a que circule la corriente eléctrica en su interior. Su unidad en el Sistema Internacional es el ohmio, Ω.

Circuito con distintos hilos conductores

Para comprobar que no todos los conductores presentan la misma resistencia eléctrica, realizamos el siguiente montaje.

1 Se pone un hilo de cobre y después, otro de plata, ambos del mismo grosor e igual longitud.

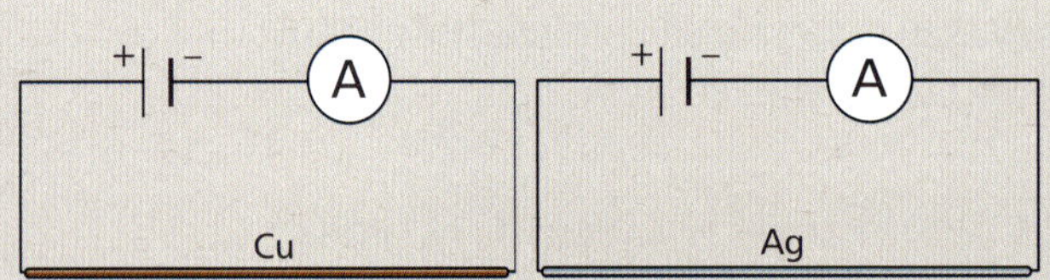

Se observa que el amperímetro marca menos paso de corriente en el caso del cobre que en el de la plata: la resistencia depende del material del que esté hecho el conductor.

2 Se colocan, sucesivamente, dos hilos de cobre del mismo grosor, pero de distinta longitud.

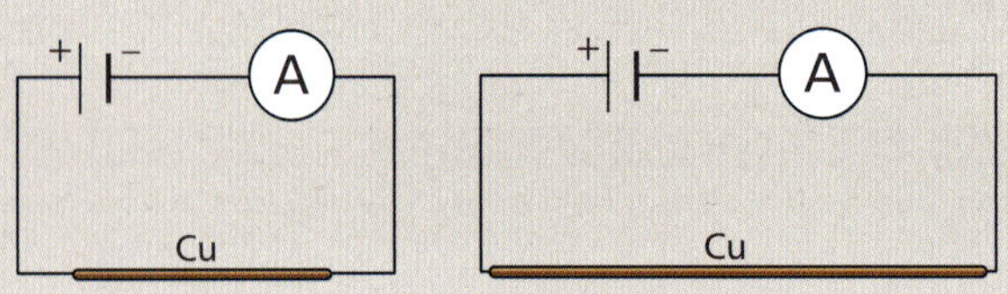

Se observa que el amperímetro marca menos paso de corriente cuando el conductor es más largo: la resistencia es directamente proporcional a la longitud del conductor.

3 Se ponen, sucesivamente, dos hilos de cobre de igual longitud, pero de distinto grosor.

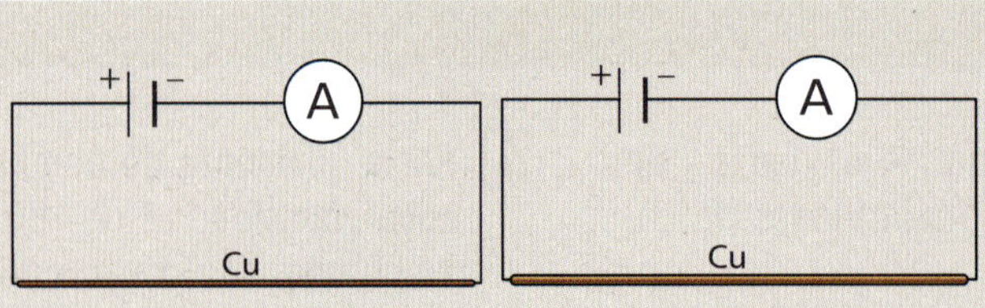

Se observa que el amperímetro marca menos paso de corriente cuando el conductor es más delgado: la resistencia es inversamente proporcional al grosor del conductor, es decir, a la superficie de su sección.

Los resultados obtenidos en estas tres experiencias se pueden expresar matemáticamente de la siguiente forma: $R = \rho \cdot \frac{l}{S}$

Donde *R* es la resistencia del conductor (expresada en ohmios), *l* es su longitud (en metros), *S* es su sección transversal (en metros cuadrados) y ρ es una constante que depende del material con que está hecho el conductor. Dicha constante recibe el nombre de **resistividad** o **resistencia específica;** su unidad es el ohmio por metro, Ω · m.

Ley de Ohm. Cálculo de la resistencia

El físico y matemático alemán Georg Simon Ohm (1789-1854) estudió la relación que existe entre las tres magnitudes eléctricas: voltaje, *V*, intensidad, *I*, y resistencia, *R*.

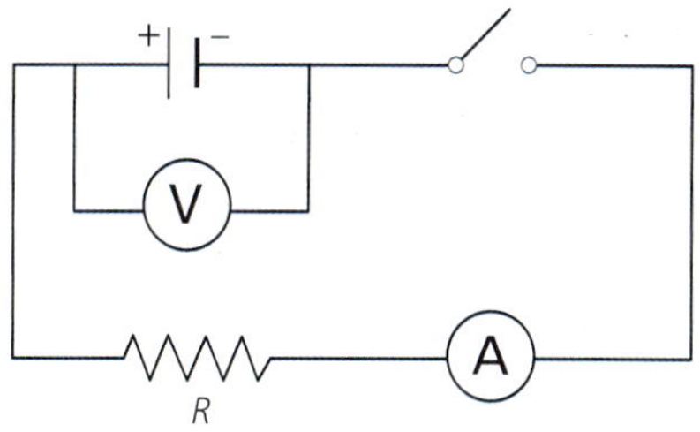

En un circuito formado por un generador de corriente continua y aplicando distintos voltajes a una resistencia, Ohm midió diferentes intensidades de corriente variando el potencial.

Observó que, al aumentar la diferencia de potencial suministrada por el generador, la intensidad de la corriente se incrementaba proporcionalmente con aquella. En 1827, enunció la ley que lleva su nombre:

> La **diferencia de potencial** entre los extremos de un conductor es directamente proporcional a la intensidad de corriente que circula por él.
>
> $$V = I \cdot R$$

El cociente entre el voltaje y la intensidad es una constante, que representa la resistencia del conductor.

$$\frac{V}{I} = \text{constante} \Rightarrow \frac{V}{I} = R$$

Si se representa gráficamente el voltaje aplicado frente a la intensidad de corriente, se obtiene una recta cuya pendiente es el valor de la resistencia del conductor.

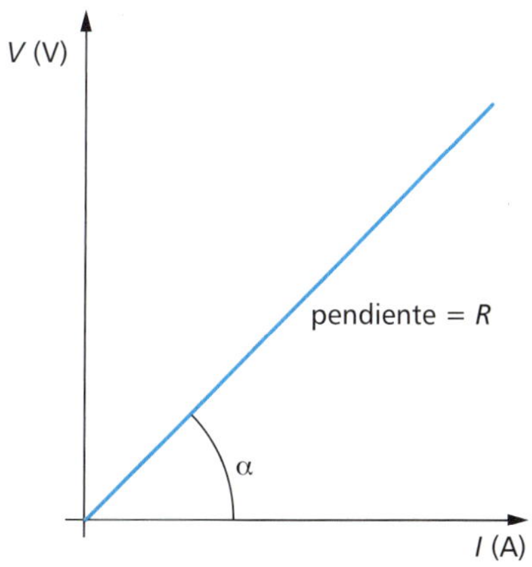

ACTIVIDADES

33 Calcula la resistencia de un conductor de cobre de 2 m de longitud y 0,1 m^2 de sección. Resistividad del cobre es $1{,}7 \cdot 10^{-8}\ \Omega \cdot m$

34 Halla la resistencia de un hilo conductor de cobre de 1 m de longitud si su grosor es:

a. 1 mm^2 **b.** 3 mm^2

¿Qué conclusión se extrae de los resultados obtenidos?

35 Si la resistividad del acero inoxidable es $7{,}2 \cdot 10^{-7}\ \Omega \cdot m$, calcula la resistencia que ofrece un hilo de acero de 2 mm^2 de sección y cuya longitud es:

a. 1 m **b.** 5 m

¿A qué conclusión llegas, a la vista de los resultados?

36 Calcula qué longitud debe tener un hilo de hierro de resistividad $9{,}7 \cdot 10^{-8}\ \Omega \cdot m$ y 1 mm^2 de grosor para que, al aplicar entre sus extremos una diferencia de potencial de 1,5 V, circule una intensidad de corriente de 0,5 A. Efectúa los mismos cálculos si el hilo es de plata, de resistividad $1{,}6 \cdot 10^{-8}\ \Omega \cdot m$.

37 Calcula la intensidad de corriente que circula por una bombilla que está conectada a un voltaje de 220 V, si su filamento tiene una resistencia de 440 Ω.

38 Un calefactor tiene una resistencia de 500 Ω y está conectado a un enchufe que suministra 220 V. ¿Cuál es la intensidad de la corriente que circula por la resistencia del calefactor?

09 La electricidad en casa

Nuestra vida diaria está muy relacionada con el consumo de energía eléctrica, pues la mayoría de los aparatos que empleamos se sirven de la electricidad para su funcionamiento.

A los enchufes de nuestros hogares llega corriente alterna a una tensión de 220 V. Gracias a ella, disponemos de luz de alumbrado y funcionan muchos electrodomésticos, aunque también utilizamos la corriente continua que suministran las pilas y las baterías de teléfonos móviles, relojes, radios, etc. Pero, ¿cómo llega la electricidad a nuestros hogares?

La energía eléctrica no se puede almacenar...

Por eso, debe existir un equilibrio entre la energía que se produce y la que se consume.

09.1 Transporte de la electricidad

La electricidad que llega a nuestras casas se produce en las centrales eléctricas, que pueden ser hidráulicas, térmicas, nucleares y, en algunos casos, de fuentes renovables, y se distribuye por la red eléctrica.

En la **central eléctrica** se produce corriente alterna, de entre 6 000 V y 20 000 V. A la salida de la central hay una **estación de transformación** que eleva la tensión hasta valores comprendidos entre 220 000 V y 400 000 V (alta tensión) mediante transformadores. Esta operación se hace para reducir las pérdidas de energía en el transporte de la electricidad a grandes distancias.

La electricidad a alta tensión circula por las **líneas de alta tensión**, formadas por conductores y torres. Cuando la línea de transporte se acerca a las zonas de consumo, pasa por las **subestaciones**, donde la tensión se reduce a unos 30 000 V para el uso en la industria pesada, a unos 300 V o 400 V para su empleo en la industria ligera, o a 220 V para uso doméstico.

El tren y el metro utilizan corriente a unos 20 000 V.

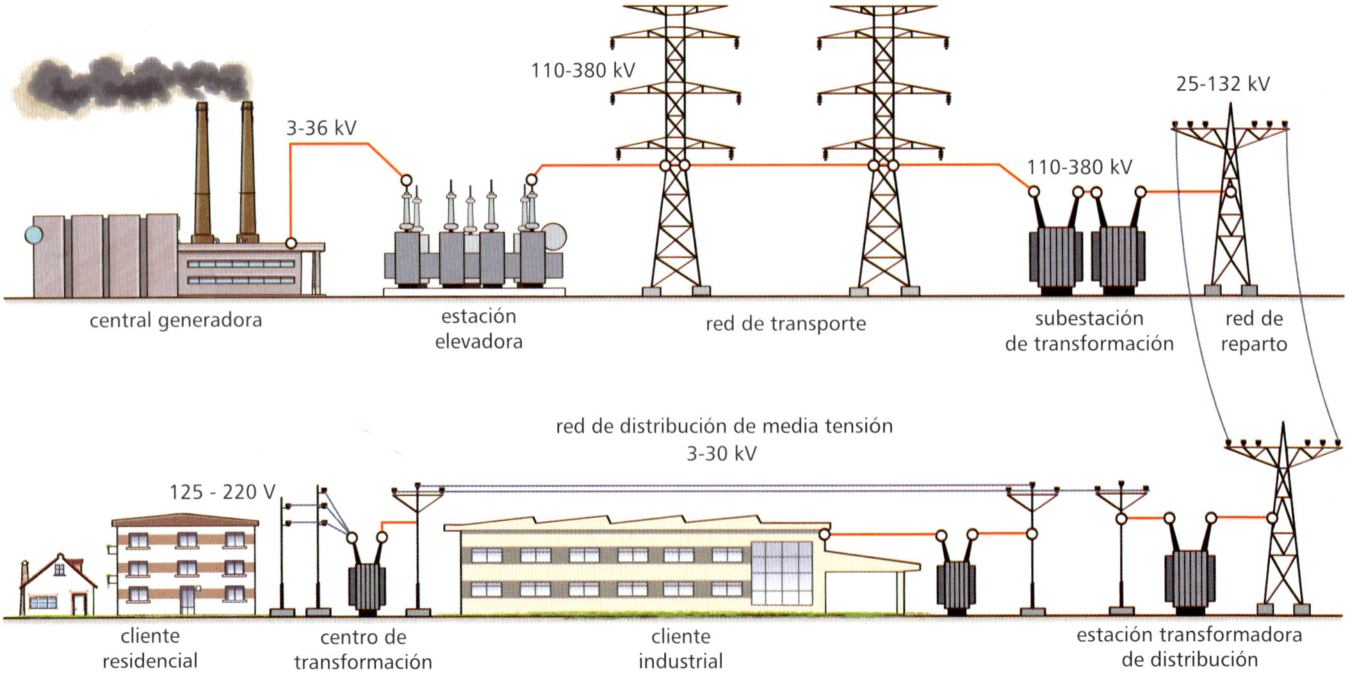

10 Efectos de la corriente eléctrica

La corriente transporta energía eléctrica que se puede convertir con facilidad en otro tipo de energía cuando pasa por los distintos aparatos conectados en el circuito. En los dispositivos eléctricos, la energía eléctrica puede dar lugar a alguno de los siguientes efectos.

EFECTO TÉRMICO	Los aparatos eléctricos se calientan. Esto se debe a que los electrones chocan con los átomos del conductor, cediéndoles parte de su energía. Así aumenta la agitación de los átomos, que origina el calentamiento del conductor. El científico inglés James Prescott Joule explicó este fenómeno, conocido como **efecto Joule,** que es la transformación de energía eléctrica en energía térmica cuando la corriente eléctrica pasa por un conductor.	 
EFECTO LUMINOSO	La emisión de luz en un conductor es una consecuencia del efecto Joule. Cuando la corriente eléctrica pasa por un hilo conductor muy fino, la resistencia es muy grande y la energía calorífica también, por lo que el hilo se pone incandescente, con la consiguiente emisión de luz.	 
EFECTO MAGNÉTICO	De acuerdo con los experimentos de Oersted, una aguja imantada se desvía si se coloca cerca de un conductor por el que circula una corriente eléctrica. De este modo, la corriente eléctrica crea a su alrededor una zona que tiene propiedades magnéticas, lo que demuestra la relación entre electricidad y magnetismo.	 
EFECTO MECÁNICO	Este efecto se basa en el efecto magnético. Al situar un imán cerca de una corriente eléctrica, se puede generar movimiento, hecho que es la base de los motores eléctricos. Un motor eléctrico transforma la energía eléctrica en energía mecánica.	 
EFECTO QUÍMICO	El paso de una corriente por una determinada sustancia puede producir una reacción química, como la descomposición de esa sustancia en los elementos que la componen. Este proceso recibe el nombre de **electrólisis.** La electrólisis del agua produce su descomposición en oxígeno, O_2, e hidrógeno, H_2.	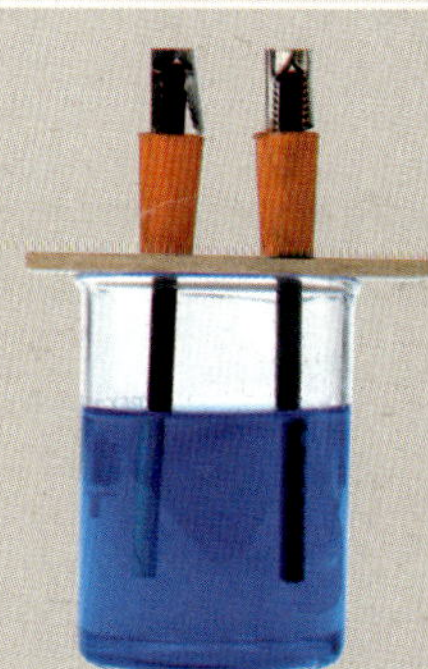

TÉCNICA DE TRABAJO

El circuito portátil

Planteamiento

En este experimento se propone la construcción de un circuito eléctrico muy peculiar, que se va desplazando a lo largo de una espiral de cobre. Hay quien lo considera el tren eléctrico más sencillo del mundo.

Materiales

- Hilo de cobre, de 1 mm de diámetro, sin esmalte.
- Una pila AAA.
- Dos imanes circulares de neodimio, con mayor diámetro que la pila.

Experimento

1 Monta las vías del tren

- Con el hilo de cobre, construye una bobina en espiral que tenga un diámetro superior al de los imanes.
- Es importante que las espiras tengan el mismo diámetro y queden apretadas. Puedes ayudarte de un tubo con el diámetro adecuado e ir arrollando el hilo a su alrededor.
- Prueba a crear primero una bobina de unos 15 cm de largo. Luego puedes construir circuitos más largos y complejos, con curvas y desniveles.

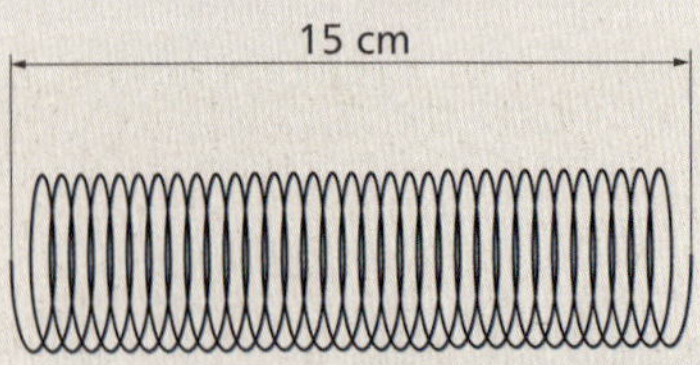

2 Fabrica el tren

- Coloca los imanes en los extremos de la pila. Deben quedar con polos iguales enfrentados. Si el tren no funciona, dale la vuelta a los dos imanes y prueba de nuevo.

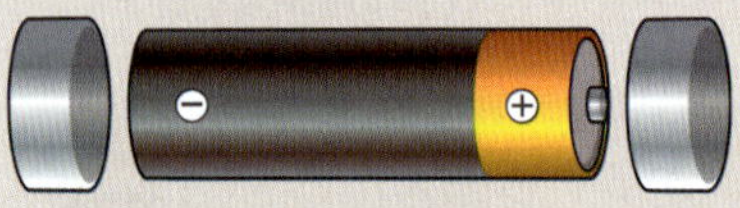

3 Pon el tren en marcha

- Solo tienes que introducir el tren por un extremo de la bobina.

¡Observa un vídeo del experimento!

Explicación

Los imanes son metálicos y conducen la electricidad. Cuando colocas el tren dentro de la bobina, cierran un circuito. La corriente sale de un extremo de la pila, atraviesa el primer imán, recorre las espiras comprendidas entre los dos imanes, atraviesa el segundo imán y entra por el otro extremo de la pila.

Cuando una corriente eléctrica recorre una bobina, genera un campo magnético equivalente al que produce un imán.

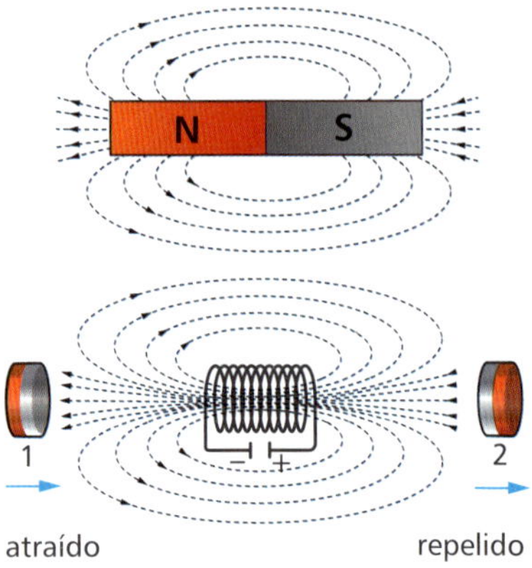

Así, la porción de bobina entre los imanes se comporta como un tercer imán, que atrae al imán 1 y repele al imán 2. Estas fuerzas los desplazan en el mismo sentido y arrastran la pila con ellos.

PRACTICA TÚ

1. ¿Funcionaría el tren con un hilo de cobre esmaltado? ¿Por qué?
2. ¿De dónde procede la energía que mantiene el tren en marcha?
3. Repite el experimento aumentando el número de imanes que colocas en cada extremo.

FÍSICA Y QUÍMICA Y…

Zoología

Los tiburones gozan literalmente de un sexto sentido, que incrementa sus extraordinarias dotes cazadoras. Además de notar los movimientos del agua, de oler, ver, oír o percibir sabores, también son capaces de detectar campos eléctricos.

El hocico del tiburón presenta a su alrededor cientos de poros. Cada uno de ellos se abre a un tubo relleno de un fluido gelatinoso, que conduce la electricidad. El remate del tubo posee células sensoriales, que captan si un campo eléctrico externo ha generado una diferencia de potencial en el gel.

Los organismos inmersos en el agua del mar se comportan como pilas de voltaje muy bajo. La electrosensibilidad de los tiburones advierte la presencia de diferencias de potencial de hasta una milmillonésima de voltio. Incluso en la oscuridad más absoluta, de noche, los tiburones localizan eléctricamente a sus presas.

Los poros destacan como puntos negros a lo largo del hocico y alrededor de las mandíbulas del tiburón.

RAZONA

1. El fluido gelatinoso del hocico del tiburón, ¿permite el movimiento de cargas eléctricas en su interior?
2. ¿Qué clase de electricidad producen los organismos dentro del agua del mar, alterna o continua?
3. ¿Por qué la electrosensibilidad del tiburón puede detectar una presa sin estar en contacto con ella?

Música

El único instrumento musical que produce sonidos sin que su intérprete llegue a tocarlo en ningún momento es el *theremin*. Su aspecto difiere del de cualquier instrumento convencional. Consta de una consola de la que sobresalen dos antenas, una recta, vertical, y otra en forma de lazo, horizontal.

El circuito del *theremin* genera a su alrededor un campo electromagnético y, al mismo tiempo, es sensible a cualquier alteración que se produzca en él. Cuando la mano derecha del intérprete se aproxima a la antena vertical, que controla el tono, el sonido se vuelve más agudo. Cuando la mano izquierda se aleja de la antena horizontal, sube el volumen. El *theremin* exige un control absoluto de los movimientos, ya que cualquier temblor —incluso el causado por la respiración— puede afectar al sonido.

El *theremin* fue uno de los primeros instrumentos musicales electrónicos. Lleva el nombre de su inventor, el físico ruso Leon Theremin, que lo creó en 1920.

Un intérprete de *theremin* es capaz de asociar notas musicales a cada punto del espacio.

APRENDE A APRENDER

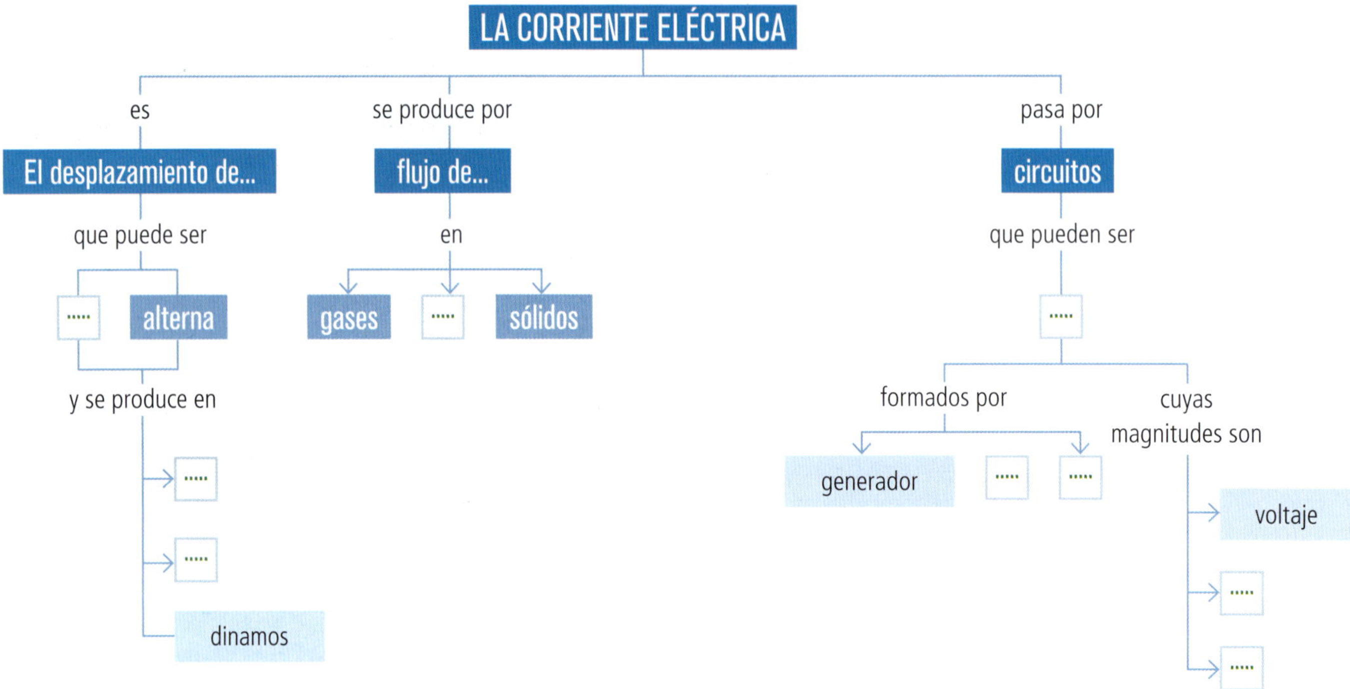

ACTIVIDADES

Formad grupos con los compañeros de clase para realizar las siguientes actividades:

1 Copiad en vuestro cuaderno y completad el esquema de la unidad.

2 Una vez resuelta la actividad anterior, elaborad una presentación digital para exponer la unidad al resto de la clase.

3 Haced un glosario con los conceptos más importantes de la unidad.

4 Elaborad el esquema de un circuito que esté formado por los componentes que se mencionan en el mapa conceptual.

5 Escribid en vuestro cuaderno las definiciones de las magnitudes eléctricas.

6 Definid y escribid la fórmula de la ley que relaciona las magnitudes eléctricas anteriores.

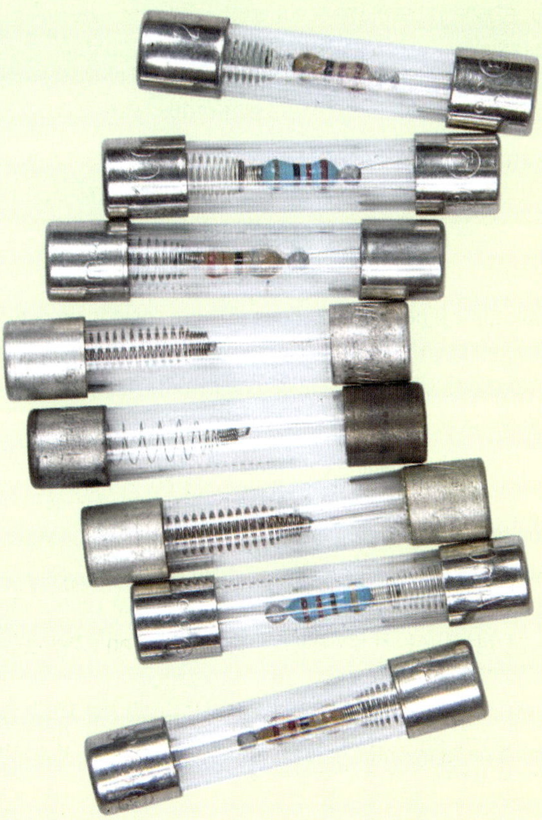

REPASO FINAL

1 Tenemos cuatro cargas de +3 mC, +1 mC, −3 mC y −1 mC. Asigna a cada una de ellas las líneas de fuerza siguientes:

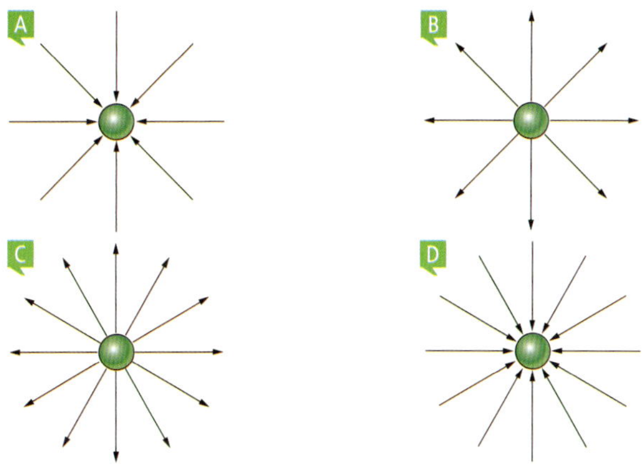

2 Una carga negativa produce un campo eléctrico en el que se pone la carga de prueba $+q'$. ¿Hacia qué valores de potencial se desplazará la carga de prueba de forma espontánea?

3 ¿Qué diferencias hay entre una corriente continua y una corriente alterna?

4 Define intensidad de corriente. Después, escribe su expresión matemática e indica sus unidades.

5 ¿Qué es la resistencia de un conductor? ¿En qué unidades se mide? ¿Qué factores afectan a esta magnitud?

6 Diseña un experimento para comprobar esta hipótesis:

«Para una diferencia de potencial constante, la intensidad de corriente que circula por un conductor es inversamente proporcional a su resistencia».

7 ¿Qué es un circuito eléctrico? ¿Cuáles son sus partes principales?

8 ¿Por qué se utilizan metales para fabricar los cables de los circuitos?

9 Explica el sentido real y el sentido convencional de la corriente eléctrica.

10 ¿Qué es un amperímetro? ¿Cómo se coloca en un circuito?

11 ¿Qué es un voltímetro? ¿Cómo se coloca en un circuito?

12 ¿Cuál es la intensidad de una corriente, si por la sección del conductor pasan 2 C en 15 min? Expresa el resultado en amperios y en miliamperios.

13 ¿Qué carga atraviesa la sección de un conductor en 10 min, si la intensidad que circula por él es de 5 mA?

14 Se dispone de distintos amperímetros, cuyas escalas están graduadas de la siguiente forma:

- Amperímetro 1: de 0 a 100 μA
- Amperímetro 2: de 0 a 2,5 A
- Amperímetro 3: de 0 a 200 A
- Amperímetro 4: de 0 a 500 mA

¿Cuál elegirás para medir una intensidad de corriente de un circuito por el que pasan 10 C en una hora?

15 ¿Qué longitud debe tener un hilo de aluminio de 1 cm^2 de grosor para que ofrezca una resistencia al paso de la corriente de 0,004 mΩ?

Dato: $\rho_{Al} = 2,8 \cdot 10^{-8}\ \Omega \cdot m$

16 Por una batidora circula una corriente de 200 mA. Halla el número de electrones que atraviesan la sección del cable al que está conectada, en 15 min.

17 Mediante el siguiente circuito se pretende calcular el valor de una resistencia. Con este fin, se han medido los valores de la intensidad de corriente y de la diferencia de potencial que refleja la tabla.

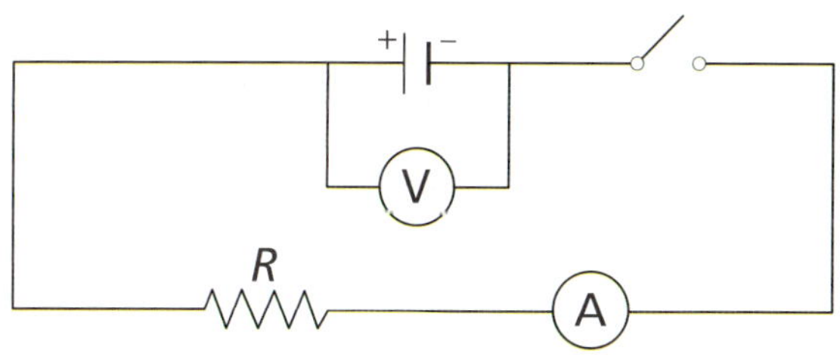

Experiencia	1.ª	2.ª	3.ª	4.ª	5.ª
ΔV (V)	1,50	4,50	6,25	10,00	12,00
I (A)	0,25	0,75	1,04	1,67	2,00

a. Calcula el valor de la resistencia.

b. Dibuja la gráfica del voltaje (ordenadas) frente a la intensidad (abscisas).

c. A la vista de la gráfica, ¿cómo son ambas magnitudes entre sí?

18 ¿Cuál es la intensidad de corriente que circula por un circuito formado por una pila de 12 V, una bombilla de 3 Ω y unos hilos conductores?

REPASO FINAL

19 Copia y completa la siguiente tabla en tu cuaderno.

V (V)	I (A)	R (Ω)
.....	7	5
10	.....	2
12	3	.....

20 Dibuja en tu cuaderno, el símbolo de los siguientes componentes de un circuito.

a. 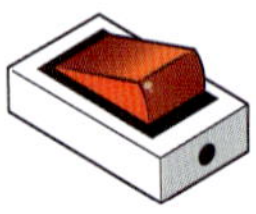

b. 

c. 

d. 

e. 

f. 

g. 

h. 

i. 

j. 

21 Realiza el esquema correspondiente del siguiente circuito eléctrico.

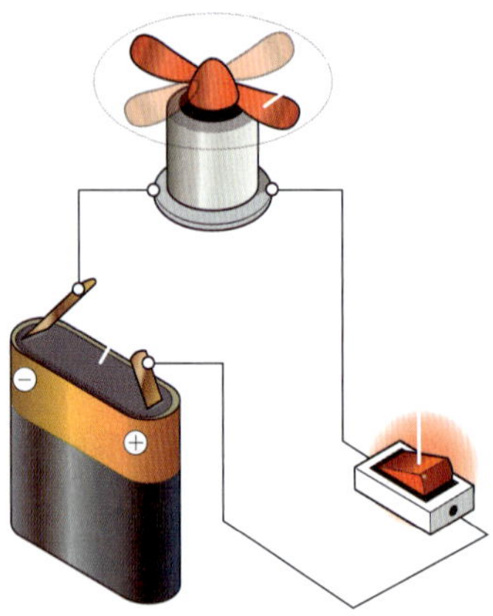

22 Dado el siguiente esquema dibuja el circuito correspondiente con sus componentes.

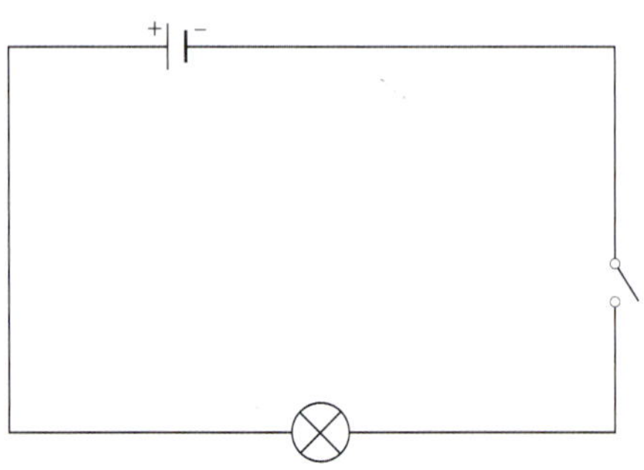

23 Enumera los efectos que produce la energía eléctrica.

24 ¿Cuáles de los efectos de la actividad 23 pueden llevar aparejados más costes económicos?

25 Indica qué efecto de la corriente se utiliza en los electrodomésticos siguientes:

a. Lavavajillas.

b. Televisión.

c. Batería de coche.

d. Batidora.

e. Tostadora.

f. Bombilla.

26 ¿Qué aparatos utilizan el efecto magnético para su funcionamiento?

a. Placa vitrocerámica.

b. Placa de inducción.

c. Horno microondas.

d. Horno convencional.

e. Pila.

f. Alternador.

27 ¿Es siempre conveniente el efecto Joule? Razónalo.

28 ¿Qué efectos de la corriente eléctrica tienen lugar en una bombilla?

29 ¿Por qué la energía eléctrica se conduce a través de corriente a altas tensiones?

EVALUACIÓN

1 Por un circuito eléctrico circulan:

a. Cationes.
b. Aniones.
c. Protones.
d. Electrones.

2 En la corriente alterna:

a. Los electrones se desplazan en un sentido y los cationes, en el sentido contrario.
b. Los electrones van hacia el polo positivo del alternador y, cuando llegan a él, invierten el sentido.
c. Los electrones vibran en el conductor.
d. Los electrones no se desplazan; se desplazan los cationes del metal conductor.

3 De los siguientes generadores, ¿cuál o cuáles se sirven de imanes?

a. Un alternador.
b. Una pila.
c. Un acumulador.
d. Una dinamo.

4 De los siguientes símbolos, ¿cuál es el que corresponde a la bombilla?

a. 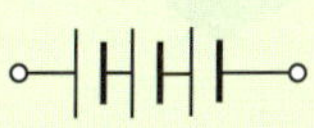

b. 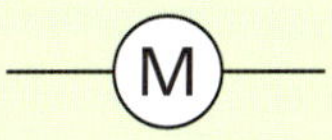

c. 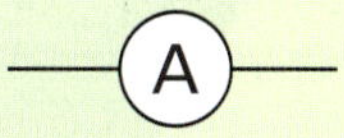

d. 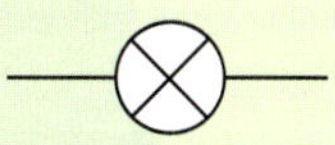

5 La resistencia se representa en un circuito eléctrico por el símbolo:

a. 

b. 

c.

d. 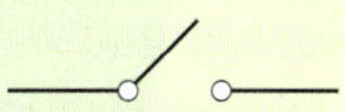

6 El símbolo de una pila es:

a. 

b. 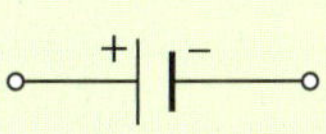

c.

d. 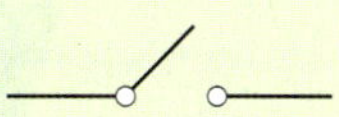

7 Por el filamento de una bombilla pasa una carga de 540 C en una hora. ¿Cuál es la intensidad de la corriente que circula?

a. 0,15 A
b. 15 A
c. 0,003 A
d. 24 A

8 ¿Qué resistencia ofrecerá al paso de la corriente un hilo de cobre de 1,5 m de longitud y 0,5 mm^2 de sección?

Dato: $\rho_{Cu} = 1{,}7 \cdot 10^{-8}\ \Omega \cdot m$

a. $5{,}7 \cdot 10^{-4}\ \Omega$
b. $0{,}051\ \Omega$
c. $5{,}7 \cdot 10^{-10}\ \Omega$
d. $0{,}51 \cdot 10^{-6}\ \Omega$

9 ¿Cuánto vale la resistencia de un aparato, si por él circula una intensidad de corriente de 40 mA cuando se conecta a una diferencia de potencial de 110 V?

a. 2,75 Ω
b. 4 400 Ω
c. 4,4 Ω
d. 2 750 Ω

10 Se dispone de una bombilla de 10 Ω de resistencia conectada a una batería que suministra 12 V. ¿Qué intensidad de corriente atravesará el circuito?

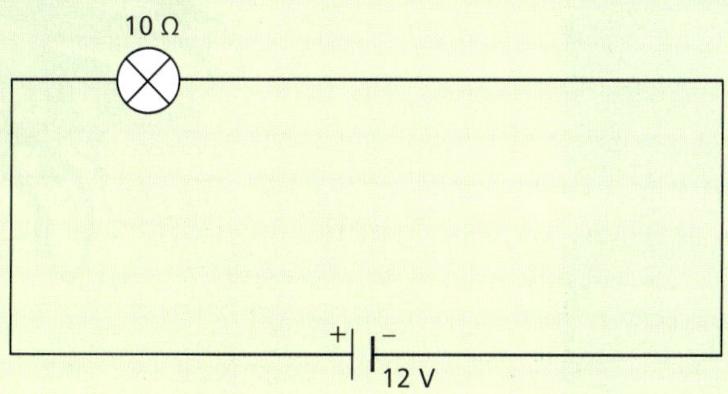

a. 2,4 A
b. 1,2 A
c. 0,4 A
d. 120 A

11 En un motor eléctrico, se transforma la energía eléctrica:

a. En energía mecánica.
b. En energía química.
c. En energía lumínica.
d. En energía térmica.

12 El efecto Joule es:

a. La transformación de la energía eléctrica en mecánica.
b. La transformación de la energía eléctrica en química.
c. La transformación de la energía eléctrica en lumínica.
d. La transformación de la energía eléctrica en térmica.

DIARIO DE APRENDIZAJE

¿Puedo confirmar y ampliar la relación de los contenidos de esta unidad con las anteriores? ¿Para qué me ha servido lo que he estudiado en esta unidad?

06 La luz y el sonido

¿Qué tipo de dificultades preveo que puedo tener en esta unidad a la vista de los contenidos que se van a tratar?

La luz y el sonido son fenómenos que la naturaleza produce, y que el hombre puede disfrutar y aprovechar.

1 Imaginad el mundo si no existiese la luz. ¿Cómo sería?

2 ¿Qué otras fuentes de luz, además del Sol, conocéis?

3 ¿Qué relación existe entre la luz y el sonido?

4 ¿Cómo se produce un sonido?

01 Las ondas

Cuando escuchamos música, iluminamos un objeto o lanzamos una piedra a un lago, estamos recibiendo o generando ondas.

> Una **onda** es una perturbación que se propaga a través de la materia o del vacío y transporta energía pero no masa.

Por ejemplo, si tenemos una cuerda y la agitamos, el movimiento de nuestra mano se propaga por toda la cuerda, pero nuestra mano continua al final del brazo, en su sitio.

Las **ondas mecánicas** se propagan a través de un medio material, como, por ejemplo, las olas del mar.

Las **ondas electromagnéticas** no necesitan un medio material para propagarse, sino que pueden hacerlo a través del vacío. Por ejemplo, las ondas de radio, que se propagan en el aire, o la luz del Sol, que llega hasta la Tierra atravesando el espacio.

Onda mecánica.

La tecnología wifi utiliza ondas electromagnéticas.

01.1 Magnitudes de las ondas

Las ondas se caracterizan por una serie de magnitudes:

- La **amplitud**, *A*: es la máxima distancia entre la posición de equilibrio y la cresta de la onda. Se mide en metros, m.
- La **frecuencia**, *f*: es el número de longitudes de onda que pasan por un punto en un segundo. Se mide en hercios, Hz.

$$f = \frac{1}{T}$$

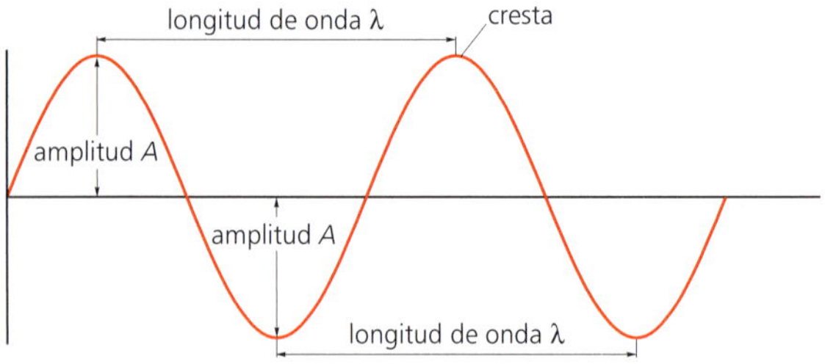

- El **periodo**, *T*: es el tiempo que tarda en pasar por un punto una longitud de onda. Se mide en segundos, s. Es el inverso de la frecuencia:

$$T = \frac{1}{f}$$

- La **longitud de la onda**, λ: es la mínima distancia entre dos crestas de la onda. Se mide en metros, m.
- La **velocidad de la onda**, *v*: es el espacio que recorre la onda entre el tiempo que tarda en recorrer ese espacio. Se mide en m/s y su expresión es:

$$v = \frac{s}{t} = \frac{\lambda}{T} = \lambda \cdot f$$

EJEMPLO

Una onda tiene una amplitud de 1 m y un periodo de 2 s. Si su longitud de onda es de 4 m:

a. ¿Cuál es la velocidad de la onda?

b. ¿Cuál es la frecuencia de la onda?

c. Cuando la cresta llega a la altura máxima, ¿cuántos metros alcanza?

a. Se calcula la velocidad con la expresión:

$$v = \frac{\lambda}{T} = \frac{4\ \text{m}}{2\ \text{s}} = 2\ \text{m/s}$$

b. La frecuencia es la inversa del periodo, por tanto:

$$f = \frac{1}{T} = \frac{1}{2\ \text{s}} = 0{,}5\ \text{Hz}$$

c. La altura máxima viene determinada por la amplitud, luego la cresta alcanza 1 m.

02 La luz es una onda

Existen muchos tipos de ondas electromagnéticas, por ejemplo, las ondas de radio, las microondas, los rayos X o la luz ultravioleta. Entre ellas se encuentra también la luz visible, a la que, cotidianamente, llamamos *luz*.

La **luz visible** es una onda electromagnética que no necesita un medio material para propagarse.

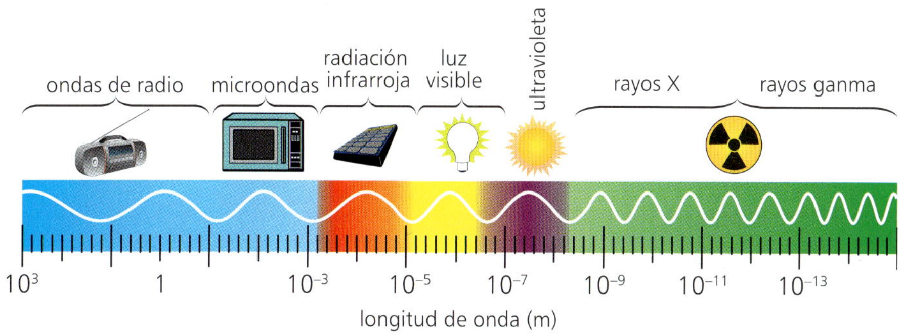

La luz visible se percibe mediante el sentido de la vista, aunque nuestro cuerpo también percibe otras ondas electromagnéticas, como por ejemplo, los rayos infrarrojos cuando notamos la piel calentarse al exponerse al sol.

02.1 Propiedades de la luz

La luz se caracteriza por el valor de su velocidad y por la dirección en que se propaga.

La velocidad de la luz

La velocidad de propagación de la luz en el vacío, *c*, es extremadamente alta, tanto que durante mucho tiempo se pensó que la luz se propagaba instantáneamente. En la actualidad, ningún movimiento ha superado esa velocidad.

El valor de la velocidad de la luz en el vacío es de 300 000 km/s. Si la luz visible atraviesa un medio material, por ejemplo, hielo, su velocidad disminuye, en este caso a 229 000 km/s.

El **índice de refracción, *n*,** es el cociente entre la velocidad de la luz en el vacío, *c*, y la velocidad de la luz en otro medio, *v*.

$$n = \frac{c}{v}$$

El índice de refracción no tiene unidades. Por su definición, su valor es siempre superior a la unidad.

ÍNDICE DE REFRACCIÓN	
vacío	1
aire	1,000 29
diamante	2,42
hielo	1,31
alcohol	1,36
agua	1,33

ACTIVIDADES

1 Una onda viaja a una velocidad de 250 000 m/s. Calcula el espacio que recorre en un día.

2 El índice de refracción de un medio es 1,5. ¿Cuál es la velocidad de la luz en ese medio?

La propagación de la luz

La luz se propaga en línea recta. Para comprobarlo, puedes realizar el siguiente experimento:

Diagrama de sombras y penumbras

Toma una linterna y, en una habitación sin luz, enciéndela y proyecta la sombra de tu mano o de cualquier objeto sobre la pared.

1. Prueba a alejar la luz de la linterna de tu mano o del objeto. La sombra que proyecta será completamente nítida.
2. Prueba ahora a acercar la linterna a tu mano o al objeto. La sombra será menos nítida y aparecerá una zona de penumbra.

La propagación rectilínea de la luz explica la existencia de **sombras** y **penumbras.**

Desde cada extremo del foco se trazan dos rayos, uno por cada extremo del objeto.

(1) Desde el extremo superior del foco al extremo superior del objeto.

(2) Desde el extremo inferior del foco al extremo inferior del objeto.

(3) Desde el extremo superior del foco al extremo inferior del objeto.

(4) Desde el extremo inferior del foco al extremo superior del objeto.

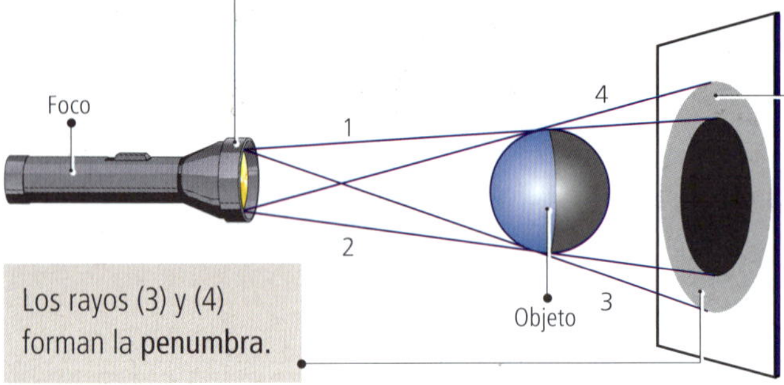

Los rayos (1) y (2) forman la **sombra** (si el foco está muy lejos, estos dos rayos salen del mismo punto y no se forma penumbra).

Los rayos (3) y (4) forman la **penumbra.**

Recuerda

Un **rayo** de luz es la línea recta imaginaria que representa la dirección y el sentido de propagación de la luz.

El **foco** es el lugar de donde procede la luz.

Los eclipses

Los ejemplos más comunes de sombras y penumbras son los eclipses, que tienen lugar cuando el Sol, la Luna y la Tierra se alinean y la Tierra o la Luna proyectan la sombra de una sobre la otra, ocultándola temporalmente.

- El **eclipse de Sol** sucede cuando la Tierra atraviesa la sombra que proyecta la Luna, es decir, la Luna se interpone entre la Tierra y el Sol.
- El **eclipse de Luna** sucede cuando la Luna pasa por el cono de sombra de la Tierra, estando los dos astros alineados con el Sol. Se produce siempre en la fase de Luna llena, pero hay que tener en cuenta que las órbitas de Tierra y Luna están inclinadas una respecto a otra y no siempre se alinean.

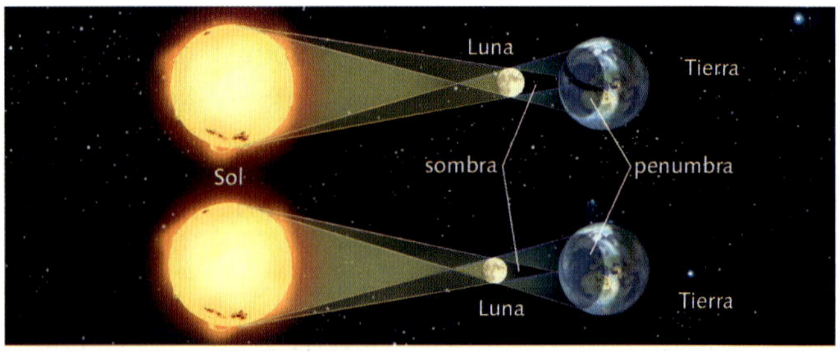

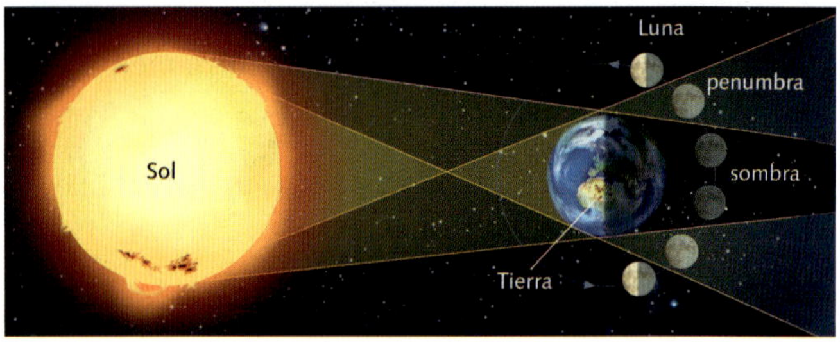

03 La reflexión de la luz

La reflexión de la luz explica por qué, cuando nos miramos al espejo, observamos nuestra imagen en él o por qué se reflejan las cosas en el agua.

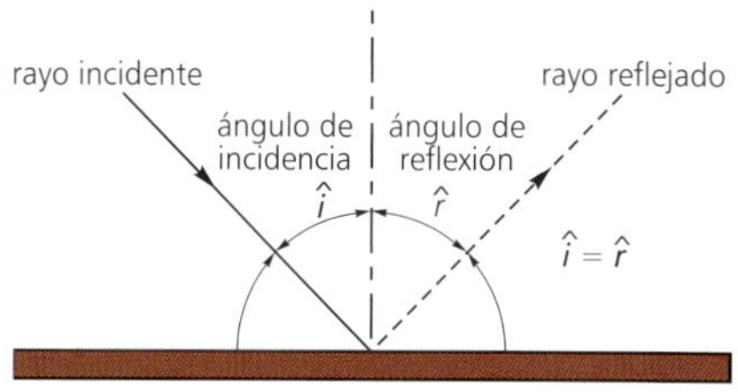

> La **reflexión** es el fenómeno por el cual la luz, al llegar a una superficie de separación entre dos medios, cambia de dirección y regresa al primer medio.

Gracias a la reflexión de la luz podemos ver imágenes cuando la luz incide sobre superficies lisas y bien pulimentadas, que se conocen como espejos. La luz alcanza dichas superficies, se refleja y llega a nuestros ojos.

La reflexión de la luz cumple con las **leyes de Snell,** según las cuales sucede que:

- El rayo incidente, el rayo reflejado y la normal están en un mismo plano, que es perpendicular a la superficie.
- El ángulo de incidencia, $\hat{i}$, es igual al ángulo de reflexión, $\hat{r}$.

03.1 Los espejos

La superficie del agua puede convertirse en un espejo plano.

Los espejos pueden ser planos y curvos:

- Los **espejos planos** forman una imagen del mismo tamaño y a la misma distancia que el objeto que se refleja. El objeto y su imagen reflejada son simétricos entre sí.
- Los **espejos curvos** están formados por una superficie curva y pueden ser **cóncavos** o **convexos.**

Espejos convexos: su superficie es el exterior de una esfera o paraboloide. Las imágenes que producen estos espejos son siempre menores y derechas.

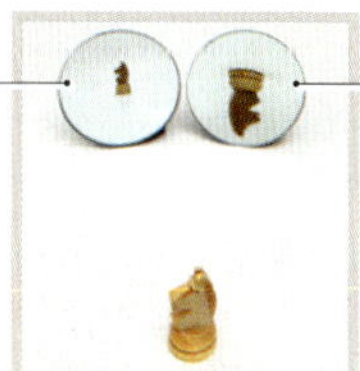

Espejos cóncavos: su superficie es el interior de una esfera o paraboloide. Las imágenes que producen estos espejos pueden ser mayores, menores, derechas o invertidas o incluso no producir imágenes.

ACTIVIDADES

3 Observa estas imágenes e indica en qué tipo de espejo se reflejan los objetos:

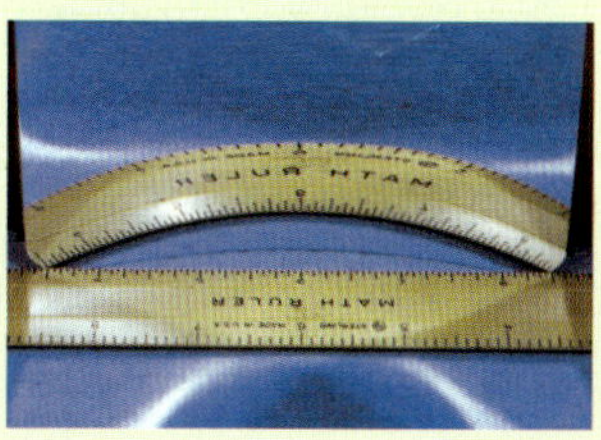

04 Formación de imágenes en espejos

Si sostienes una cucharita y ves tu reflejo, observarás que no es igual por una cara de la cuchara que por la otra. Una de las caras es un espejo cóncavo (si te encuentras a la distancia adecuada, tu imagen sale invertida) y la otra es un espejo convexo (tu imagen sale al derecho).

¿Cómo funciona la formación de imágenes en los espejos?

Formación de imágenes en espejos planos

Para obtener la imagen en un espejo plano:

1. Trazamos el rayo incidente desde un punto P del objeto hasta la superficie del espejo.
2. Trazamos el rayo reflejado sabiendo que este forma con la normal el mismo ángulo que el rayo incidente.
3. Dibujamos el punto simétrico P' al otro lado del espejo.

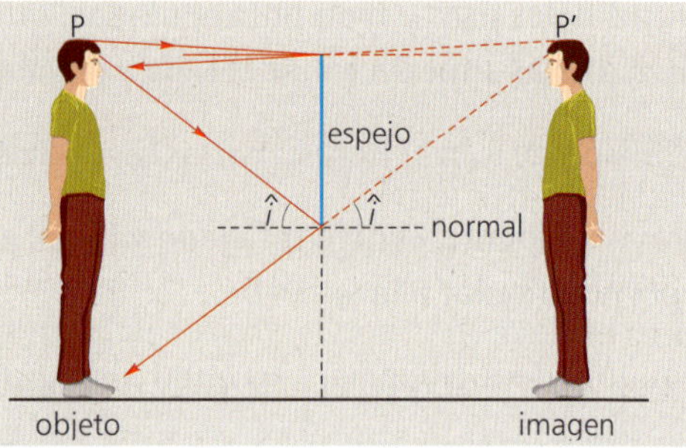

Formación de imágenes en espejos cóncavos

Para obtener la imagen en un espejo cóncavo:

1. Trazamos un rayo (1) que pase por el centro de curvatura del espejo, C, desde un punto del objeto, P, hasta la superficie del espejo.
2. Trazamos un rayo paralelo a la horizontal. Este rayo (2), al reflejarse, pasa por el foco del espejo, F.
3. El punto de corte entre los rayos (1) y (2) es el punto imagen de P, P'. La imagen va desde el eje hasta el punto de imagen P'.

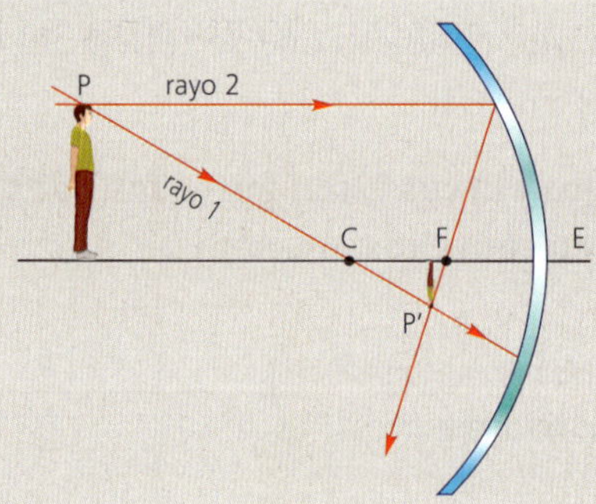

Formación de imágenes en espejos convexos

Para obtener la imagen en un espejo convexo:

1. Trazamos un rayo (1) cuya prolongación pase por el centro de curvatura del espejo, C desde un punto del objeto, P.
2. Trazamos un rayo paralelo a la horizontal. La prolongación de este rayo (2), al reflejarse, pasa por el foco del espejo, F.
3. El punto de corte entre las prolongaciones de los rayos (1) y (2) es el punto imagen de P, P'. La imagen va desde el eje hasta el punto de imagen P'.

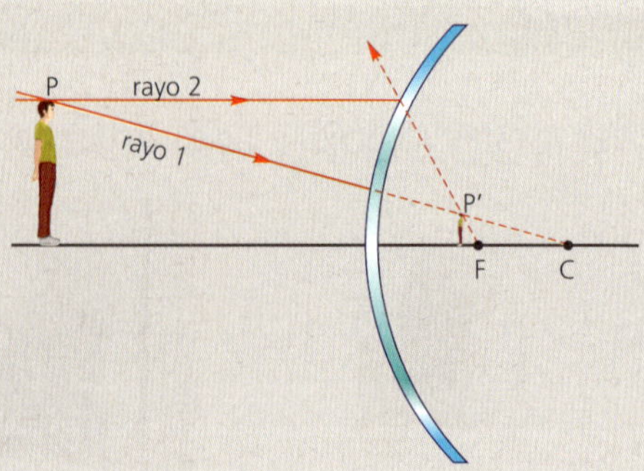

05 La refracción de la luz

Cuando nos sumergimos en una piscina y miramos nuestros pies, nos parece que están más cerca que cuando los miramos desde fuera del agua. Este fenómeno se conoce como refracción de la luz y se debe a que la luz no viaja a la misma velocidad en el aire que en el agua, pues son medios distintos.

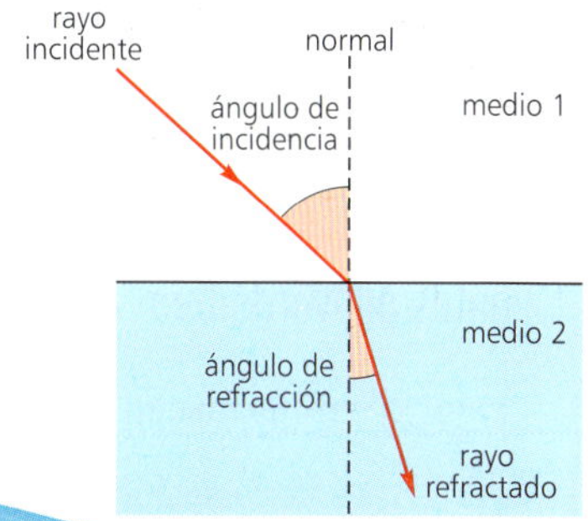

> La **refracción** de la luz es un fenómeno que consiste en el cambio de dirección que experimentan los rayos de luz cuando pasan de un medio a otro en el que se propagan a una velocidad distinta.

La refracción de la luz cumple con las **leyes de Snell**, según las cuales sucede que:

- El rayo incidente, el refractado y la normal están en un mismo plano perpendicular a la superficie.
- El rayo refractado se acerca a la normal cuando pasa de un medio más rápido a otro en el que la luz viaja más despacio. Por el contrario, el rayo refractado se aleja de la normal cuando pasa de un medio más lento a otro en el que la luz se transmite más rápido.

05.1 Las lentes

Las lentes son cuerpos transparentes limitados por dos superficies, siendo al menos una de ellas curva. Existen **lentes convergentes** y **lentes divergentes.**

Lentes convergentes: son más gruesas en el centro que en los extremos. Cuando los rayos las atraviesan, convergen, es decir, se acercan unos a otros. Las imágenes que producen pueden ser mayores, menores, derechas o invertidas. O incluso no producir imagen.

Lentes divergentes: son más delgadas en el centro que en los extremos. Cuando los rayos las atraviesan, divergen, es decir, se alejan unos de otros. Las imágenes que producen son siempre menores y derechas.

Existen diferentes tipos de lentes convergentes y divergentes:

- Entre las convergentes se encuentran las lentes biconvexas, plano-convexas o el menisco convergente.
- Entre las divergentes se encuentran las lentes bicóncavas, plano-cóncavas o el menisco divergente.

ACTIVIDADES

4 Identifica a qué tipo de lente corresponde esta imagen:

06 Formación de imágenes en lentes

Cuando utilizamos una lupa obtenemos una imagen ampliada de un objeto, si usamos unos prismáticos conseguimos ver un objeto lejano. Pero, ¿cómo se forman estas imágenes en las lentes de esos instrumentos?

Lentes convergentes

Para obtener la imagen en una lente convergente:

1. El foco de la lente convergente, F′, es el punto en el que se cortan los rayos que llegan a la lente paralelos.
2. Trazamos un rayo (1) paralelo a la horizontal y que pasa por el foco F′ de la lente.
3. Trazamos un rayo (2) incidente desde un punto Q del objeto de modo que pase por el centro de la lente, O.
4. El punto de corte entre esos dos rayos es la imagen de Q, Q′.

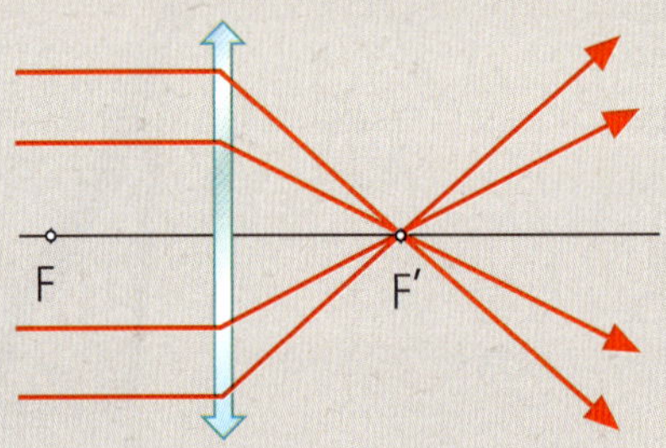

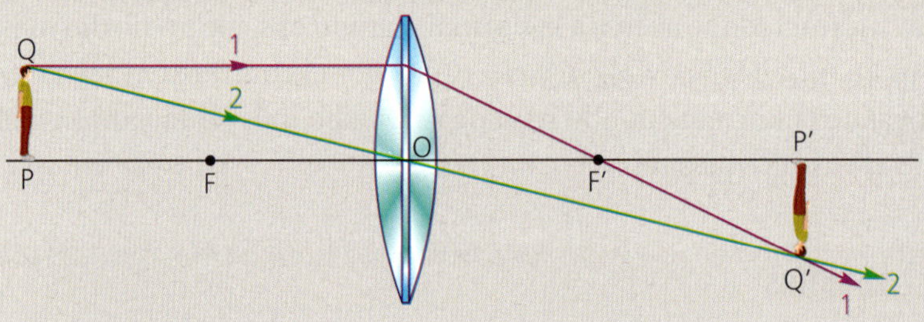

Lentes divergentes

Para obtener la imagen en una lente divergente:

1. El foco de la lente divergente, F′, es el punto en el que se cortan las prolongaciones de los rayos que llegan a la lente paralelos.
2. Trazamos un rayo paralelo a la horizontal y cuya prolongación (1) pasa por el foco de la lente, F′.
3. Trazamos un rayo incidente (2) desde un punto Q del objeto de modo que pase por el centro de a lente, O.
4. El punto de corte entre esos dos rayos es la imagen de Q, Q′.

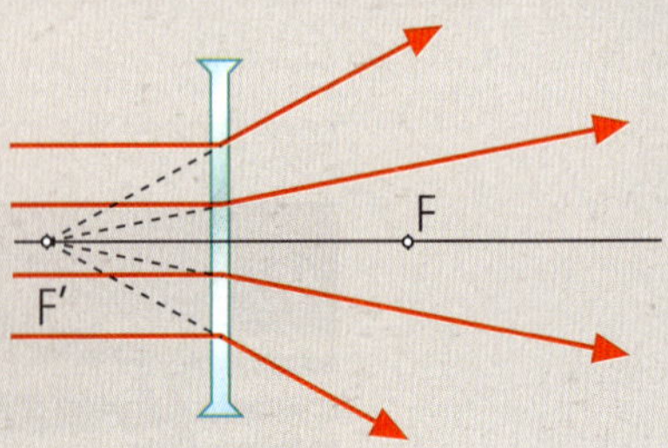

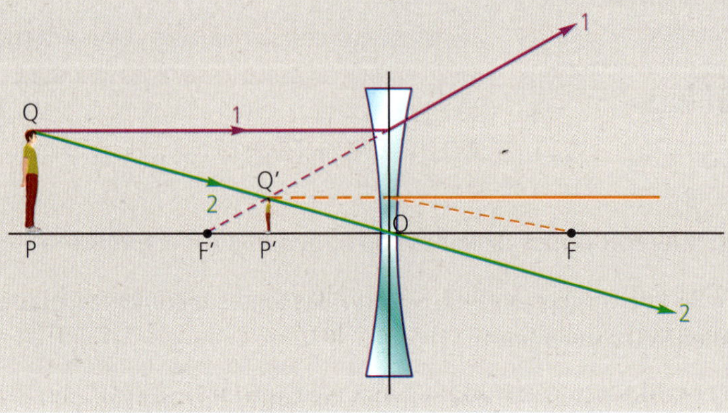

07 El sonido es una onda

Cuando hablamos de sonido, generalmente nos referimos a la sensación que percibimos mediante el sentido del oído, pero podemos realizar algunos experimentos para entender que el sonido no es solamente algo relacionado con escuchar algo.

Haciendo bailar a los granos de arroz

1. Toma algunos recipientes de cocina: una olla, un cuenco y una cuchara de madera.
2. Cubre la boca del cuenco con papel de seda y sujétalo con una cinta adhesiva o una goma.
3. Deposítalo en la mesa y coloca sobre el papel algunos granos de sal gorda, arroz o puntas de lápices.
4. Sitúate con la olla y la cuchara cerca del cuenco y golpea la base de la olla. ¿Qué sucede?

Cuando golpeas la olla, notarás que vibra. Esa vibración es la misma que hace bailar a los granos de arroz sobre el cuenco, es decir, el sonido transporta energía capaz de desplazar objetos. Además, este sonido se ha originado en la base de la olla pero se ha propagado hasta el cuenco.

Con estas consideraciones, se puede afirmar que:

> El **sonido** es la **vibración** de un cuerpo, y se propaga en forma de ondas por un medio material.

A diferencia de la luz, el sonido precisa de un medio material para propagarse, de modo que se trata de una **onda mecánica**, es decir, se propaga en líquidos, sólidos o gases, pero no en el vacío.

El oído humano

Los seres humanos percibimos sonidos de frecuencias en un rango muy amplio, pero somos incapaces de percibir, por ejemplo, las ondas sonoras que producen los terremotos (infrasonido) o las ondas no audibles que emiten los murciélagos para orientarse (ultrasonido).

07.1 Propiedades del sonido

Cuando, en el experimento anterior, la onda sonora consigue desplazar los granos de arroz, sucede lo siguiente: la olla vibra al ser golpeada y provoca que las moléculas de aire a su alrededor se compriman y aumenten la presión.

Cuando la vibración cambia de sentido, las moléculas del aire cercano están más separadas y el aire se expande, o lo que es lo mismo, disminuye la presión.

Estos **cambios en la presión del aire** se transmiten al papel de seda y empujan a los granos de arroz, que se mueven gracias a las alteraciones en la presión.

07.2 Velocidad del sonido

La velocidad del sonido depende del medio en el que se propaga, pero no depende de la fuente que genera esa onda, es decir, del material que vibra.

Por ejemplo, la velocidad del sonido que produce un despertador no depende del despertador, sino del medio (el aire) en que se propaga.

En general, el sonido viaja más rápido en un medio sólido que en uno líquido o gaseoso.

La **velocidad del sonido**, v, es el espacio que recorre el sonido en la unidad de tiempo, t. También se define en términos de magnitudes de onda, como la longitud de onda, λ, entre el periodo, T.

$$v = \frac{s}{t} = \frac{\lambda}{T} = \lambda \cdot f$$

En el SI se mide en m/s.

VELOCIDAD DEL SONIDO	
Medio	**v (m/s)**
aire (20 °C)	340
aire (0 °C)	331
oxígeno	317
alcohol	1 200
agua	1 600
caucho	50
madera	3 900
acero	5 100
granito	6 000

07.3 Sonido y medio de propagación

La velocidad del sonido en los sólidos y en los líquidos depende de la densidad de esos medios. Como la densidad depende de la temperatura, la velocidad de propagación del sonido también depende de ella.

En los gases, la velocidad de propagación del sonido depende de la presión, que a su vez también depende de la temperatura. Cuando aumenta la temperatura del gas, también se incrementa la presión y la velocidad del sonido es mayor.

ACTIVIDADES

EJEMPLO

5 Calcula el espacio que recorre el sonido en el aire a 20 °C durante 12 minutos.

1 Se expresan los datos en unidades del SI:

$$v = 340 \text{ m/s}; \; t = 12 \text{ min} \cdot \frac{60 \text{ s}}{1 \text{ min}} = 720 \text{ s}$$

2 Se despeja el espacio y se sustituyen los datos:

$$v = \frac{s}{t} \Rightarrow s = v \cdot t \quad s = 340 \text{ m/s} \cdot 720 \text{ s} = 2{,}45 \cdot 10^5 \text{ m}$$

6 Explica por qué el sonido es una onda.

7 Explica si el sonido puede transmitirse en los sólidos y en los líquidos y pon algunos ejemplos que justifiquen tu respuesta.

EJEMPLO

8 En verano, un pastor ve un relámpago y a los 15 s escucha un trueno. ¿A qué distancia del pastor está la tormenta? Dato: la velocidad del sonido en el aire a 20 °C es de 340 m/s.

1 Se toman los datos:

$$v = 340 \text{ m/s}; \; t = 15 \text{ s}$$

2 Se despeja el espacio y se sustituyen los datos:

$$v = \frac{s}{t} \Rightarrow s = v \cdot t$$

$$s = 340 \text{ m/s} \cdot 15 \text{ s} = 5100 \text{ m} = 5{,}1 \text{ km}$$

08 Eco y reverberación

Como todas las ondas, el sonido experimenta los distintos fenómenos ondulatorios, como la reflexión y la refracción.

El eco

Una de las manifestaciones de la reflexión del sonido es el eco.

El **eco** se produce cuando el sonido se refleja en una superficie y la onda sonora vuelve hacia el emisor.

Para que escuchemos el eco, nuestro sentido del oído tiene que distinguir dos sensaciones sonoras distintas, la emitida y la reflejada. Para ello, al menos se debe superar entre sonido y sonido el **tiempo de persistencia acústica,** que es de 0,1 s.

¿Cuándo se produce el eco?

Para escuchar el eco tenemos que considerar estos factores:

- El sonido emitido y el reflejado deben estar separados en un intervalo de, al menos, 0,1 s, el tiempo de persistencia acústica.
- La velocidad del sonido en el aire a 20 °C es de 340 m/s.
- La distancia mínima que recorre el sonido reflejado es de:

$$v = \frac{s}{t} \Rightarrow s = v \cdot t = 340 \text{ m/s} \cdot 0{,}1 \text{ s} = 34 \text{ m}$$

Es decir, la superficie donde se refleja el sonido estará, como mínimo, a 17 m del emisor.

Por otra parte, el tamaño de la superficie de reflexión debe ser mucho mayor que la longitud de onda del sonido, pues, de lo contrario, no se produce la reflexión de la onda.

La reverberación

Cuando la superficie de reflexión del sonido se encuentra a menos de 17 m, nuestro oído no puede distinguir entre dos sensaciones sonoras diferentes y el sonido reflejado se escucha como una prolongación del sonido emitido. Se dice entonces que el sonido produce **reverberación.**

ACTIVIDADES

9 Calcula a qué distancia está una montaña si oímos el eco de un sonido a los 2 s de emitirse.

09 Cualidades del sonido

El oído puede distinguir unos sonidos de otros porque es sensible a las diferencias que existen entre ellos.

Los sonidos poseen tres cualidades, la **intensidad,** el **tono** y el **timbre,** que se relacionan con las propiedades de las ondas sonoras.

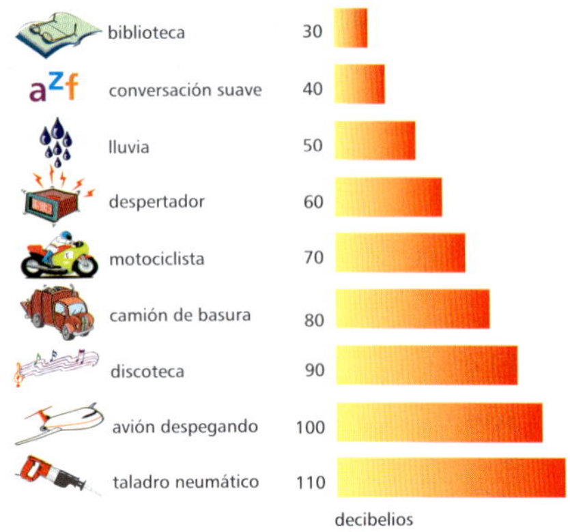

Intensidad: indica la energía que transporta la onda. La energía, a su vez, está relacionada con la frecuencia y la amplitud de la onda, de modo que, cuanto mayores sean estas dos magnitudes, mayor es la energía y mayor la intensidad sonora.

Se habla de sonidos fuertes o sonidos débiles, según la cantidad de energía transportada. Se pueden distinguir dos tipos de intensidad:

Intensidad acústica
Es la energía sonora que atraviesa una superficie en un segundo. Se mide en W/m^2.
Intensidad fisiológica (sonoridad)
• Depende de la energía sonora, pero también de la sensibilidad del oído. • La escala de sonoridad tiene dos extremos, el **umbral de audición** (la sonoridad mínima que debe tener un sonido para ser audible) y el **umbral de dolor** (sonoridad máxima antes de que el sonido pueda producir un daño). • Se mide en decibelios, dB.

Tono: está relacionado con la frecuencia, *f,* de la onda sonora.

Según el tono, los sonidos se clasifican en agudos, de frecuencia alta y longitud de onda pequeña; y graves, con frecuencia baja y longitud de onda grande.

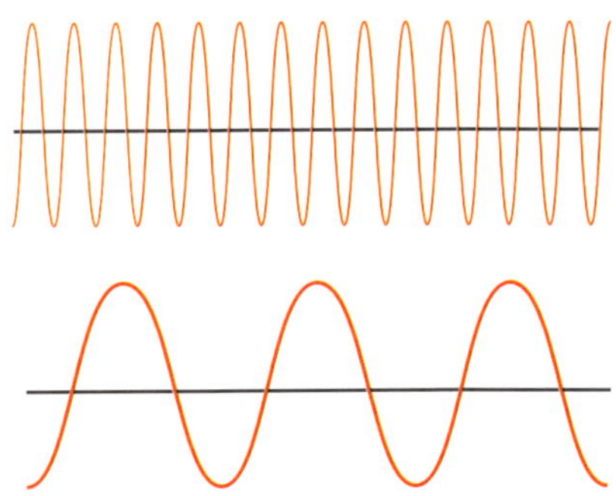

Representación de una onda de sonido agudo (arriba) y grave (abajo).

Timbre: si se toca la misma nota musical con una guitarra, un clarinete y una flauta, se distinguen uno de otro gracias al timbre.

El timbre permite distinguir entre sonidos que tienen igual intensidad y tono. Así, el sonido de la guitarra es diferente al de la flauta porque la vibración de la cuerda y la madera de la guitarra es diferente a la vibración que produce el metal de la flauta.

ACTIVIDADES

10 ¿Mediante qué cualidad del sonido distinguimos un instrumento musical de otro? ¿Cómo crees que puede distinguirse la voz de una persona?

10 Contaminación acústica y lumínica

El ruido, como comúnmente se denomina a un sonido molesto, irritante o indeseable, constituye un grave problema que afecta negativamente a la calidad de vida.

El ruido provoca graves problemas fisiológicos, económicos y sociales, sobre todo en las grandes ciudades.

Las fuentes de ruido son, principalmente, de naturaleza humana.

> La **contaminación acústica** es aquella que, en forma de ruido, perturba la calidad de vida de los seres vivos que habitan en un medio.

Es decir, el ruido no genera residuos ni afecta al medio, pero sí a los seres vivos que lo habitan.

Los principales efectos de la contaminación acústica sobre los seres humanos son los siguientes:

Trastornos y enfermedades asociadas al ruido	
• Pérdidas de audición.	• Desarrollo de enfermedades mentales.
• Alteraciones del sueño.	• Alteraciones de la conducta.
• Enfermedades cardiovasculares.	• Déficit de atención.

Otro tipo de contaminación de la que es responsable el hombre es la contaminación lumínica.

> La **contaminación lumínica** es el resplandor de luz en el cielo debido a la reflexión y difusión de la luz artificial en la atmósfera.

La contaminación lumínica provoca la alteración del ecosistema nocturno, pues modifica los hábitos de muchos seres vivos.

También favorece la desaparición del paisaje natural nocturno e imposibilita la observación e investigación astronómica, relegándola a zonas remotas. Aumenta el consumo energético y dificulta el tráfico aéreo y marítimo, dada la iluminación excesiva en las áreas cercanas.

ACTIVIDADES

11 Identifica estas fuentes de ruido e indica qué se podría hacer para reducir su impacto.

12 Investiga sobre la contaminación lumínica y elabora dos listas, una con los efectos negativos que produce y otra con las posibles maneras de minimizarla.

Geometría luminosa

Planteamiento

Los rayos luminosos cruzan el aire sin dejar en él ningún rastro, lo que impide apreciar cómo se desvían cuando atraviesan un instrumento óptico. Un sencillo montaje te permitirá revelar las líneas que dibuja la luz y estudiar qué efectos producen en ellas las lentes.

Materiales

- Un recipiente de cristal tan largo como sea posible.
- Un puntero láser, de menos de 5 mW de potencia, y un prisma.
- Pinzas de oficina, un cuentagotas, una cuchara, agua y leche.
- Lentes convergentes y divergentes.

Experimento

1 Monta la cámara de luz

- Llena el recipiente con agua.
- Añade dos o tres gotas de leche. Remueve con la cuchara para que se distribuyan de modo uniforme en el agua.

2 Observa los rayos luminosos

- Deja la habitación en penumbra.
- Sitúate frente a una de las caras menos anchas del recipiente. Apoya la punta del láser en el centro del cristal y enciéndelo. Observa cómo las moléculas de leche dispersan la luz del láser haciendo visible el haz. Si este no se define con suficiente claridad, añade más gotas de leche.

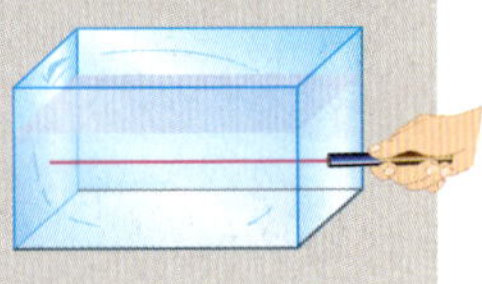

- Introduce una de las lentes en el agua. Debes colocarla de modo que el rayo incida perpendicularmente sobre ella (figura A). Comprueba cómo modifica la trayectoria de la luz acercándola al láser y después alejándola. A continuación, prueba a desplazarla hacia arriba y hacia abajo.
- Haz la misma prueba con todas las lentes que consigas reunir. También con el prisma.
- Crea soportes para las lentes con pinzas de oficina e investiga qué sucede con el rayo de luz cuando atraviesa diversas configuraciones de lentes (figura B).

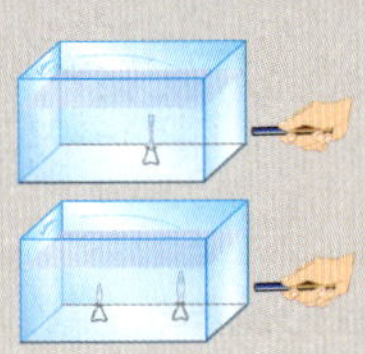

Seguridad

- Nunca apuntes con el láser a los ojos y nunca mires de frente su punta luminosa.
- Para estudiar la trayectoria del haz, observa el banco de luz desde un lateral, situándote frente a una de las caras más anchas del recipiente. Puedes pedir ayuda a otra persona para que sostenga el láser o crear un soporte con una pinza que lo mantenga encendido.

¡Observa un vídeo del experimento!

PRACTICA TÚ

1. Dibuja en tu cuaderno la trayectoria de los rayos de luz en cada uno de los experimentos.
2. Si puedes reunir más de un láser, estudia qué sucede cuando varios rayos paralelos inciden sobre cada lente.
3. Busca información sobre la configuración de lentes de un telescopio e intenta reproducirla en el banco de luz.

FÍSICA Y QUÍMICA Y...

Zoología

En la cadena de montañas submarinas que divide en dos el suelo del océano Atlántico, habita una especie muy singular de camarones: *Rimicaris exoculata*. Una capa de agua de más de tres kilómetros de espesor absorbe toda la luz que incide sobre el mar, dejando a Rimicaris en una completa oscuridad. Sin embargo, en su caparazón exhibe dos desconcertantes retinas.

¿De qué le sirven? Estas retinas se pueden considerar como los ojos más primitivos, simples detectores de luz, incapaces de formar imágenes. A cambio, resultan extremadamente sensibles.

Rimicaris vive entre volcanes submarinos, que elevan la temperatura del agua hasta más de 300 °C. Para el camarón resulta vital distinguir las zonas más calientes, que lo abrasarían, y al mismo tiempo no alejarse demasiado de los volcanes, porque entonces moriría de frío. Toda la materia emite ondas electromagnéticas, con una frecuencia que depende de su temperatura. Las retinas de *Rimicaris* perciben el tenue resplandor que desprenden los volcanes y la naturaleza de su luz le sirve de termómetro.

Rimicaris. Las retinas destacan en el dorso como una U invertida de color anaranjado.

RAZONA

1. ¿Es cierta la afirmación del primer párrafo de que Rimicaris vive en la más absoluta oscuridad? ¿Por qué?
2. ¿Cómo funciona el termómetro visual de Rimicaris? ¿Qué información de sus retinas le indica si el entorno es frío o caliente?

Historia

Athanasius Kircher fue un ilustre contemporáneo de Galileo Galilei. Exhibió una curiosidad casi tan amplia como la del famoso científico italiano, aunque a menudo su desbordante imaginación lo distraía de sus investigaciones. Se dedicaba entonces a diseñar caprichosos inventos, autómatas, relojes magnéticos, linternas mágicas o instrumentos musicales cuyo sonido procedía de animales.

Su estudio del sonido le inspiró la creación de una maravillosa ilusión acústica, que hacía creer que una estatua hablaba a quien se acercase a ella.

El techo de la sala donde se situaba la estatua se curvaba en una elipse y funcionaba así como un espejo acústico. En un foco de la elipse se situaba la escultura, en el otro, un orificio en la pared que se abría a la calle. De este modo, los sonidos de las personas que conversaban en el exterior entraban por el orificio, se reflejaban en el techo y convergían en los labios de la estatua.

El secreto de la estatua parlante.

APRENDE A APRENDER

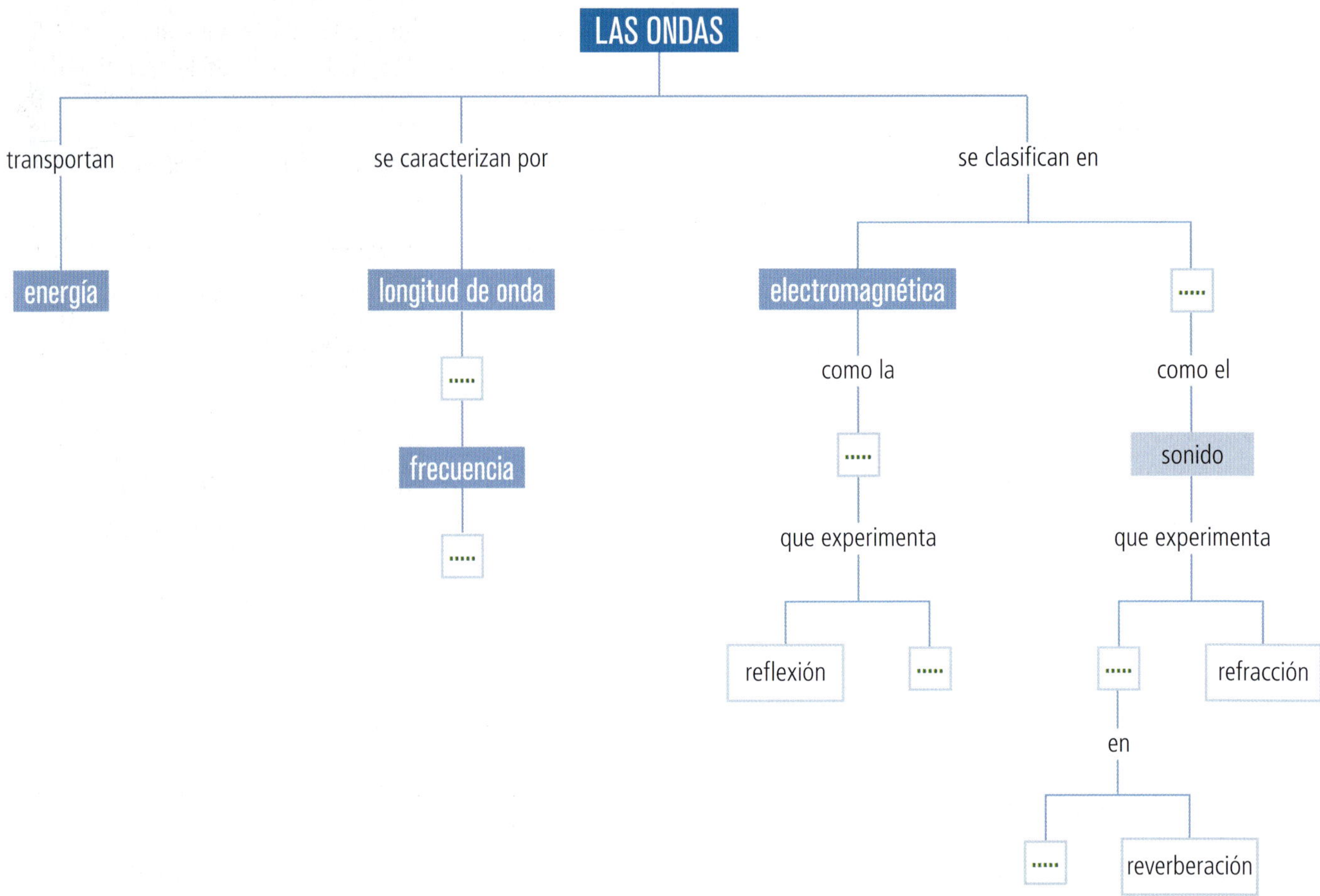

ACTIVIDADES

Formad grupos para realizar las siguientes actividades.

1 Copiad y completad en vuestro cuaderno el esquema de la unidad.

2 Elaborad una presentación digital para hacer una exposición al resto de la clase.

3 Preparad un mural con fotografías o recortes de revistas y periódicos con las distintas fuentes de contaminación lumínica y acústica.

4 Elaborad un glosario que al menos incluya los siguientes conceptos:

- Onda electromagnética.
- Onda mecánica.
- Luz.
- Sombra.
- Penumbra.
- Sonido.
- Reflexión.
- Refracción.
- Espejo.
- Lente.
- Eco.
- Reverberación.

REPASO FINAL

1 Define los conceptos: frecuencia y longitud de onda.

2 ¿Qué es el índice de refracción de una onda?¿Es igual en todos los medios de propagación de la onda?

3 Indica tres ejemplos de movimientos ondulatorios diferentes a los que has encontrado en la unidad.

4 Indica qué tipo de ondas son las siguientes, mecánicas o electromagnéticas:

a. Las que emite la radio.

b. Las visibles.

c. Las producidas en el agua.

d. Las microondas.

e. Las producidas en un muelle.

f. Los rayos X.

g. Las producidas en una cuerda.

5 Una onda recorre 1,2 km en 30 s, ¿cuál es su velocidad?

6 ¿Puede existir un índice de refracción mayor que 1?

7 El índice de refracción en un medio es de 1,25. Calcula la velocidad a la que se desplaza la luz a través de ese medio.

8 La velocidad de la luz en un medio es 180 000 km/s. ¿Cuál es el índice de refracción de dicho medio?

9 Observa la imagen de un eclipse y averigua dónde está la zona de sombra y dónde aparecen las zonas de penumbra.

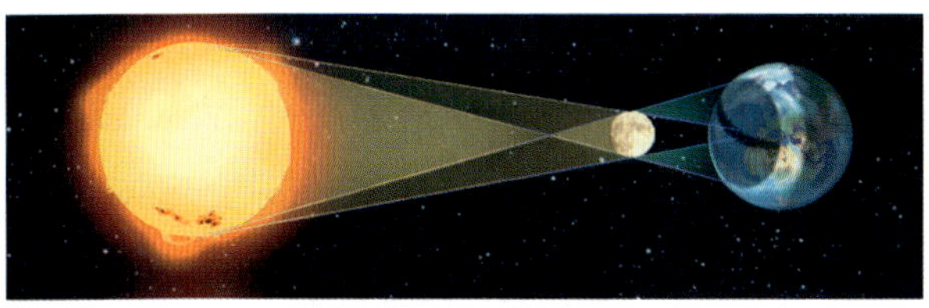

10 Elige la respuesta correcta:

a. Un eclipse de Luna se produce cuando La Tierra y la Luna están alineadas y la Luna está detrás de la Tierra.

b. Un eclipse de Luna se produce cada vez que hay una fase de Luna llena.

c. Un eclipse de Luna se produce siempre cuando la Tierra y la Luna están alineadas y la Luna está delante de la Tierra.

11 Indica si es verdadero o falso: «Durante un eclipse de Sol la sombra de la Luna cubre parte de la superficie de la Tierra».

12 Copia en tu cuaderno y completa las siguientes afirmaciones, referidas a espejos.

a. Los espejos pueden ser ..... y .....

b. Hay dos tipos de espejos curvos, los ..... y los .....

c. En los espejos ..... las imágenes no siempre son derechas.

d. Si no se forma imagen, el espejo es .....

e. En los espejos planos, las imágenes son .....

f. Un espejo de aumento es un espejo de tipo .....

13 ¿En qué se diferencian las lentes divergentes de las lentes convergentes?

14 Si observas a través de una pecera, ¿el pez está más cerca o más lejos del lugar en el que lo ves?

15 Copia en tu cuaderno y completa las siguientes afirmaciones relativas a las lentes.

a. En las lentes ..... las imágenes son siempre menores que el objeto real.

b. Los rayos que atraviesan una lente convergente se .....

c. Los rayos que atraviesan una lente divergente se .....

16 Cuando utilizamos una lupa, los objetos que vemos a través de ella aparecen de un tamaño más grande. ¿Con qué tipo de lente se fabrican las lupas?

17 Investiga con qué tipo de lentes se corrige la vista de las personas con miopía.

18 Con la ayuda de la figura de la formación de imágenes en lentes convergentes prueba a obtener la imagen de un objeto que esté situado:

a. En el foco F′ de la lente.

b. Entre el foco F′ y la lente.

c. ¿Qué sucede en cada caso? ¿Se forma una imagen mayor o menor que el objeto?

19 Indica si es verdadero o falso: «Una lente divergente forma una imagen siempre derecha y más pequeña que el objeto».

REPASO FINAL

20 Copia en tu cuaderno y completa los espacios en blanco con una palabra.

El ..... es una onda ....., esto quiere decir que necesita un ..... material para ...... Por ese motivo, en el vacío ..... se propaga el .....

21 En algunas películas que recrean aventuras en el espacio se ven las luces de las explosiones, pero ¿se pueden oír las explosiones? ¿Por qué?

22 Los ultrasonidos tienen muchas aplicaciones en distintos campos de la ciencia y la tecnología. Realiza un trabajo de investigación acerca de los ultrasonidos con algunos compañeros y exponedlo después en clase.

23 ¿Qué diferencia fundamental existe entre un sonido grave y uno agudo? ¿Qué es la intensidad acústica?

24 Explica cómo se propaga el sonido e indica por qué lo hace más rápido en los sólidos que en los líquidos.

25 Calcula el espacio que recorre el sonido durante 1 minuto en los siguientes medios:

a. Agua.

b. Aire.

c. Granito.

Consulta la tabla de velocidad del sonido en diversos materiales que hay en la unidad.

26 ¿Cuánto tiempo tarda el sonido en recorrer 300 m en el aire? ¿Y en el agua?

27 Explica, basándote en lo que has aprendido, por qué cuando hay una tormenta, se dice que está lejos si el intervalo de tiempo entre el relámpago y el trueno es grande.

28 Calcula la distancia que recorre en 1 minuto:

a. La luz en el aire.

b. El sonido en el aire.

29 Una niña oye el eco de su voz a los 20 s de haber gritado. Calcula a qué distancia se encuentra la superficie que produce ese eco.

30 Si la velocidad del sonido fuese 450 m/s, ¿a qué distancia mínima tendría que estar la superficie que produce el eco?

31 Calcula la distancia a la que se encuentra una montaña si se oye el eco al cabo de 0,01 minutos.

32 Copia en tu cuaderno y completa los siguientes enunciados:

a. La sonoridad también se llama intensidad .....

b. Los sonidos ..... tienen menores frecuencias.

c. Los sonidos ..... pueden producir dolor.

d. La unidad de ..... es el .....

e. Los sonidos de igual ..... y ..... se distinguen por el .....

33 Explica brevemente qué es la contaminación acústica y enumera al menos tres efectos negativos que puede producir.

34 ¿Crees que la contaminación lumínica puede afectar a la vida de los animales? ¿Cómo? ¿A qué animales?

EVALUACIÓN

1 Las ondas transportan:

a. Materia.
b. Energía.
c. Energía y materia.
d. Luz y sonido.

2 Indica cuál de las siguientes magnitudes es característica de las ondas:

a. Tiempo.
b. Frecuencia.
c. Aceleración.
d. Fuerza.

3 Las microondas son ondas de tipo:

a. Luminoso.
b. Mecánico.
c. Electromagnético.
d. Eléctrico.

4 Una onda que viaja a una velocidad de 200 000 km/min, recorre 100 000 m en:

a. 0,5 min
b. 0,03 s
c. 1 min
d. 50 s

5 Si nos vemos en el espejo, es porque la luz:

a. Se refleja.
b. Se refracta.
c. Viaja en línea recta.
d. Es blanca.

6 Las lentes que son más gruesas en el centro se llaman:

a. Plano-paralelas.
b. Convergentes.
c. Divergentes.
d. Planas.

7 Las imágenes son siempre derechas en:

a. Los espejos cóncavos.
b. Los espejos divergentes.
c. Las lentes divergentes.
d. Los espejos.

8 El sonido se propaga en:

a. El aire.
b. El vacío.
c. En el agua.
d. En el aire y en el vacío.

9 En un determinado material, el sonido recorre 30 km en 2 min, por lo que su velocidad es:

a. 15 m/s
b. 60 m/min
c. 250 m/s
d. 15 m/s^2

10 Para que tenga lugar el fenómeno del eco, la superficie en que se refleja el sonido debe estar situada a más de:

a. 17 m
b. 20 m
c. 34 m
d. 17 km

11 Los sonidos fuertes transportan:

a. Poca energía.
b. Mucha energía.
c. El sonido transporta materia.
d. No transportan nada.

12 Según el tono, los sonidos se clasifican en:

a. Agudos y graves.
b. Fuertes y débiles.
c. Audibles y dolorosos.
d. Ninguna es correcta.

13 La contaminación acústica afecta a:

a. El medio en que se produce ruido.
b. Las personas que sufren el ruido.
c. Las personas y animales que sufren el ruido.
d. No afecta.

14 La contaminación lumínica se produce:

a. Solamente en las zonas urbanas.
b. En zonas remotas.
c. En zonas poco habitadas.
d. En bosques.

15 ¿Cuál es la unidad de medida de la sonoridad?

a. Decibelios (dB).
b. Energía por unidad de superficie (W/m^2).
c. Potencia por unidad de superficie (W/m^2).
d. Voltios (V).

DIARIO DE APRENDIZAJE

¿Cómo he solventado o me he enfrentado a las dificultades de esta unidad?

Flippeando los efectos de las fuerzas

TRABAJO COOPERATIVO

EN CASA

A continuación, presentamos un vídeo que tendrás que trabajar en casa, como preparación a las tareas que realizaremos conjuntamente en clase. Es preciso que le dediques tiempo y que trates de interiorizar todo lo que en él se explica.

1 Visualización de los vídeos

Busca en YouTube el vídeo *Fuerzas* (https://www.youtube.com/watch?v=1E8rhGfRoFM) y visualízalo con atención, tratando de comprender lo que se explica. Ten tu cuaderno al lado para ir anotando todas las dudas que te puedan surgir.

2 Actividad *Edpuzzle*

Responde de manera razonada a las preguntas que se plantean a través de la herramienta *EdPuzzle*. Tu profesor te indicará cómo hacerlo, pero, antes, puedes repasar los contenidos con tu libro.

3 A la caza de fuerzas

Observa a tu alrededor y anota dos fuerzas de contacto y dos a distancia, indicando el efecto que se produce o alguna característica importante.

EN CLASE

Las sesiones de clase están orientadas a practicar los contenidos que has ido aprendiendo con tu trabajo en casa.

1 Puesta en común de las actividades *EdPuzzle*

Comenzaremos resolviendo las dudas que os hayan surgido al ver el vídeo, bien en los equipos habituales de trabajo o de manera general. Continuaremos resolviendo las actividades de la herramienta *EdPuzzle* comentada y analizando las dificultades surgidas en la resolución. No te quedes con ninguna duda y pregunta todo aquello que no entiendas.

2 Trabajo en equipo: la ley de Hooke

Cada grupo trae a clase un muelle de diferente constante elástica, masas de diferentes valores y una cinta métrica. La actividad consiste en realizar una gráfica peso-alargamiento y, a partir de ella, obtener la constante elástica del muelle. Se realizarán tres mediciones en total.

3 Mapa conceptual: las fuerzas en la naturaleza

En grupos, de forma cooperativa, preparad el mapa conceptual de las distintas fuerzas existentes en la naturaleza con alguna aplicación que podáis compartir (*Popplet*, *Mindomo*, etc.).

4 Cuestionario *Kahoot!*

Ahora vamos a realizar una actividad *Kahoot!* sobre funciones. Son cuestiones sencillas, de respuesta rápida. Sitúate con tu dispositivo móvil en la dirección https://kahoot.it/#/ y tu profesor te indicará cómo seguir.

PBL. Calor y osos

TRABAJO COOPERATIVO

A continuación os presentamos el enunciado de un problema que plantea una situación que debéis resolver en grupo. Después de leerlo, se os indicará con qué recursos contáis y cómo debéis presentar el producto final.

Las pasadas navidades fuimos con toda la familia a una casa de turismo rural en la sierra de Gredos, en concreto en el pueblo de Navacepeda de Tormes (Ávila). El dueño de la vivienda, un antiguo profesor de universidad, nos enseñó las distintas estancias y nos explicó el funcionamiento de todos los aparatos y electrodomésticos.

Concretamente, se detuvo especialmente en tres de ellos: un horno de convección, los radiadores de la calefacción y las tuberías que llevaban el agua a un segundo cuerpo de la vivienda que quedaba separado por un patio.

Sobre el horno nos comentó que, al ser de convección, facilitaba la cocción homogénea de los alimentos. De los radiadores nos recomendó que no pusiéramos ropa a secar sobre ellos. Por último, refiriéndose a las tuberías, insistió en que teníamos que cerrar la llave de paso todas las noches ya que, de lo contrario, podrían reventar por las bajas temperaturas.

Al ver que seguíamos muy atentamente sus explicaciones, nos lanzó un reto que nos entusiasmó muchísimo: si éramos capaces de explicarle con detalle la relación entre los tres elementos de la casa, vendría una noche y nos contaría la leyenda de la mano de un oso que había clavada en la puerta de la iglesia del pueblo desde hacía más de 400 años.

Para buscar información, podríamos utilizar la red wifi de la casa y hacerle tantas preguntas como quisiéramos ya que, según nos desveló, su línea de investigación en la universidad versaba sobre la energía térmica.

¡A ver si superamos el reto!

Evalúa tu **talento emprendedor**

Te proponemos que realices esta autoevaluación teniendo en cuenta el trabajo que has realizado en el desarrollo de alguna de las propuestas de esta sección o de alguna otra propuesta de trabajo realizada a lo largo de este trimestre. ¿Dónde te sitúas tú?

AUTOEVALUACIÓN

	NIVEL MAESTRO	NIVEL AVANZADO	NIVEL APRENDIZ	NIVEL INICIAL
1. Conoces el lenguaje tecnológico básico de la informática, la física, la electrónica o la mecánica, y te comunicas a través del mismo.	Tengo un amplio conocimiento general del lenguaje tecnológico, lo que me ha permitido utilizarlo sin ningún problema en mis conversaciones.	Tengo un conocimiento medio-alto del lenguaje tecnológico que me ha permitido defenderme en mis conversaciones con pocas dificultades.	Necesito ampliar mis conocimientos del lenguaje tecnológico general para ganar eficacia en mis conversaciones y evitar algunas dificultades importantes.	Necesito mejorar mis escasos conocimientos del lenguaje tecnológico general para poder conversar con eficacia sobre estos temas.

Flippeando la electricidad y los circuitos eléctricos

TRABAJO COOPERATIVO

EN CASA

A continuación, presentamos unos vídeos que tendréis que trabajar en casa como preparación a las tareas que realizaremos conjuntamente en clase. Es preciso que les dediquéis tiempo y que tratéis de interiorizar todo lo que se explica.

1 Visualización de los vídeos

Busca en YouTube los vídeos *Carga, corriente, voltaje y potencia eléctrica* y *Ley de Ohm*, de Educatina, que explican los conceptos principales de electricidad y la ley de Ohm, respectivamente.

2 Actividad *Edpuzzle*

Vuelve a ver los vídeos, pero en esta ocasión, de forma activa, esto es, prestando atención a las preguntas que irán surgiendo a medida que vayan avanzando. El profesor te dará la dirección de la aplicación y te proporcionará el código para que entres en su clase. ¡Estate atento!

3 Dudas y repaso

Completa el formulario a través de Google Docs. El profesor te dirá cómo debes hacerlo, pero, antes de eso, repasa los contenidos con el libro, para tratar de resolver de forma personal las dudas.

EN CLASE

Las sesiones de clase están orientadas a practicar los contenidos que has ido aprendiendo con tu trabajo en casa.

1 Resolución de dudas

Lo primero que se hará en clase será resolver las dudas que os hayan surgido al ver los vídeos. En primer lugar, lo intentaréis en parejas o en grupos y, después, consultaréis al profesor aquello que no hayáis podido aclarar entre vosotros.

2 Actividad *Flipquiz*

En grupos, de forma cooperativa, resolveréis las actividades interactivas que vuestro profesor os proyectará en la pizarra digital.

3 Circuitos eléctricos con *Circuit Lab*

Realizad de forma cooperativa un circuito eléctrico con dos conmutadores, tres bombillas en paralelo y una batería. Podéis utilizar la extensión de Chrome gratuita *Circuit Lab*.

4 Examen *Kahoot!*

El grupo que designe el profesor preparará un examen *Kahoot!* Recordad que deben ser diez preguntas de tipo test con cuatro posibles respuestas.

PBL. Cazadores de nubes

TRABAJO COOPERATIVO

A continuación os presentamos el enunciado de un problema que plantea una situación que debéis resolver en grupo. Después de leerlo, se os indicará con qué recursos contáis y cómo debéis presentar el producto final.

El abastecimiento de agua en el archipiélago canario ha sido, históricamente, un serio problema. La solución más viable es siempre el autoabastecimiento, aunque también han surgido propuestas artificiosas como transportar icebergs desde el Atlántico Norte.

Los bimbaches, antiguos pobladores de la isla de Hierro, eran capaces de recoger agua de las nieblas (vapor de agua condensado) al hacerlas chocar contra objetos, en su caso árboles, y, posteriormente, almacenarla en albercas. De esta manera, podían abastecer de agua sus poblados y sus campos de cultivo.

En casa puedes encontrar agua en los distintos estados de agregación de la materia. Cuando te duchas en invierno con agua muy caliente observas que, al salir de la ducha, el espejo de tu cuarto de baño está empañado, e incluso, algunas gotas caen por él. En verano, buscas los cubitos de hielo que dejaste en el congelador para enfriar más aún el refresco de la nevera.

¿Serías capaz de demostrar con experimentos sencillos diseñados por ti, qué condiciones se tienen que dar para que una sustancia esté en cada uno de los estados y cómo reconocerlos, es decir, cómo saber si está en estado sólido, líquido o gaseoso?

Al igual que hicieron los bimbaches, crea una aplicación práctica de los cambios de estado que pueda ser útil a la sociedad.

Evalúa tu **talento emprendedor**

Te proponemos que realices esta autoevaluación teniendo en cuenta el trabajo que has realizado en el desarrollo de alguna de las propuestas de esta sección o de alguna otra propuesta de trabajo realizada a lo largo de este trimestre. ¿Dónde te sitúas tú?

AUTOEVALUACIÓN

	NIVEL MAESTRO	NIVEL AVANZADO	NIVEL APRENDIZ	NIVEL INICIAL
1. Te gustan las actividades científicas y tecnológicas, y juegas a experimentar y hacer tus propios inventos.	Me ha gustado mucho la actividad y experimentar.	Me ha parecido una actividad interesante, pero me ha costado encontrar una buena idea.	No he logrado crear una aplicación, necesito investigar e informarme más.	Este tipo de actividades no me gustan mucho, no he tenido muchas ideas ni ganas de crear una aplicación.
2. Utilizas palabras convincentes y comprensibles para expresar ideas, planes de acción, experiencias o sentimientos.	En mis presentaciones he utilizado siempre un vocabulario claro y convincente para expresar mis ideas y proyectos.	La mayor parte de las palabras que he utilizado han explicado bien la idea o proyecto que trato de transmitir.	Necesito ampliar mi vocabulario para poder elegir las palabras que mejor expresen o expliquen una idea o proyecto.	He tenido dificultades importantes para encontrar las palabras más adecuadas con las que expresar una idea determinada o explicar un proyecto.

CON PISA

Las siguientes actividades proceden de preguntas liberadas de distintas convocatorias de pruebas PISA, o bien son estímulos semejantes a los utilizados en dichas pruebas. Emplea todos tus conocimientos y todas tus habilidades para resolverlas.

AUTOBUSES

1 Un autobús circula por un tramo recto de una carretera. Raimundo, el conductor del autobús, tiene un vaso de agua sobre el panel de mandos.

De repente, Raimundo tiene que frenar violentamente. ¿Qué le ocurrirá al agua del vaso?

a. El agua permanecerá horizontal.

b. El agua se derramará por el lado 1.

c. El agua se derramará por el lado 2.

d. El agua se derramará, pero no sabes si lo hará por el lado 1 o por el lado 2.

2 El autobús de Raimundo, como la mayoría de los autobuses, funciona con un motor de gasolina. Estos autobuses contribuyen a la contaminación del medioambiente. Algunas ciudades tienen trolebuses, que funcionan con un motor eléctrico. El voltaje necesario para este tipo de motores eléctricos es suministrado por cables eléctricos (como en los trenes eléctricos). La electricidad procede de una central que utiliza combustibles fósiles.

Los partidarios del uso de trolebuses en las ciudades argumentan que este tipo de transporte no contribuye a la contaminación del medioambiente.

¿Llevan razón los partidarios del trolebús? Explica tu respuesta.

....

....

Trabajo con calor

PREGUNTAS

1 Pedro está haciendo reparaciones en una casa vieja. Ha dejado una botella de agua, algunos clavos metálicos y un trozo de madera dentro del maletero de su coche. Después de que el coche ha estado tres horas al sol, la temperatura dentro del coche llega a unos 40 °C. ¿Qué les pasa a los objetos dentro del coche?

Marca con un círculo la respuesta, Sí o No, para cada afirmación.

¿Le(s) pasa esto al (a los) objetos(s)?	¿Sí o No?
Todos tienen la misma temperatura.	Sí / No
Después de un rato el agua empieza a hervir.	Sí / No
Después de un rato los clavos están rojos incandescentes.	Sí / No

2 Para beber durante el día, Pedro tiene una taza con café caliente, a unos 90 °C de temperatura, y una taza con agua mineral fría, a unos 5 °C de temperatura. Las tazas son del mismo material y tamaño, y el volumen contenido en cada taza es el mismo. Pedro deja las tazas en una habitación donde la temperatura es de unos 20 °C. ¿Cuáles serán probablemente las temperaturas del café y del agua mineral después de 10 minutos?

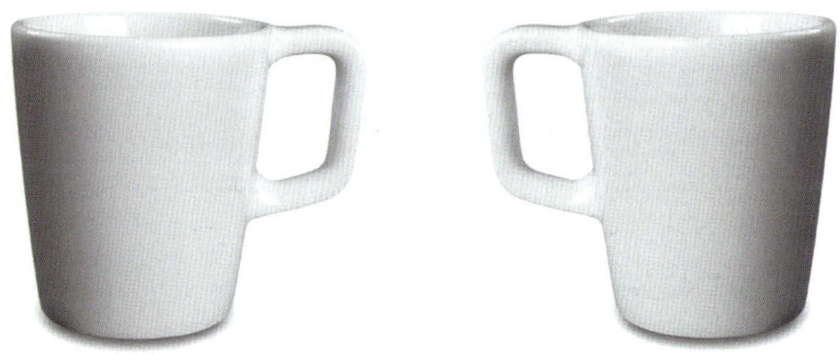

a. 70 °C y 10 °C

b. 90 °C y 5 °C

c. 70 °C y 25 °C

d. 20 °C y 20 °C

3 ¿Te interesa la información siguiente? Marca sólo una casilla en cada fila.

	Me interesa mucho	Me interesa a medias	Me interesa poco	No me interesa
a. Comprender cómo la forma de la taza influye en la velocidad a la que se enfría el café.	1	2	3	4
b. Conocer la diferente organización de los átomos de la madera, el agua y el acero.	1	2	3	4
c. Saber por qué diferentes sólidos conducen el calor de forma diferente.	1	2	3	4

CON PISA

Las siguientes actividades proceden de preguntas liberadas de distintas convocatorias de pruebas PISA, o bien son estímulos semejantes a los utilizados en dichas pruebas. Emplea todos tus conocimientos y todas tus habilidades para resolverlas.

LA ENERGÍA EÓLICA

Mucha gente piensa que la energía eólica es una fuente de energía eléctrica que puede reemplazar a las centrales térmicas de petróleo y de carbón. Las estructuras que se observan en la fotografía son aerogeneradores con palas que el viento hace girar. Estos giros producen energía eléctrica en unos generadores que son movidos por las palas del rotor.

PREGUNTA

1 Las gráficas siguientes representan la velocidad media del viento en cuatro lugares diferentes en el transcurso de un año. ¿Qué gráfica indica el lugar más apropiado para la instalación de un aerogenerador?

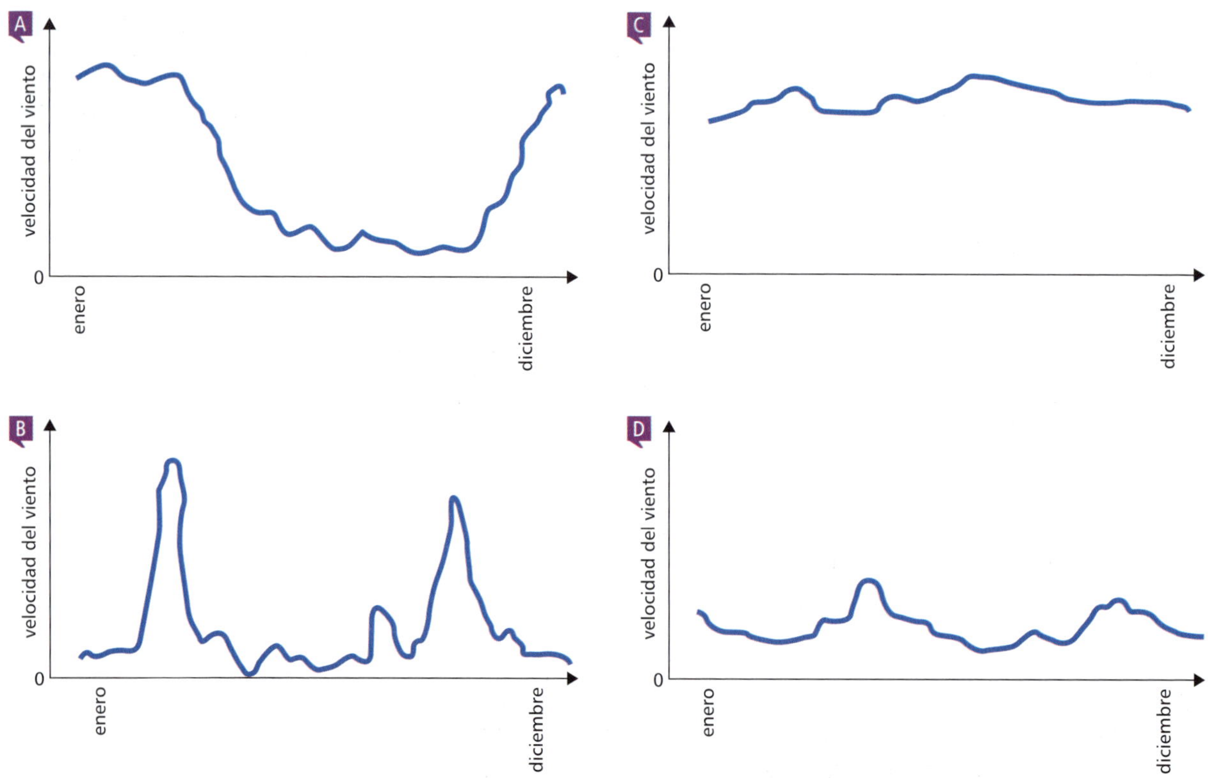

PREGUNTAS

2 A mayor fuerza del viento, las palas del aerogenerador giran más rápido y más electricidad se genera. No obstante, en la realidad no existe una relación directa entre la velocidad del viento y la electricidad generada. A continuación, se presentan cuatro condiciones de trabajo reales en el funcionamiento de un aerogenerador.

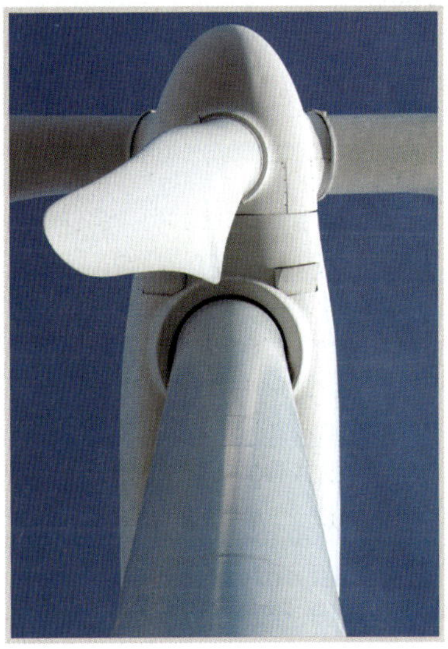

- Las palas empezarán a girar cuando el viento llegue a la velocidad v_1.
- Por razones de seguridad, el giro de las palas no aumentará cuando la velocidad del viento sea superior a v_2.
- La producción de electricidad llega a su máximo (W) cuando la velocidad del viento es v_2.
- Las palas dejarán de girar cuando el viento alcance la velocidad v_3.

De las siguientes gráficas, ¿cuál es la que mejor representa la relación entre la velocidad del viento y la electricidad generada, teniendo en cuenta las cuatro condiciones de trabajo anteriormente mencionadas?

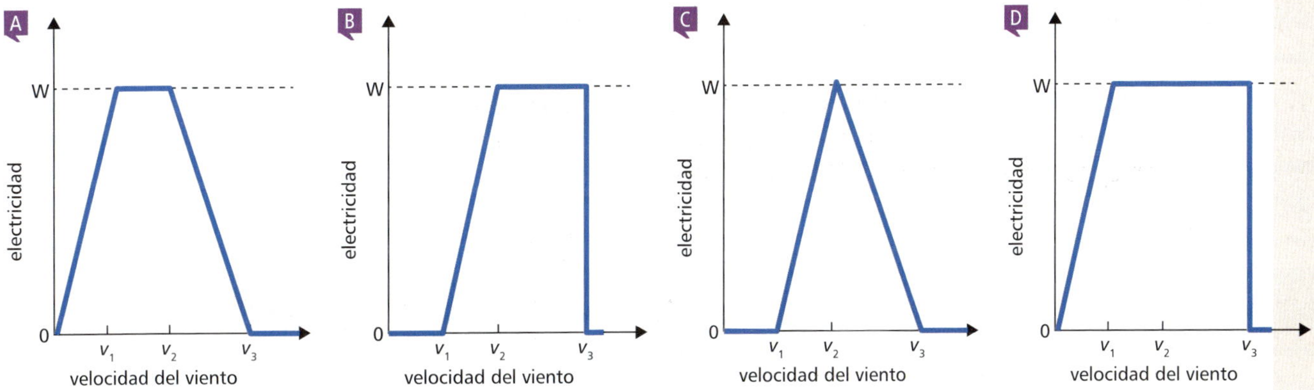

3 A igual velocidad del viento, si los aerogeneradores están situados a mayor altitud, giran con mayor lentitud.

Entre las razones siguientes, ¿cuál es la que mejor explica por qué las palas de los aerogeneradores giran más despacio en los lugares situados a mayor altitud, a igual velocidad del viento?

a. El aire es menos denso cuando aumenta la altitud.

b. La temperatura es más baja cuando aumenta la altitud.

c. La gravedad disminuye cuando aumenta la altitud.

d. Llueve más a menudo cuando aumenta la altitud.

4 Especifica una ventaja y una desventaja de la producción de energía eléctrica a partir de la energía eólica, en comparación con la producción de energía eléctrica a partir de los combustibles fósiles, como el carbón y el petróleo.

somos
#
link